海上油田开发中后期增产挖潜技术

——以秦皇岛32－6油田为例

张凤久　著

石 油 工 业 出 版 社

内 容 提 要

本书从精细储层表征与评价、剩余油分布规律及对应增产挖潜策略与配套工艺技术等方面论述了秦皇岛 32－6 油田开发中后期技术及应用实践。

本书可供从事油田开发研究工作的科研人员参考阅读。

图书在版编目(CIP)数据

海上油田开发中后期增产挖潜技术——以秦皇岛 32－6 油田为例/张凤久著．—北京：石油工业出版社，2015．12

ISBN 978－7－5021－9881－7

Ⅰ．海…

Ⅱ．张…

Ⅲ．海上油气田－油气开采－技术

Ⅳ．TE53

中国版本图书馆 CIP 数据核字(2013)第 271439 号

出版发行：石油工业出版社

(北京安定门外安华里 2 区 1 号　100011)

网　址：www. petropub. com. cn

编辑部：(010)64523543　发行部：(010)64523633

经　销：全国新华书店

印　刷：北京中石油彩色印刷有限责任公司

2015 年 12 月第 1 版　2015 年 12 月第 1 次印刷

787×1092 毫米　开本：1/16　印张：9.5

字数：240 千字

定价：80.00 元

(如出现印装质量问题，我社发行部负责调换)

前　言

秦皇岛 32－6 油田位于渤海中部海域,西北距京唐港约 20km。在 1969 年二维地震资料基础上落实了油田构造,1995 年钻探井,在东营组下段、馆陶组及明化镇组下段钻遇油组,从而发现了该油田,1997 年上报油田储量获批,1999 年油田正式投入开发,2001 年油田北区投产。

秦皇岛 32－6 油田属于复杂河流相沉积,砂体横向变化大,油水关系复杂,油藏类型多样,底水油藏储量占总储量的 40%,地下原油黏度变化大,且属于常规稠油。这些复杂的地质油藏特征造成了油田开发初期困难重重,含水上升快,采出程度低,产量形势严峻。在这种条件下,通过多轮次调整井的实施、地质信息的重新认识及开发技术水平的提高,形成了以秦皇岛 32－6 油田为代表的海上复杂河流相稠油油田剩余油挖潜系列技术。

本书以秦皇岛 32－6 油田为例,从精细储层表征与评价、剩余油分布规律及对应增产挖潜策略与配套工艺技术等方面详细论述了油田开发技术及应用实践。全书分为五章:第一章主要介绍秦皇岛 32－6 油田地质特征与开发特点,第二章阐述油田开发中后期储层描述与评价方法,第三章总结了此类油田剩余油分布规律及定量表征方法,第四章总结了油田在稳油控水及剩余油挖潜中的实践经验,第五章系统介绍了剩余油挖潜过程中配套工艺技术创新成果及应用。

在本书编写过程中,中国石油大学(北京)程林松教授提出了很多指导性建议,期间还得到赵春明、许红等同志帮助,在此表示衷心感谢。

由于笔者水平有限,书中难免有缺点与不足,希望读者朋友批评指正。

目　　录

1 油田地质特征及开发特点

1.1 地质特征

秦皇岛 32－6 构造位于渤中坳陷石臼坨凸起中西部。凸起周边被渤中、秦南和南堡三大富油凹陷所环绕，是渤海海域油气富集最有利地区之一（图 1－1）。

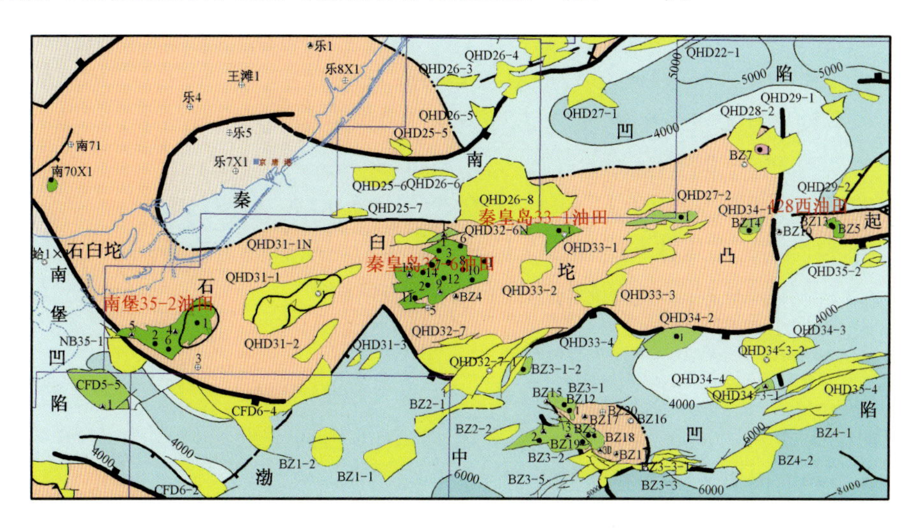

图 1－1 秦皇岛 32－6 油田区域位置图

经勘探证实，在石臼坨凸起上，自下而上发育了两套含油层系：第一套层系是由前古近系潜山的各类岩石形成的储层与上覆新生界构成的储盖组合；第二套含油层系由新生界储盖组合构成，其中包括明化镇组、馆陶组、东营组及沙河街组储盖组合。

在秦皇岛 32－6 油田钻遇了第二套含油层系中的三套储盖组合，其中明化镇组下段构成了该油田的主力含油层段，油藏埋深浅（$<1500m$）。储层为正韵律和复合韵律河道沉积砂体，储层物性好，属高孔、高渗储层，地下原油黏度在 22～260mPa·s 之间。

秦皇岛 32－6 油田储层为复杂的河流相沉积，砂体横向变化大，油水关系复杂，油藏类型多样。根据其沉积特征，秦皇岛 32－6 油田沉积相类型可进一步划分为辫状河与曲流河两种类型。馆陶组属于典型的辫状河沉积，具有“砂包泥”特征，砂地比大于 70%，并可细分为心滩和泛滥平原亚相；通过进一步分析认为：明化镇组下段属于曲流河沉积，具有典型的“泥包砂”特征，砂地比小于 30%，可细分为边滩、天然堤、决口扇、决口水道、泛滥平原等微相。

1.2 油藏特征

1.2.1 流体性质

秦皇岛 32－6 油田原油具有黏度高、相对密度大、胶质＋沥青质含量高、含硫量较高、含蜡量低、凝固点低的特点。地面原油密度（20℃）为 0.943～0.965g/cm^3，地面原油黏度为 229.0～1114.0mPa·s（50℃），凝固点－4～－12℃，含蜡 5% 左右，胶质＋沥青质含量 18.55%～40.56%，含硫 0.23%～0.35%，初馏点 221～280℃，为重质稠油。

秦皇岛 32－6 油田地层原油性质具有如下特点：

（1）饱和压力中等：5.0～10.8MPa，平均为 7.32MPa；

（2）地饱压差中等：2～5MPa；

（3）溶解气油比低：13～24m^3/m^3，平均为 15.8m^3/m^3；

（4）体积系数小：1.048～1.068m^3/m^3，平均为 1.059m^3/m^3；

（5）密度高：0.903～0.926g/cm^3；

（6）压缩系数小：（6.34～10.8）$\times 10^{-4}MPa^{-1}$，平均为 $8.59\times 10^{-4}MPa^{-1}$。

地层原油性质的分布规律与地面脱气原油性质相似。从纵向上看，随深度的增加，密度和黏度逐渐降低。同时，平面分布特征也不具有明显的规律性。

1.2.2 压力、温度系统

油田总体上基本属于正常压力系统，压力梯度大致等于静水压力，压力系数为 0.99～1.028。根据油田的 DST 测试资料和 RFT 温度测试资料，油田地温梯度为 3.5℃/100m。因此，秦皇岛 32－6 油田属于正常温度和压力系统。

1.2.3 油藏类型

油田孔隙度主要分布在 25%～45% 之间，平均孔隙度 35%～38%，渗透率介于 100～11487mD，平均渗透率为 1500～3000mD。Nm $Ⅰ^3$ 主力砂体的孔隙度多在 30% 以上，渗透率多在 3000mD 以上，所以秦皇岛 32－6 油田油藏类型整体属于层状高孔、高渗油藏。

秦皇岛 32－6 油田整体是在潜山披覆构造背景上形成的复合式油气藏，但受构造、断层、岩性的多重制约，油水系统复杂，油藏类型多样，且变化大。油田分为北区、南区和西区三个开发区，每个区不同断块、不同油组，油组内不同油层具有不同的油水系统。发育有岩性油藏、构造岩性油藏、构造层状岩性油藏（细分为边水油藏、边底水油藏和底水油藏）、岩性构造油藏等多种油藏类型。

通过油藏剖面图（图 1－2），可以看出西区主要以底水油藏为主，南区、北区主要以边水油藏为主。

岩性油藏：含油范围受砂岩的分布控制，平面上表现为单个砂体含油，以弹性溶解气驱动为主。

构造岩性油藏：含油面积在构造高部位受砂体上倾尖灭方向和砂体分布范围的控制，在砂体的下倾方向有油水界面，但水体不大，以弹性溶解气驱动为主。

岩性构造油藏：平面上油层在构造范围内大面积叠合连片，局部地区的含油面积受砂岩的

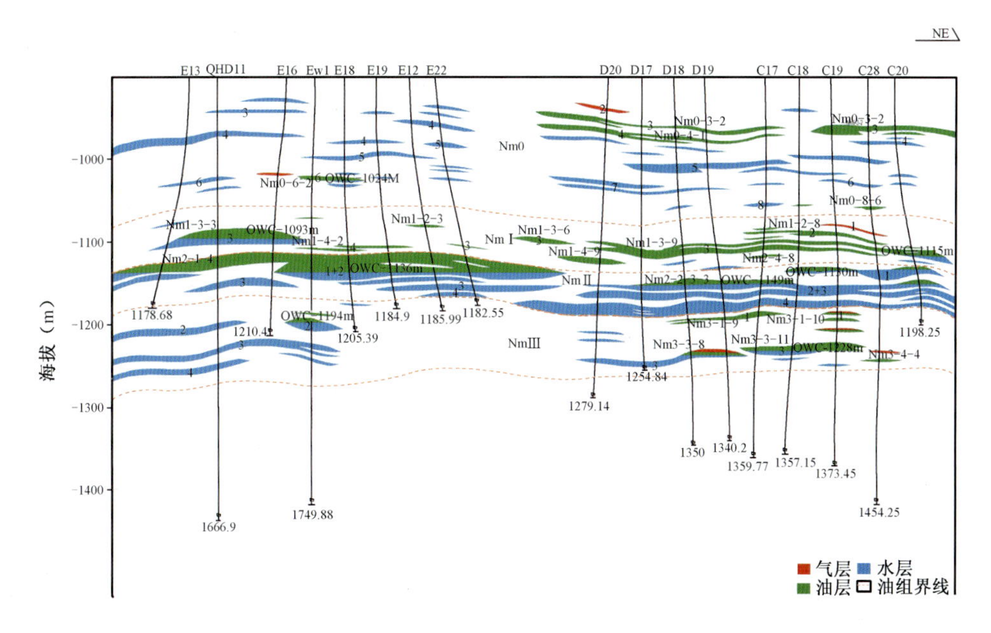

图 1－2 秦皇岛 32－6 油田 E13—C20 油藏剖面图

尖灭控制，整体上看油藏具有大体一致的油水界面，有一定的水体，部分水驱。

构造油藏：油藏位于厚层砂岩的顶部，具有统一的油水界面，底水驱动。

几种油藏类型在平面上和纵向上分布不同。综合地震、测井和测试资料，通过绘制砂体含油面积平面图，对各油组油藏类型进行划分，见表 1－1。

表 1－1 秦皇岛 32－6 油田各油组油藏类型

油　组	油藏类型
Nm0	岩性构造、构造、岩性
Nm Ⅰ	岩性、岩性构造
Nm Ⅱ	岩性构造
Nm Ⅲ	构造岩性
Nm Ⅳ	构造岩性
Nm Ⅴ	构造岩性、构造、岩性
Ng Ⅰ	构造
Ng Ⅱ	构造

1.3 开发现状及特点

秦皇岛 32－6 油田主体区分为三个开发区，到目前共钻井 206 口（图 1－3）。北区 2001 年 10 月投产，2002 年 12 月投入注水开发。南区 2002 年 5 月投产，2004 年 2 月投入注水开发。西区 2002 年 8 月投产，目前利用天然能量进行衰竭式开发。

该油田投产初期综合含水就达到 50%，表现出单井产量高、含水高、含水上升快的特点。

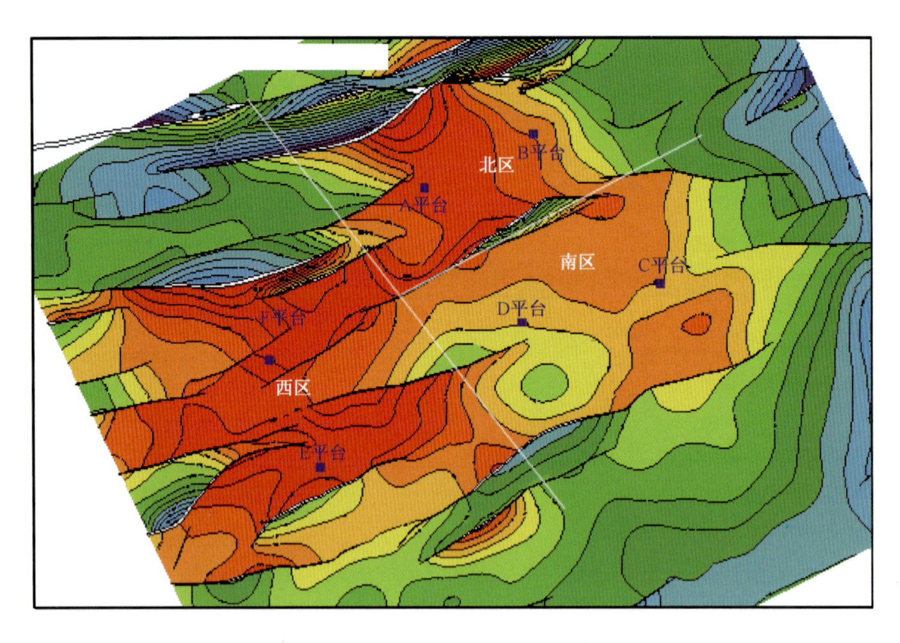

图 1－3　秦皇岛 32－6 油田开发区分区示意图

由于部分井高含水，被迫关掉部分产层和井，影响了油田的产量。截至 2008 年 11 月底，秦皇岛 32－6 油田共有油井 164 口，日产油 $4634m^3$，综合含水 78.8% 左右，采油速度 1.0%，采出程度 7.57%。

1.3.1　开发历程

（1）北区：明下段油层用一套井网合采，采用 350～400m 井距，水源井 2 口，早期采用反九点法面积井网注水，保持地层压力开发；举升方式采用机械采油，全井段防砂。

2001 年 10 月 8 日北区正式投产，含油面积 $11.39km^2$，共有两个平台，初期有 46 口生产井，其中 A 平台 25 口生产井，B 平台 21 口生产井，初期单井日产油 $85m^3$，初期综合含水 23%，没有无水采油期。截至 2008 年 1 月明下段共有生产井 50 口。2002 年 12 月 12 日开始，陆续转注 8 口井。

根据北区生产动态变化规律（图 1－4），可将该油田生产过程划分为五个阶段。

第一阶段为产能建设阶段：从 2001 年 10 月北区投产开始，到 2001 年底油田全面投产。该阶段主要生产特征为没有无水采油期，处于中低含水期（含水 20%～40%）阶段。

第二阶段为弹性开发产量快速递减阶段：从 2002 年 1 月到 2002 年 11 月。该阶段依靠地层弹性能量开发，主要生产特征表现为含水快速上升，产量快速递减，且日产液量与综合含水上升存在相关性，日产液超过 $4300m^3$ 时，含水快速上升，随着液量的回调，综合含水在 40% 左右短期稳定后，继续上升。该阶段由中低含水期（含水 20%～40%）过渡到中高含水（含水 40%～60%）初期。

第三阶段为注水开发初期产量递减阶段：从 2002 年 12 月到 2004 年 11 月。该阶段同时依靠地层弹性能量和注水开发，注水量相对于产液量少，主要生产特征表现为初期含水波动大，整体上升，产液量和产油量相关性好，均呈现一定下降趋势，处于中高含水期（含水 40%～

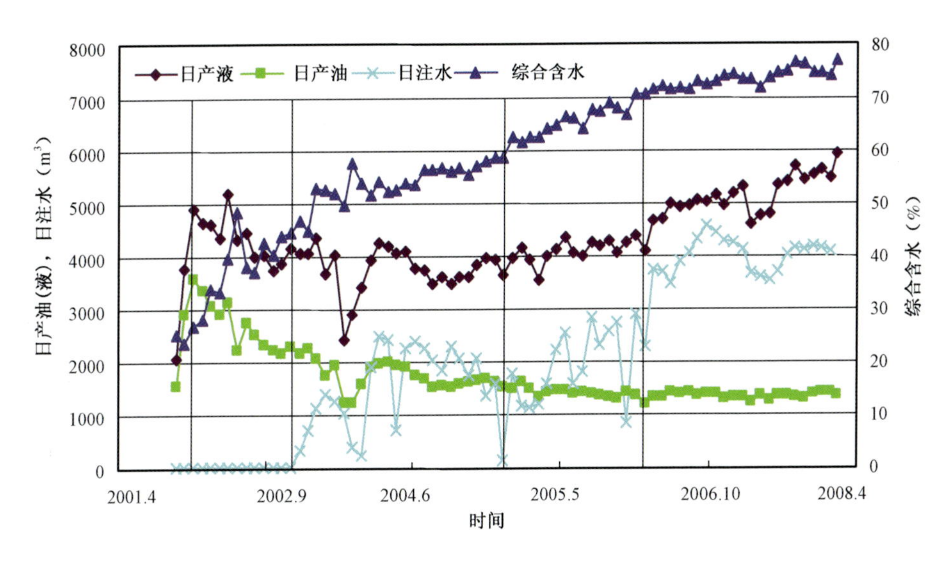

图1－4　秦皇岛32－6油田北区开采曲线

60%）向高含水（含水60%～90%）过渡阶段。

第四阶段为注水开发产量缓慢递减阶段：从2004年12月到2006年4月。该阶段同时依靠地层弹性能量和注水开发，注水量相对于产液量少，主要生产特征表现为含水整体较快上升，产油量的维持一定程度上依靠产液量的增加，产液量缓慢上升，产油量呈现一定下降趋势，进入高含水期（含水60%～90%）初期。

第五阶段为加强注水开发产量稳定阶段：从2006年5月到2008年1月。该阶段主要依靠注水开发，部分依靠地层弹性能量，注水量明显加大，主要生产特征表现为含水整体持续上升，产油量的维持依靠产液量的增加，产液量明显上升，产油量呈现稳定趋势，进入高含水期（含水60%～90%）中期。

（2）南区：2002年5月28日南区正式投产，含油面积10.37km^2，共有C、D两个平台56口生产井，其中C平台32口，D平台24口。主体井距为400m，其他边部区域井距为450～500m，平均井距450m。初期单井日产油73m^3，初期综合含水38%，没有无水采油期。

2003年4月28日D27M水平分支井投产Nm Ⅰ^3。

2004年2—3月，D5、D11、D16、C15井陆续转注，2005年5—6月陆续转注C14和C13井；2008年4月转注C5井。

2006年2月侧钻调整井B26hs；2007年4—5月投产D28h、D29h、D30h水平调整井。

根据南区生产动态变化规律，可将其生产过程划分为六个阶段（图1－5）。

第一阶段为产能建设阶段：从2002年5月南区投产开始，至2002年8月中旬油田全面投产。该阶段主要生产特征为没有无水采油期，产液量和产油量快速增加，变化一致，含水处于中低含水期。

第二阶段为弹性能量开发产量快速递减阶段：从2002年8月中旬至2003年6月初。该阶段依靠地层弹性能量开发，主要生产特征表现为含水快速上升，产液量和产油量快速递减，含水处于中高含水期初期。

第三阶段为卡水、酸化、调整井措施全面实施，产量有小幅度上升，然后回落阶段：从2003

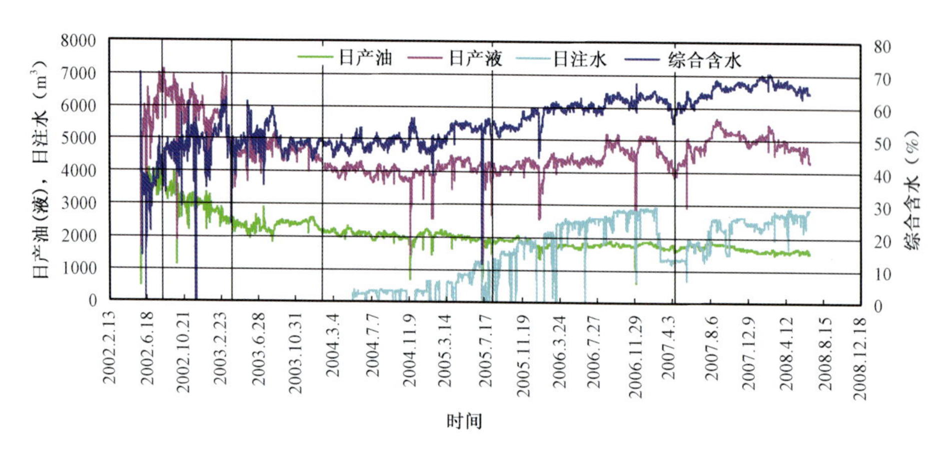

图 1－5　秦皇岛 32－6 油田南区生产曲线

年 2 月初至 2004 年 2 月初。该阶段依然依靠地层弹性能量开发，主要生产特征表现为含水变化趋于平缓，产液量和产油量相关性好，均呈现上升然后回落趋势，含水依然处于中高含水初期。

第四阶段为注水开发初期产量缓慢递减阶段：从 2003 年 2 月初至 2005 年末。该阶段同时依靠地层弹性能量和注水开发，注水量相对于产液量少，主要生产特征表现为产液量和含水变化一致，缓慢上升，产油量缓慢下降，含水依然处于中高含水初期。

第五阶段为注水开发产量稳定阶段：从 2006 年初至 2007 年 9 月末。该阶段生产特征表现为含水整体较快上升，产油量的维持一定程度上依靠产液量的增加，产液量缓慢上升，含水依然处于中高含水初期。

第六阶段为加强注水开发产量缓慢递减阶段：从 2007 年 10 月初至 2008 年 6 月。该阶段逐渐恢复注水，主要生产特征表现为含水先上升后下降，产油量小幅度下降后趋于稳定，产液量下降，含水依然处于中高含水过渡期。这一阶段 D 平台产油量变化不大，产液量下降，含水区域平稳且有下降趋势；C 平台注水量增加，但产油量下降，产液量下降，含水上升。南区第六阶段表现的生产特征，反映的是注水利用率下降，即：① 可能部分注入水在大孔道水窜，形成无效循环，没有有效驱动油流；② 边部注水井存在注水外溢，使部分注入水不能充分利用，可能是 C 平台注水量增加产油量下降的主要原因。

（3）西区：根据西区生产动态变化规律，可将其生产过程划分为三个阶段（图 1－6）。

第一阶段为产能建设阶段：2002 年 8 月 10 日西区正式投产，两个平台，53 口生产井。E 平台 21 口采油井，F 平台 32 口采油井，基础井距 400m，边部井距 500～600m，平均 450m。

第二阶段为第一次综合调整阶段：2004 年末，针对油田开发效果异常，专门研究了秦皇岛 32－6 油田开发效果异常的原因，设计改善开发效果的综合调整方案。油田随之开始进行第一次综合调整。2004 年末开始进行第一次综合调整，2005 年春，在西区 NmⅡ^1 层中钻水平井 E10h 和 E06sh，先后于 2005 年 3 月和 6 月投产。其中 E06sh 是由 E6 井井孔中开窗侧钻而成，从此 E6 井报废。

第三阶段为钻调整水平井阶段：2007 年底，油田开始进行第二次开发调整，在西区 E 平台 NmⅡ^1 层中钻水平井 E11h、E25h、E26h、E27h、E28h、E29h，先后于 2008 年 1—3 月投产，产量

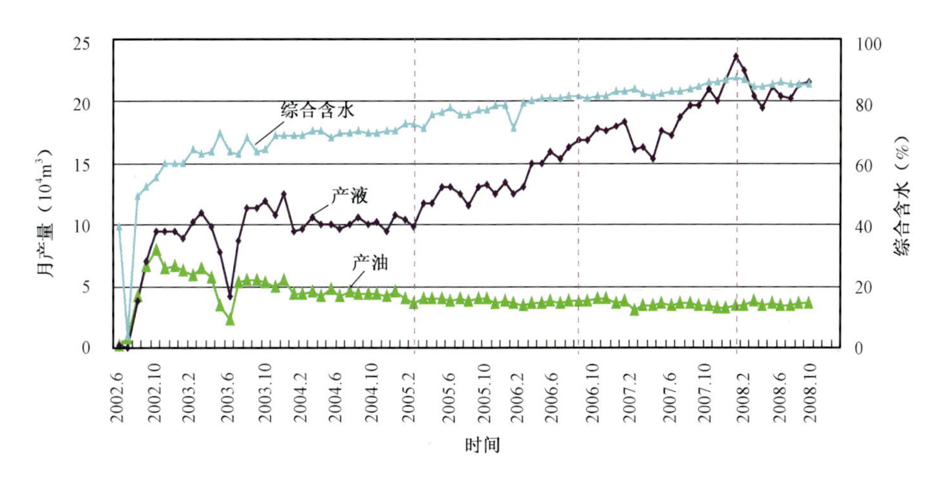

图 1-6 秦皇岛 32-6 油田西区生产曲线

有小幅上升。

1.3.2 开发现状

(1)北区:截至 2008 年 1 月,北区明化镇组油层累计产油 $391\times10^4m^3$,累计产水 $589\times10^4m^3$,累计产液 $980\times10^4m^3$,累计注水 $464\times10^4m^3$,地下亏空 $516\times10^4m^3$,综合含水 77%,采出程度 8.83%(图 1-7 和图 1-8)。

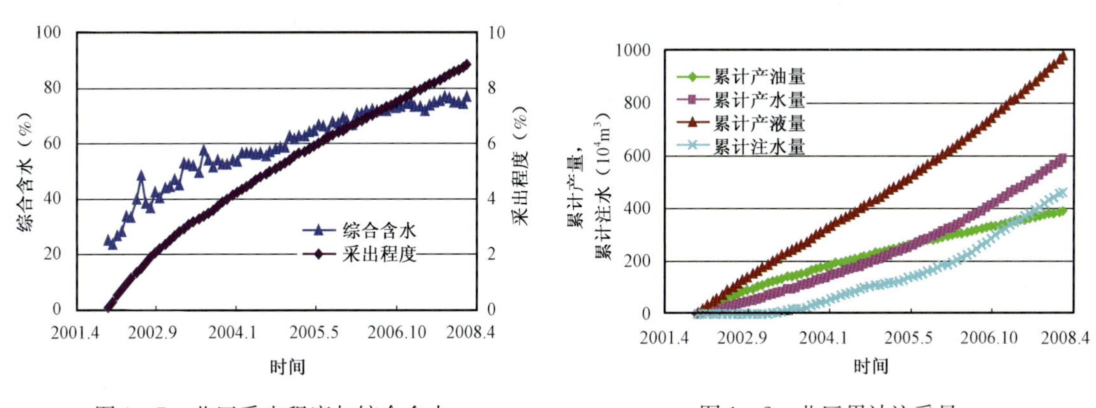

图 1-7 北区采出程度与综合含水

图 1-8 北区累计注采量

(2)南区:目前共有 61 口开发井,C 平台 33 口开发井,包括 28 口定向井,1 口水平井,4 口注水井;D 平台 28 口开发井,包括 21 口定向井,4 口水平井,3 口注水井。南区截至 2008 年 6 月底累计产油 $463.3\times10^4m^3$,累计产水 $568\times10^4m^3$,累计注水 $241\times10^4m^3$,采出程度 7.45%,综合含水 64.32%;目前日产液 $4343m^3$,日产油 $1550m^3$,采油速度 0.98%(图 1-9)。

(3)西区:秦皇岛 32-6 西区共有 62 口生产井,其中 E 平台 28 口油井(20 口定向井,8 口水平井),F 平台 34 口油井(32 口定向井,2 口水平井);除了 F33h、F34h 井开采馆陶组外,其他井都开采明化镇组下段。

西区截至 2008 年 10 月底累计产油 $310.67\times10^4m^3$,采出程度 5.78%;目前日产液 $8427m^3$,日产油 $1206m^3$,平均含水 85.7%,采油速度 0.8%。

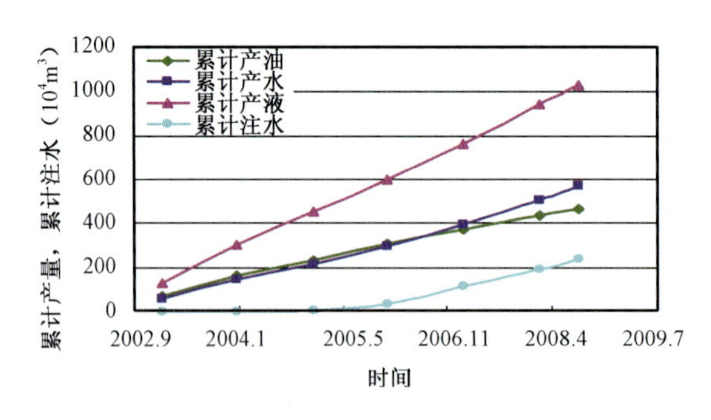

图 1 – 9　秦皇岛 32 – 6 油田南区累计产量与时间关系

1.3.3　开发特点

1.3.3.1　北区

对油田北区的产量构成和年递减率、年注采比以及含水变化情况进行了分析，明确北区开发特点。

（1）产量构成与递减。

北区实施的主要增产措施包括：卡水、酸化、调整井、大泵、调剖、化学堵水、出砂井重启等，在不同开发阶段，单种措施的增产效果差距很大，且具有明显的规律性。根据北区月产量构成分析（图 1 – 10、图 1 – 11），初期卡水和酸化措施效果较好，对减缓产量递减起到重要作用；随着开发的进行，新实施的卡水效果逐渐变差，后期措施多样化，调整井、大泵提液的作用相对突出。

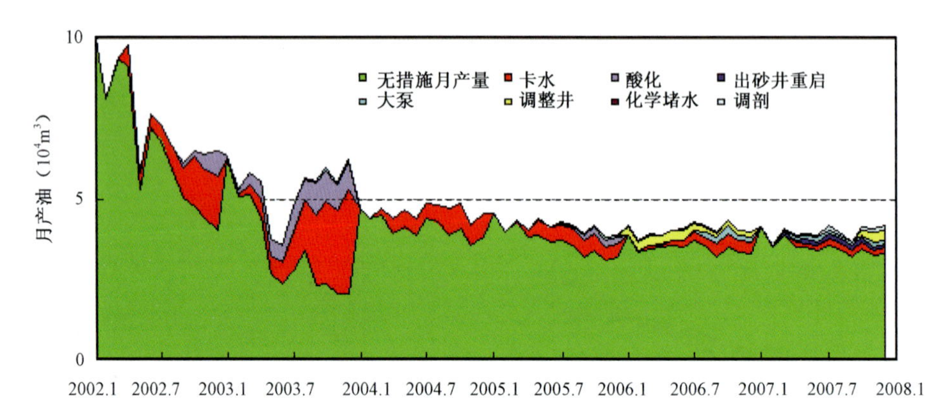

图 1 – 10　北区月产量构成

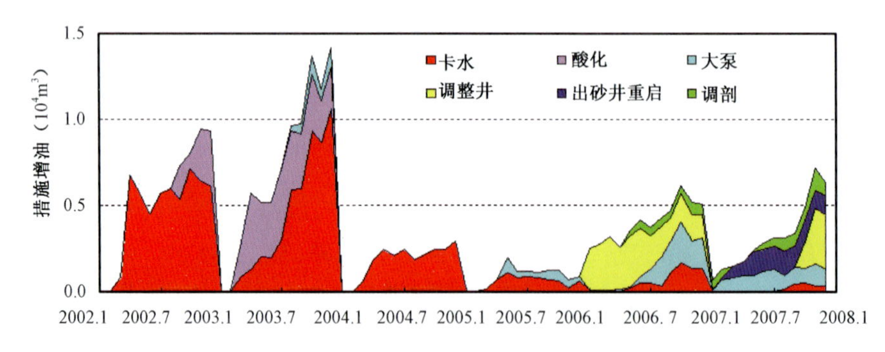

图 1 – 11　北区月措施产量构成

根据老井年产量、调整井年产量和措施年增油量，计算了北区综合递减率和自然递减率。根据递减分析（图 1 – 12），初期自然递减很快，达到 54%，随着开发的进行，自然递减迅速下降后趋于平稳，2007 年小于 14%，综合递减初期也较大，达到 29%，随着开发的进行，综合递减下降较快，2007 年仅为 3.5%，说明措施作用明显。

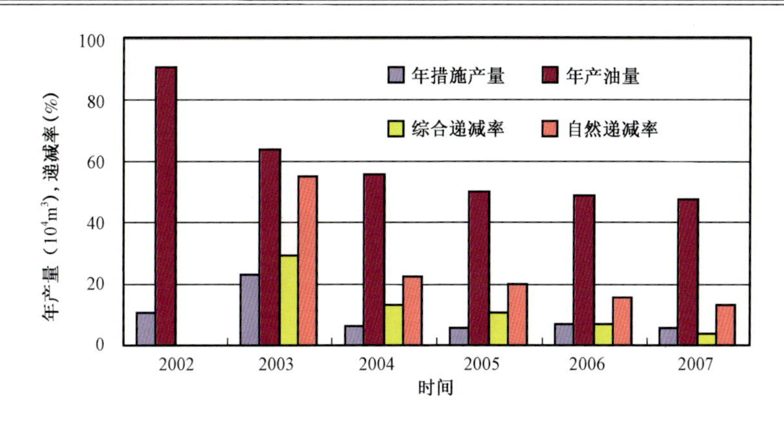

图 1－12　秦皇岛 32－6 油田北区产量变化及递减率

（2）注采比。

由于北区边底水发育，地层具有一定弹性能量，初期一年多采用降压开发，其后注水强度有所加大（图 1－13），年注采比逐年上升，2004—2005 年达到 0.5 左右，2006—2007 年达到 0.75。与产量对比分析表明，随着注采比的增大，产量趋稳，尤其是目前以增大产液量保持稳产的阶段，注采比的增大起着重要的作用。

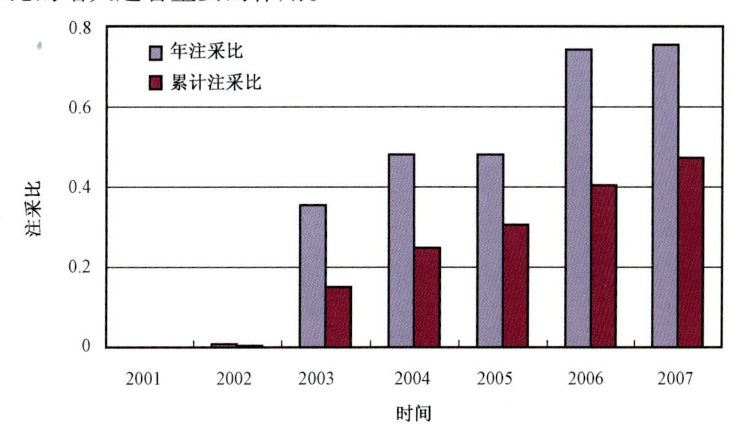

图 1－13　秦皇岛 32－6 油田北区年注采比

（3）投产初期及目前含水。

北区各个油组、小层和不同的砂体具有不同的油水界面，且采用大段防砂管柱合采的方式投产，不同砂体出水程度存在很大差异，因此，开发初期井口含水；同时，油藏主力砂体以构造作用控制为主，存在断层的遮挡作用，原始含油饱和度存在较大的差异；另外井网的控制作用差异导致各井水淹的差异，这些因素通过初期含水、累计产油以及目前含水能够有所体现。

以各井投产前三个月内的生产数据作为初期含水特征的依据，进行绘图分析（图 1－14）。结果表明，北区初期产液较高的井主要分布在北部，含水较高的井主要分布在东北角和西南角构造低部位，含水较低的井 B 平台比 A 平台比例大。

以各井累计产液和产油的生产数据作为整体含水特征的依据，进行绘图分析，累计产液和产油的规律与初期产液和含水具有一定相似性（图 1－15）。同时，受水侵和注入水影响明显，累计含水较低的井多位于油藏中部、断层遮挡处以及产液量偏低部位。

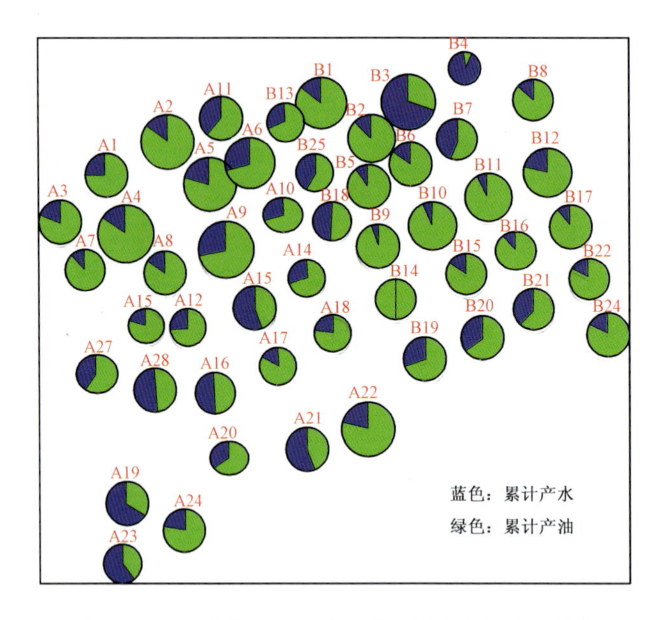

图 1-14　秦皇岛 32-6 油田北区投产初期含水特征

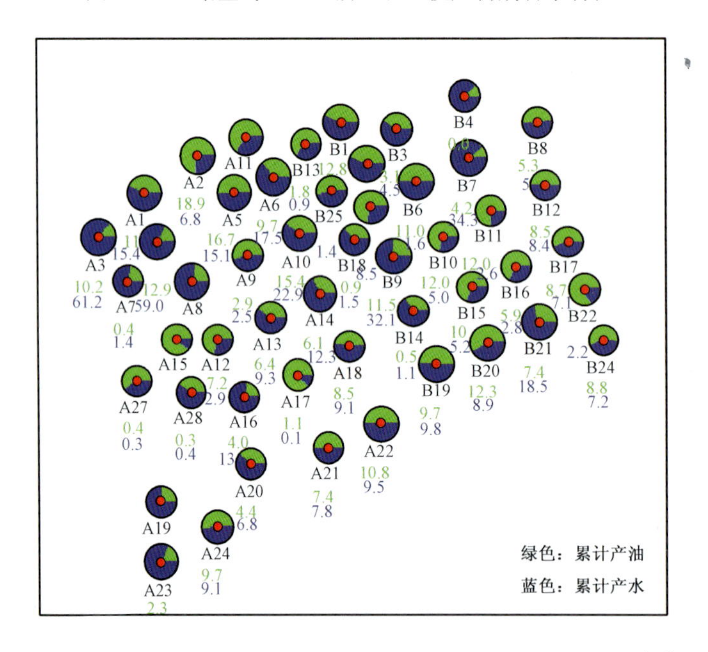

图 1-15　秦皇岛 32-6 油田北区累计产油产水特征（单位：$10^4 m^3$）

以各井 2007 年末的生产数据作为近期含水特征的依据，分析结果表明，2007 年末单井产液和产油的规律更为明显（图 1-16），目前产液速度差距变小，含水较低的井多位于油藏北边中部、断层遮挡处以及初期产液量偏低部位。

1.3.3.2　南区

表征注水油藏开发特点和动态变化趋势最重要的规律之一是含水变化规律，不同的地质条件、注采方式表现不同的含水上升特点。

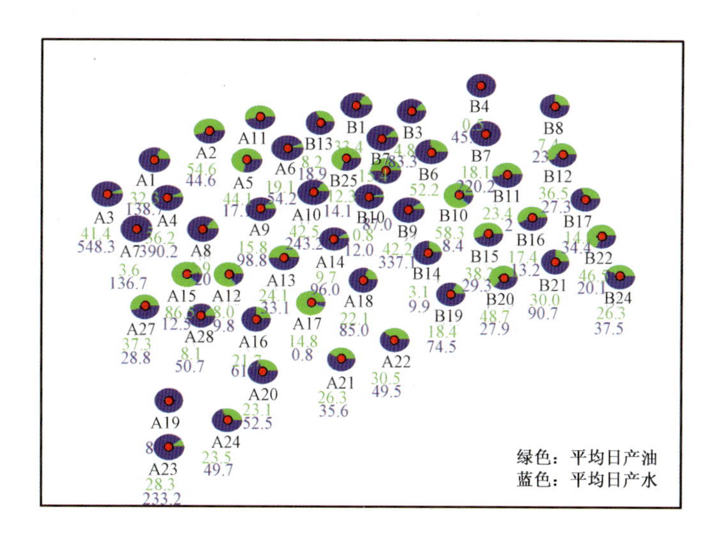

图 1－16 秦皇岛 32－6 油田北区 2007 年末产油产水特征(单位:$10^4 m^3$)

(1)含水变化规律及特征。

注水油藏的含水上升规律是表征其开发特点的最重要规律,这一规律决定了注水油田开发指标变化的大趋势。国内外大量理论研究和矿场实践表明,随着油藏黏度比、储层非均质性以及岩石表面润湿性不同,含水上升的特点也不相同。一般可将含水上升曲线分为凸形、S 形和凹形。根据理论分析:① 随油藏黏度比由大到小降低,曲线形态由凸型逐渐转变成 S 形,甚至凹形;② 非均质程度由大到小,曲线形态由凸形逐渐转变成 S 形,甚至凹形;③ 润湿性由亲油到亲水,曲线形态由凸形逐渐转变成 S 形,甚至凹形。实际油藏的情况还受各种其他地质因素和人为措施的综合影响,含水上升变化要复杂得多。

南区含水率变化规律可总结为快速上升—趋于平缓—缓慢上升三个阶段。南区 2002 年 5 月投产由于底水的侵入以及同层水产出,油井投产即见水,没有无水采油期,初期含水达 38%;含水上升至 50% 后由于卡水、酸化等措施的实施,有效控制了含水率的上升使其趋于平缓;到 2005 年 1 月由于边水的入侵以及注入水的突破使含水率又缓慢上升。

南区的综合含水和采出程度关系曲线(图 1－17)整体为凸形曲线,说明油水黏度比高;前期含水上升快,后期上升减缓;含水 50% 时采出程度只有 1%,预计中—高含水、高含水期是可采储量的主要开采期。

跟同类油藏相比(图 1－18),秦皇岛 32－6 油田开发效果较差,主要原因有:① 油水黏度比大;② 储层非均质性强造成某些油层水淹严重;③ 不同类型油藏(边水油藏、纯油藏、油水同层、底水油藏和边底水油藏)合采层间干扰大、水驱效果差;④ 构造幅度比较平缓,边水推进及底水锥进;⑤ 采用定向井开采底水油藏,造成底水锥进速度较快。

南区开发状况优于北区、西区,主要原因有:① 南区的油水黏度比最低,其值为 135.5,而北区和西区油水黏度比分别为 285.3 和 502.0;② 南区主力砂体的边水能量比北区大,而西区底水易锥进导致油井水淹,使产量快速递减;③ 南区的非均质性比北区、西区弱。

(2)采油速度、采液速度和注采比

开发初期,南区年采油速度(图 1－19)为 2.1%,然后迅速下降,维持在目前的 0.98%;年采液速度开发初期为 3.7%,然后与采油速度相应快速下降,在 2005 年开始增大,目前维持在

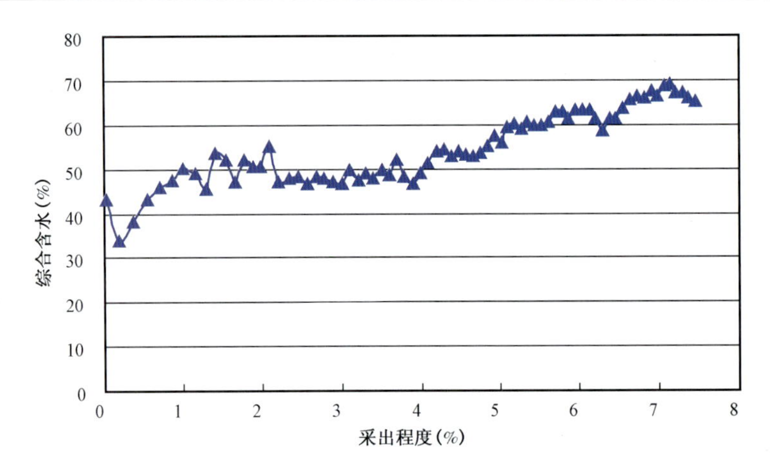

图 1－17　秦皇岛 32－6 油田南区综合含水与采出程度关系曲线

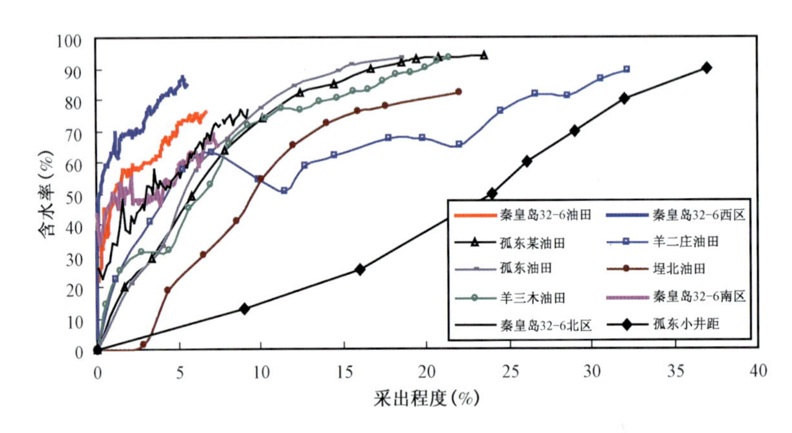

图 1－18　秦皇岛 32－6 油田与其他油田开发效果对比

3.0%。前期采油速度与采液速度都快速下降，变化一致，后期采油速度减小，采液速度增加，后期可以靠提液来维持产油量。

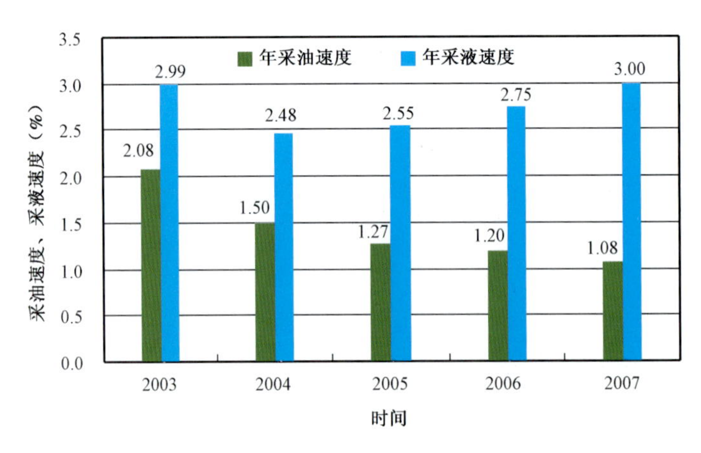

图 1－19　秦皇岛 32－6 油田南区采油速度和采液速度与时间关系

南区年注采比(图1－20)整体逐年上升,2005年为0.2,2006年达到0.5,2007年由于D平台钻调整井使年注采比降为0.4。与产量对比分析表明,随着注采比的增大,产量整体变化趋势相对趋稳,尤其是目前以增大产液量保持稳产的阶段。但同时也该注意到后期注入水利用效率低的问题,所以后期采用增加边部和内部注水井点比仅仅提高注采比的方法更可行。

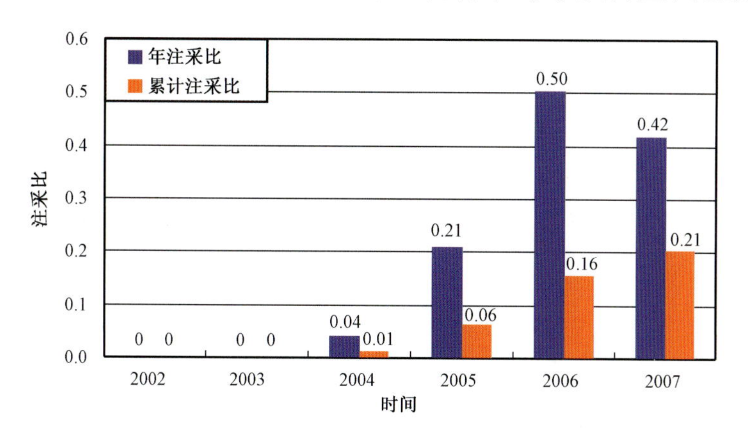

图1－20　秦皇岛32－6油田南区年注采比和累计注采比与时间关系

(3)产量构成和递减。

根据南区产量构成分析(图1－21、图1－22),初期措施多样化,卡水和酸化措施效果较好,对减缓产量递减起到重要作用,调整井以及出砂井重启效果次之;后期卡水、调整井、大泵的作用相对突出;2007年调整井、大泵效果明显,措施单一。

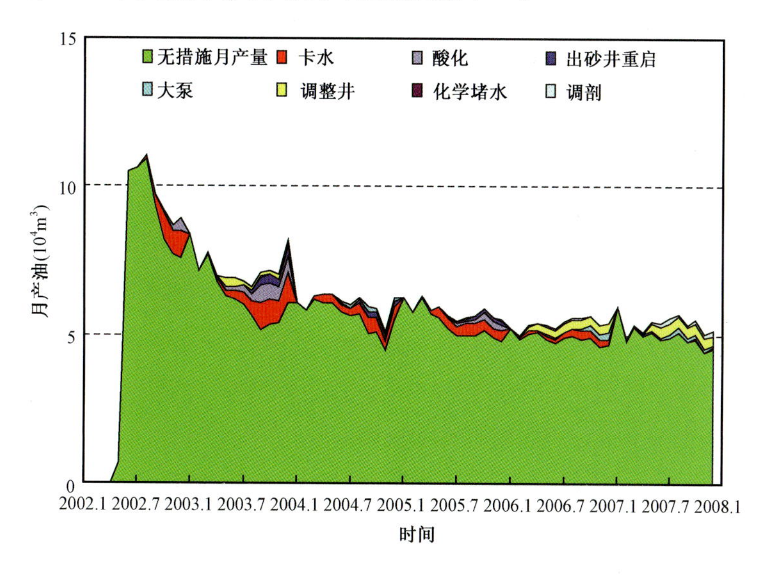

图1－21　秦皇岛32－6油田南区产量构成图

初期自然递减很快(图1－23),自然递减率为36%,随着开发的进行,自然递减率迅速下降后趋于平稳,2007年为7%。综合递减率初期较大,为28%,随着开发的进行,综合递减率下降较快,2007年为5%,说明措施效果明显。

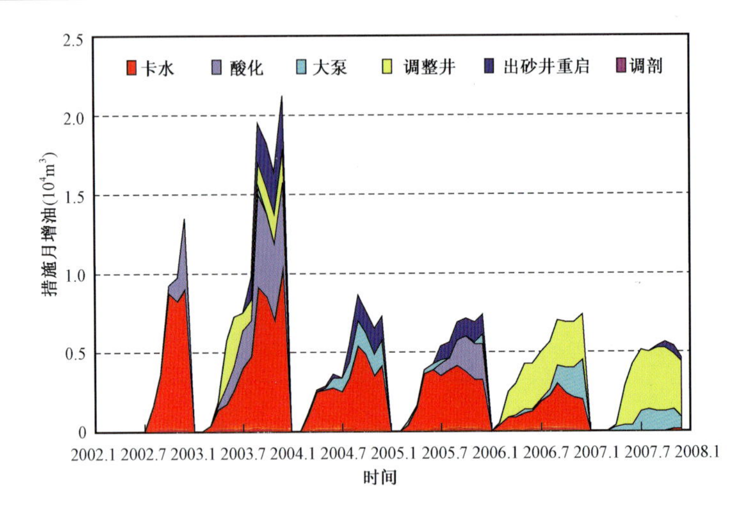

图 1 -22　秦皇岛 32 -6 油田南区措施产量构成

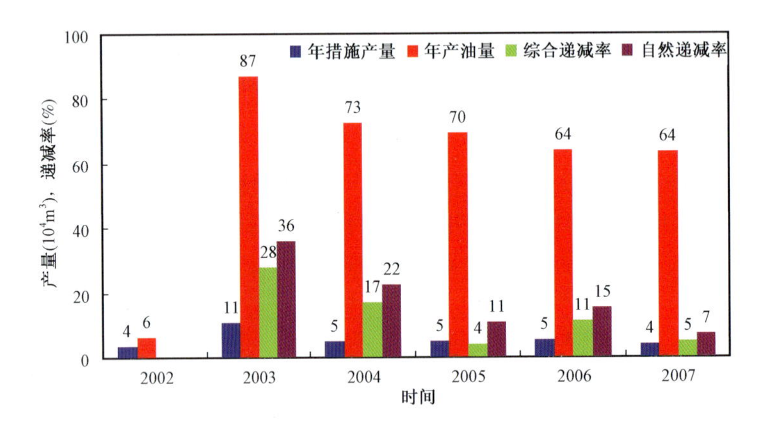

图 1 -23　秦皇岛 32 -6 油田南区产量变化及递减率

1.3.3.3　西区

(1)西区初期递减较快,2005 年后生产较稳定。

西区 2002 年全面投产,初期日产油达到 $2300m^3$,到 2005 年初日产油下降到 $1200m^3$,年综合递减率达 16.0%。2005 年后由于 E6sh、E10h、F33h、F34h 等井投产及卡水、大泵提液等陆续实施,西区日产油基本稳定在 $1150m^3$ 左右的水平;2008 年一季度投产 E11h 及 E25h、E26h、E27h、E28h、E29h 等 6 口水平井,西区产量有小幅上升(图 1 -24)。

(2)投产即见水,且水淹快

西区 2002 年 8 月投产含水即达 50%,且初期含水上升速度较快,到 11 月含水达 65%,8—11 月含水月上升速度 5.0%,含水上升至 70% 后上升速度减缓。跟同类油田相比秦皇岛 32 -6 油田开发效果较差,而秦皇岛 32 -6 油田中西区的开发状况又差于全区(图 1 -25)。

(3)储层物性平面差异大。

西区储层物性平面差异较大,导致单井生产状况相差较大:目前日产油小于 $15m^3$ 的井有 17 口,占总井数的 27%,日产油大于 $50m^3$ 的井有 15 口,占总井数的 24%(图 1 -26)。

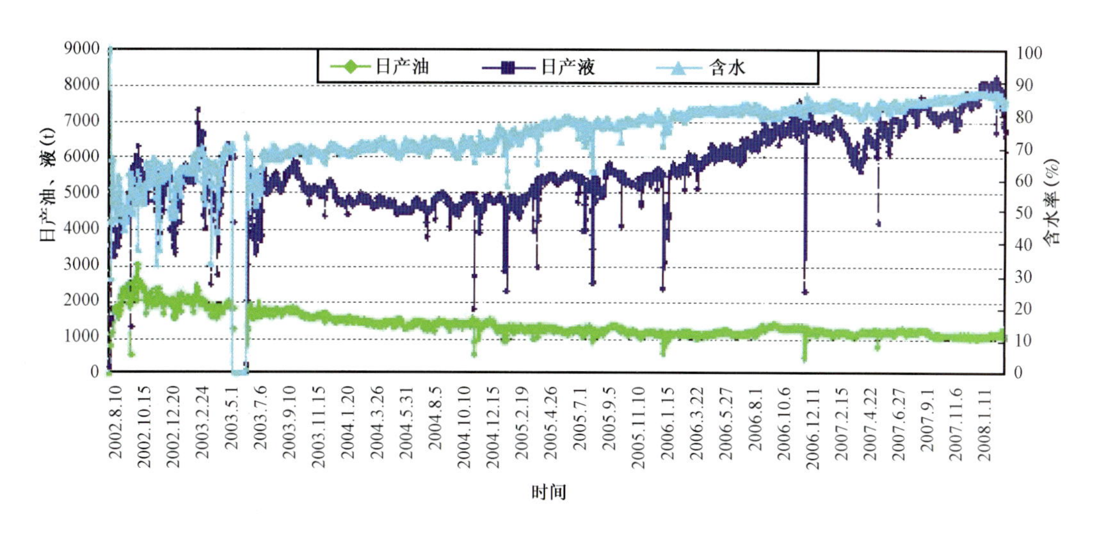

图 1-24　秦皇岛 32-6 油田西区产量曲线

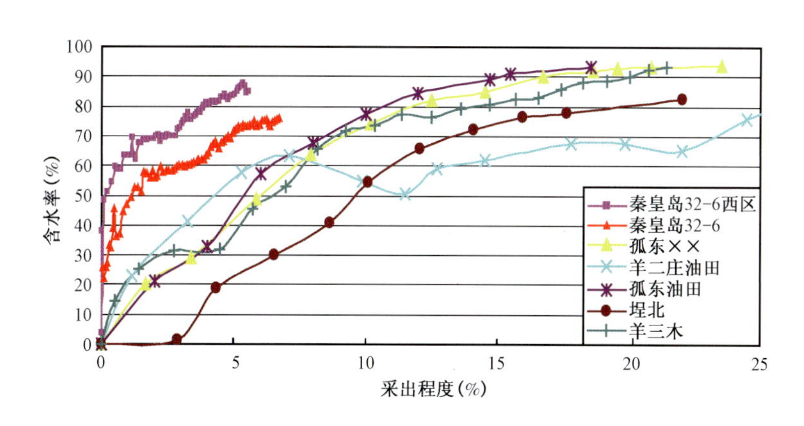

图 1-25　秦皇岛 32-6 油田开发效果对比图

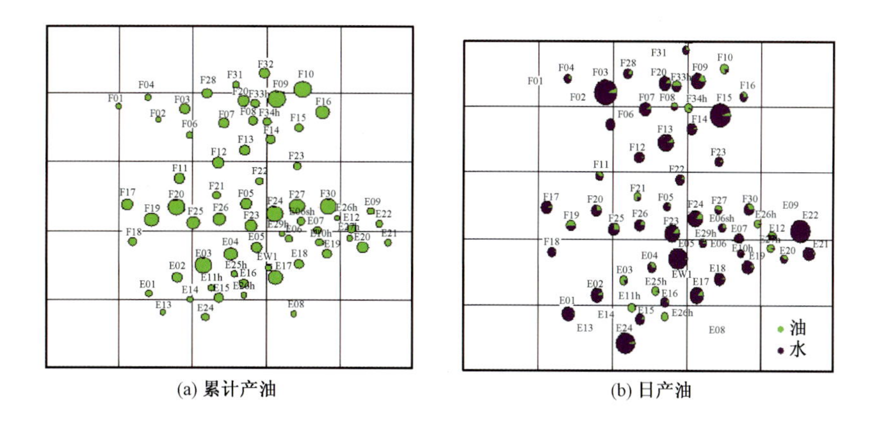

图 1-26　秦皇岛 32-6 油田西区产油泡泡图

从秦皇岛32－6油田三个区投产以后生产情况看，各区普遍含水上升较快，加之边底水合采，投产7年，含水上升到了81.4%，已经进入中高含水开发期，产量递减大。由于秦皇岛32－6油田的含油井段较长，防砂段较多，以及平面、层间及层内的非均质影响，通过多年的开采，三大矛盾已经暴露，影响了油田开发水平的进一步提高，致使含水比较高，采出程度比较低。由于该油田为河流相沉积，储层物性较好，但注水开发形成了复杂的多油水系统，非均质性严重，各层吸水量差异大，注入水往往沿高渗透带推进，使纵向上和平面上水推进不均匀，造成水驱波及体积小，注入水过早向油井突进，油水分布犬牙交错，剩余油分布既零散又有相对富集部位。开发实践证明，油田进入高含水采油阶段，剩余油呈高度分散状况，地下油水分布规律较开发调整阶段已发生了巨大变化，如果不加强对油藏剩余油的深入认识，势必造成油田开发效果变差及开发效益急剧下降。因此搞清油层中剩余油的分布，使油藏挖潜可以有的放矢，从而减缓油田递减，提高油田采油速度，提高储量动用程度，最终达到提高油田采收率的目的。

2 开发中后期储层描述与评价技术

根据第1章所述的油田地质和开发特点可知，秦皇岛32-6油田构造幅度比较平缓、油水关系非常复杂、底水油藏储量占了40%、边底水油藏合采，这一系列复杂的地质油藏特征造成了油田投产初期生产形势非常的被动：油田开发初期没有无水采油期，含水上升快，产量递减快。油田整体投产一年后含水高达58%，采出程度仅为2.37%。

回顾秦皇岛32-6油田的开发历程，受油田地质模式、海上开发条件、当时油价等条件的制约，开发难度相当大。主要开发难点如下：一是探井评价井密度低，难以把握海上复杂河流相油田模式；二是评价阶段难以用三维地震资料准确描述本油田的储层变化；三是复杂的油水关系为油田合理高效开发带来难题；四是低油价给油田开发的经济性提出了严重挑战。另外该油田是首次在海上开发的大型复杂河流相砂岩稠油油田，开发前期与开发建设阶段尚缺少在海上开发这类油田的经验。

一般来说，油田地质油藏的复杂性是随油田勘探开发的进程逐步认识的，特别是油田进入开发中后期以来，对油田地质模式的认识与储量评价阶段相比发生了很大变化。因此，需要抓住油田存在的主要矛盾，针对海上河流相砂岩稠油油田的特殊性，进行开发中后期储层描述与评价，对地质油藏特征进行再认识。

河流相砂岩稠油油田开发中后期储层描述与评价，就是根据油田钻井资料、相应的测井资料、分析化验资料和生产动态资料，结合最新开发地震研究成果，对油田进行更为深入的地质油藏综合研究。其主要包括储层油气水分布再认识、精细地层对比、隔夹层研究、储层非均质性研究、沉积相研究，以及三维地质建模等。

2.1 油气水分布再认识

油气水分布再认识工作，是建立在评价阶段的认识基础上，结合油田投产到开发中后期的所有开发井各项生产动态、监测资料，对油田每口井、每个层进行油气水分布重新解释。

从油田投产到开发中后期，根据油田生产动态的认识可知，部分储层初期的油气水解释与实际生产情况具有矛盾。为了进一步认识秦皇岛32-6油田的油气水特征，开展了秦皇岛32-6油田油气水储层再评价工作，对秦皇岛32-6油田的近200口探井、评价井及开发井进行了重新数字处理；在此基础上，以岩心化验及DST资料，并结合开发井8年来的各项生产动态、测试资料，重新开展了秦皇岛32-6油田的油气水储层再认识评价工作。与投产前的认识相比较，主要有以下几点较大的变化。

（1）优化了明化镇组及馆陶组的油水解释标准，并给出了夹层划分标准。

评价阶段有效厚度解释标准为：

明化镇组：当 $\phi \geqslant 25\%$，$V_{sh} \leqslant 20\%$ 且 $S_o \geqslant 60\%$；或 $60\% > S_o \geqslant 50\%$ 且 $\Delta SP \leqslant 0.45$。

馆陶组：当 $\phi \geqslant 20\%$，$V_{sh} \leqslant 12\%$ 且 $S_o \geqslant 50\%$。

通过分析研究认为：与储量复算阶段认识不同的是，储量复算阶段明下段用一套解释标准,而油气水分布再认识阶段,明下段 Nm0—Ⅱ油组以及 NmⅢ—Ⅴ油组的解释标准是不一样的(表 2 -1)。

表 2 -1　秦皇岛 32 -6 油田明化镇组、馆陶层组油水解释标准表

层位	油气类型	深电阻率(Ω·m)	孔隙度(%)	含油饱和度(%)	泥质含量(%)
Nm0—Ⅱ	油层	≥15	≥25	≥50	<18
	油水同层	8 ~ 15	≥25	30 ~ 50	<18
	水层	<8	≥25	<30	<18
NmⅢ—Ⅴ	油层	≥14	≥25	≥50	<18
	油水同层	7 ~ 14	≥25	30 ~ 50	<18
	水层	<7	≥25	<30	<18
Ng	油层	≥12	≥25	≥50	<18
	油水同层	6.5 ~ 12	≥25	30 ~ 50	<18
	水层	<6.5	≥25	<30	<18

如 QHD32 -6 -C7 井 1588.0 ~ 1599.0m,原解释为顶 1.4m 油层、0.9m 干层、6.0m 油层及 1.7m 底水层(图 2 -1),该井段全部射孔。从图 2 -2 中可以看出,C7 井在投产初期一年之内,含水稳定在 10% 左右,说明 C7 井该层不是底水层,经过重新解释为顶 1.4m 油层、0.9m 干层、8.7m 油层。

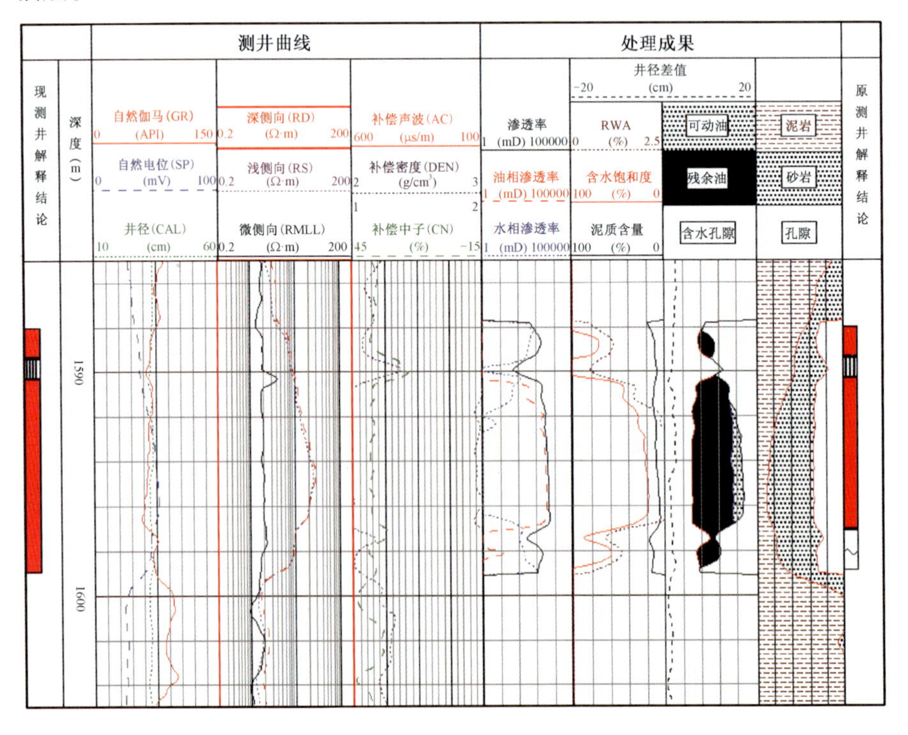

图 2 -1　QHD32 -6 -C7 井综合成果图

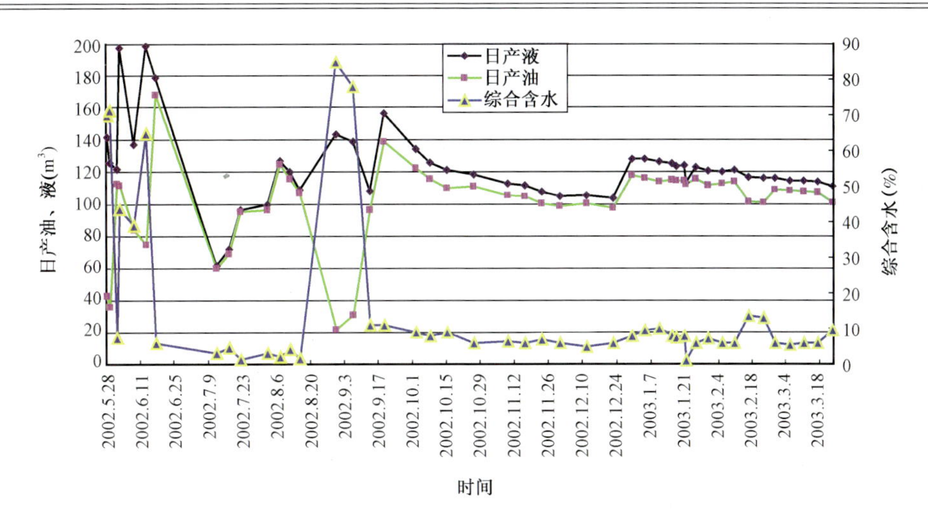

图 2－2　C7 井投产初期生产曲线

根据上述标准，重新解释结果表明，有 122 口井的 250 层测井解释发生了变化，有 7 层 39m 由油水同层、水层升级为油层，其他井的约 143 层解释结果发生了降级，由油层降级为油水同层或者水层。

(2)开展了低电阻率油层解释方法研究工作，确定了明化镇组的低电阻率油层定性解释标准。

低电阻率油气层是指油气层电阻率小于或近似等于围岩电阻率；油、水层电阻率差别不大或油、水层电阻率增大倍数小于 2 的油气层。通过对测井资料结合测试资料的分析，秦皇岛 32－6 油田低电阻率油层主要存在于明化镇层组，而明化镇层组主要存在两种低电阻率油层类型。

一种是由岩性因素引起的低电阻率储层。如 QHD32－6－4 井的 1076.6～1078.6m、1083.6～1085.3m，深电阻率数值较低，仅为 5～6Ω·m，SP 自然电位幅度较小，孔隙度测井曲线反映物性较好，从自然伽马曲线看，含泥质较重。各项资料分析，上述两层电阻率低的原因主要是岩性细、含泥质较重。

另一种是受围岩影响低电阻率薄砂岩储层。这是该油田明化镇组中存在的另一类低电阻率油层，因为储层厚度较小，受上下围岩影响的，测井电阻率曲线数值较低。QHD32－6－B12 井其中 Nm0 的 1020m 处，生产时基本不出水。深电阻率仅为 8Ω·m，自然电位异常幅度较小，自然伽马曲线数值较低，显示岩性较纯、含泥质较少，孔隙度测井曲线反映物性较好，但本层较薄，厚度仅有 1m 左右，受上下围岩影响，储层电阻率很低。

综合分析，秦皇岛 32－6 油田明下段低阻油层解释标准如下(表 2－2)。

表 2－2　秦皇岛 32－6 油田明化镇组低电阻率油层定性解释标准

参数层组	自然电位减小系数 ΔSP	自然伽马相对值 ΔGR	深电阻率 (Ω·m)	孔隙度 φ (%)
Nm0—Ⅱ	<0.4	>0.3	>5	>25
NmⅢ—Ⅴ	<0.55	>0.27	>4.5	>25

表2－3为各平台低阻油层和常规油层的统计（按垂直厚度计算），其中低阻油层占到总油层厚度的10.54%。

表2－3　秦皇岛32－6油田各平台低阻油层和常规油层的统计表

平台＼油气类型	低阻油层		常规油层	
	厚度（m）	层数	厚度（m）	层数
A平台	139.3	77	956.1	202
B平台	93.3	50	718.4	177
C平台	114.9	65	1084.4	211
D平台	116.5	69	922.7	199
E平台	19.4	7	488.2	67
F平台	71.5	31	755.4	145
评价井	66.2	23	345.2	56
合计	621.1	322	5270.4	1057

2.2　精细地层对比

精细等时地层格架的建立是进行油藏地质研究的前提和基础。在河流相沉积地层中，沉积环境侧向变化大，河流切割、充填作用强，地层岩性和厚度变化剧烈，标志层少，且沉积作用导致的自旋回容易掩盖构造、气候等作用形成的异旋回，地层对比难度很大。

在油组划分的基础上，评价阶段，秦皇岛32－6油田明下段从上至下共划分出28个小层，其中Nm0油组8个，NmⅠ、NmⅡ、NmⅢ油组各4个，NmⅣ油组3个，NmⅤ油组5个。馆陶组没有细分小层，油层主要分布在油组顶部，并根据油水系统、储层连通关系等因素细分为141个砂体（储量计算单元）。

通过后期的数值模拟使用情况，根据储量复算阶段地层对比模式建立的地质模型已经不能满足地下复杂实际生产情况。为了建立更为精细的地质模型，通过精细对比，明下段六个油组共划分为33个小层，其中，Nm0油组分为8个小层，NmI油组分为5个小层，NmⅡ油层组分为5个小层，NmⅢ油组分为5个小层，NmⅣ油组分为5个小层，NmV油组分为5个小层。馆陶组的NgⅠ油组分为2个小层，NgⅡ油组分为2个小层。

在陆相河流相沉积环境中，单砂体常叠置成为一个复合砂体。为了精细描述单砂体的分布，把小层进一步细分为若干单砂体，即为单层。在研究区，一个小层内一般可划分2～3个单砂体，纵向上划分为375个单砂体（图2－3）。对比复算阶段的相同储层对比剖面（图2－4），可以看出，现阶段的对比模式更精细，更能反映地下复杂的储层分布及储层非均质性。如北区$NmⅣ^1$砂体，在储量复算阶段，是按照1个砂体来进行对比的，并且在储量计算和地质模型中，也是按照一个单元（砂体）来进行的。而精细储层对比表明，$NmⅣ^1$砂体可以分为3个砂体组，砂体分布范围也明显不同（图2－5、图2－6），并且在地质模型中也体现了现阶段的对比成果。

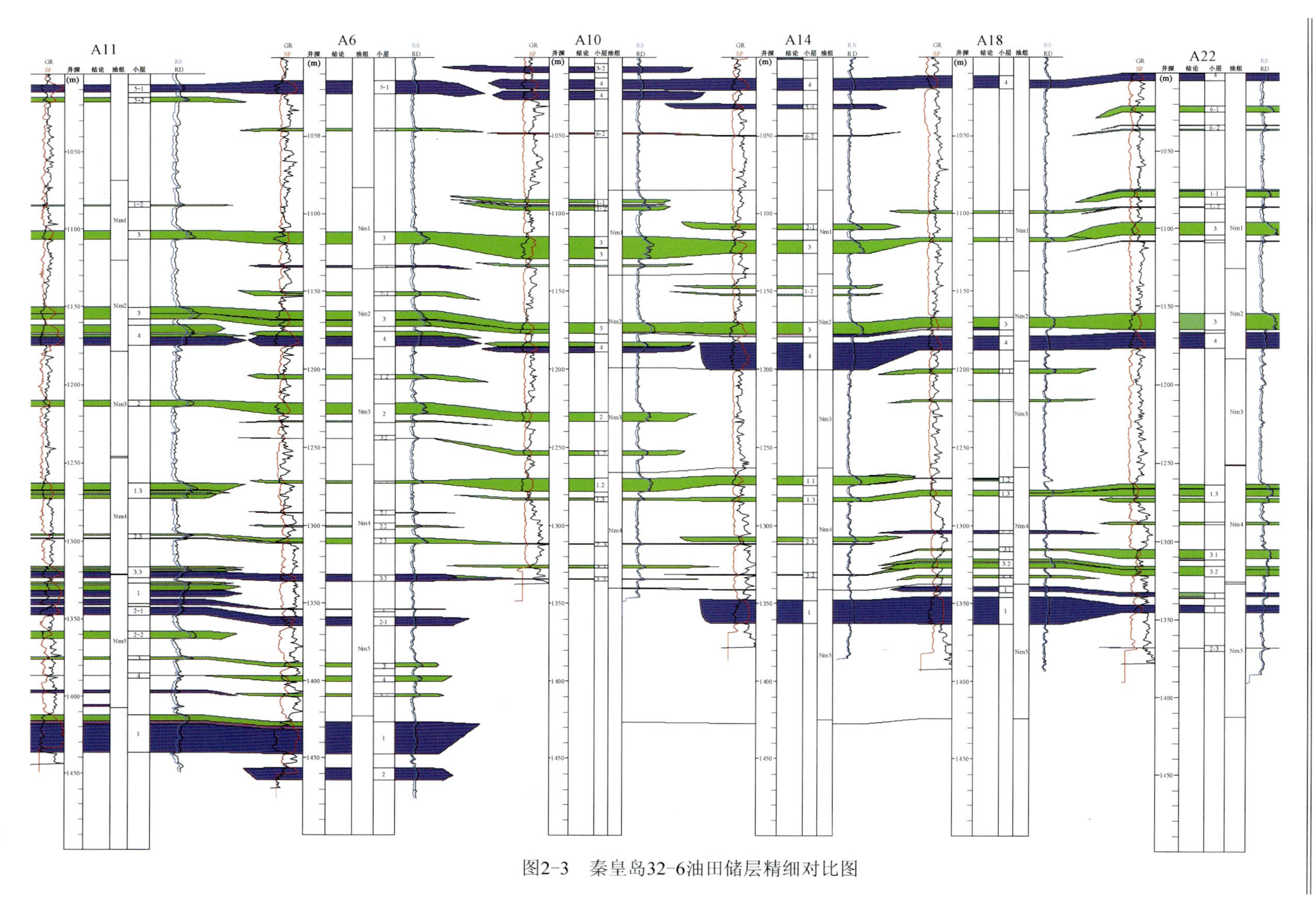

图2-3　秦皇岛32-6油田储层精细对比图

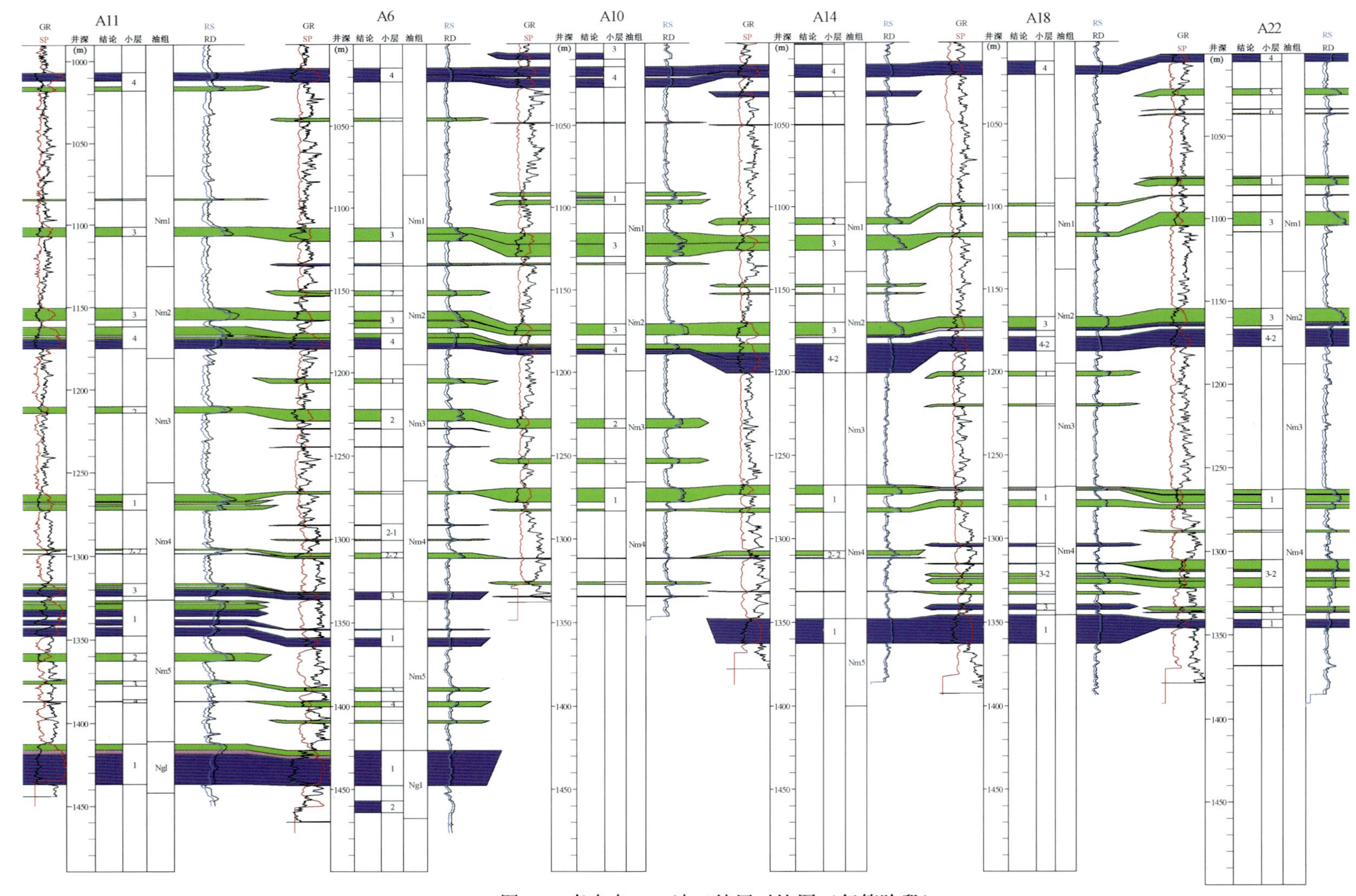

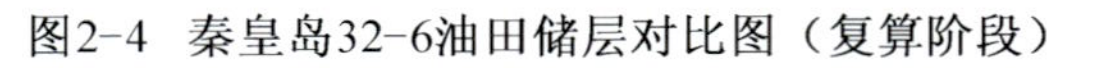
图2-4 秦皇岛32-6油田储层对比图（复算阶段）

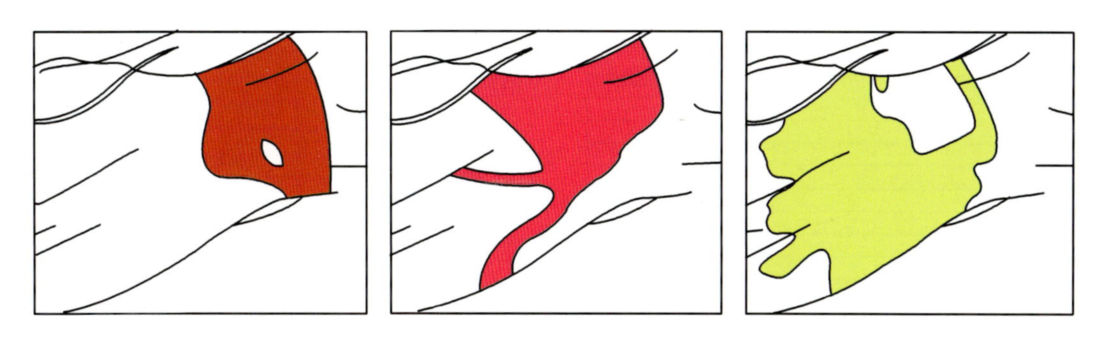

图2－5　秦皇岛32－6油田北区NmⅣ[1]小层3套砂体储层分布图

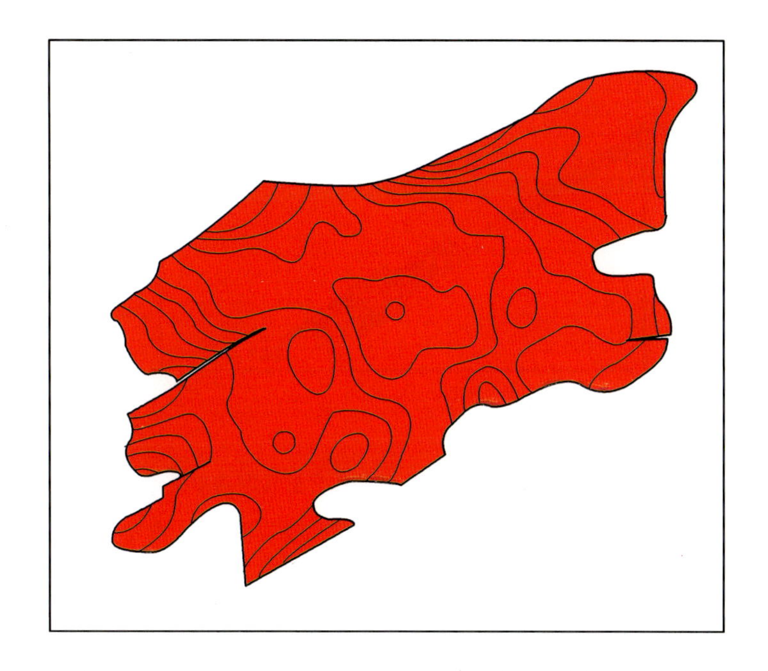

图2－6　秦皇岛32－6油田北区NmⅣ[1]砂体分布图(复算阶段)

2.3　隔夹层划分

2.3.1　隔夹层类型

秦皇岛32－6油田岩心分析资料指出：岩性由粗到细可分为五种，即细砂岩、含砾砂岩、粉砂岩和泥质粉砂岩、粉砂质泥岩。依据隔夹层定义，含砾砂岩、粉砂岩、泥质粉砂岩、粉砂质泥岩都可以作为隔夹层。从电测曲线上看，该隔夹层的GR高、SP偏于基线位置、电阻率低。综合分析认为秦皇岛32－6油田隔夹层为泥质隔夹层。

根据岩心化验分析资料(图2－7、图2－8)，本油田孔隙度20%以上的砂岩都是可渗透的，而且当孔隙度在20%以下时，束缚水饱和度接近100%，无可动水，属非储层。从图中可以看出，泥质粉砂岩、粉砂质泥岩以及泥岩这些非渗透性岩层大致分布在渗透率小于1mD、泥质含量大于50%的区域，渗透性储层的岩性下限为粉砂岩(图2－9)。

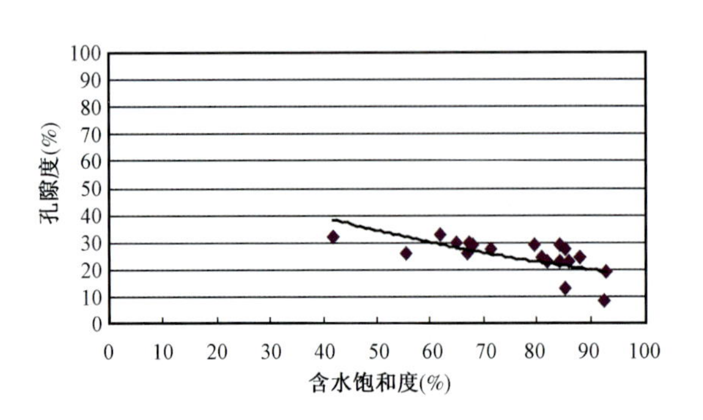

图 2－7　秦皇岛 32－6 油田孔隙度与束缚水饱和度关系图

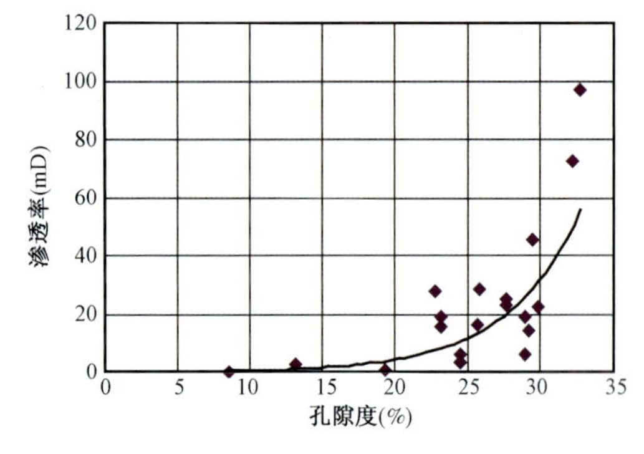

图 2－8　秦皇岛 32－6 油田孔隙度、渗透率关系图

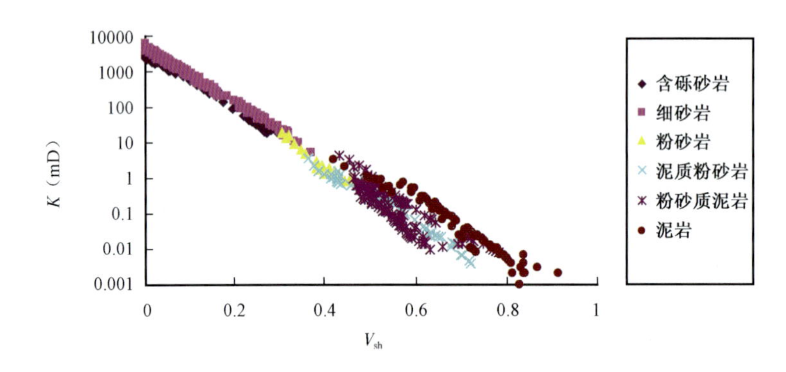

图 2－9　秦皇岛 32－6 油田泥质含量和渗透率关系图

根据测井解释结果，结合试油资料以及生产动态资料，确定了秦皇岛 32－6 油田隔夹层物性标准：

（1）岩性夹层/非渗透性隔层——属于非渗透层，其物性标准为：$\phi<15\%$、$V_{sh}>50\%$、$K<1$mD。

（2）物性夹层/渗透性隔层——具有一定的渗透性，属于非有效储层，其物性标准（相对于岩性隔夹层而言）为：$15\%<\phi<25\%$，$50\%>V_{sh}>30\%$，$K>1$mD。

2.3.2　主力砂体隔夹层分析

在进行隔夹层研究过程中，在进行砂体内夹层分析时，引入了两个参数：分布密度和分布频率。分布密度是夹层总厚度占岩层总厚度的比例，分布频率是单位厚度岩层的非渗透层层数。这两个数值越大，储层质量越差，它们也可以定性地反映剩余油富集程度，数值越低，对水驱效果影响较小，因而剩余油富集程度较低。下面以西区 NmⅡ油组为例对隔夹层进行综合分析（图 2－10）。

西区 NmⅡ油组有 4 套砂体，分别为：$NmⅡ^1$、$NmⅡ^2$、$NmⅡ^3$、$NmⅡ^4$ 砂体。

西区 $NmⅡ^1$ 砂体上部隔层，即 NmI^5 与 $NmⅡ^1$ 砂体间的隔层，连续分布。

西区 $NmⅡ^1$ 夹层：根据西区 E 平台的井位情况，共有 16 口井存在泥质夹层，其中 E4、E7、F23、F24 井有 2 个夹层；E14 井夹层分隔油层与水层，厚度分别为 0.7m，孔隙度为 14%，渗透率为 7.71mD。夹层的分布密度为 0.03～0.32，分布频率为 0.06～0.28 层/m（图 2－10）。

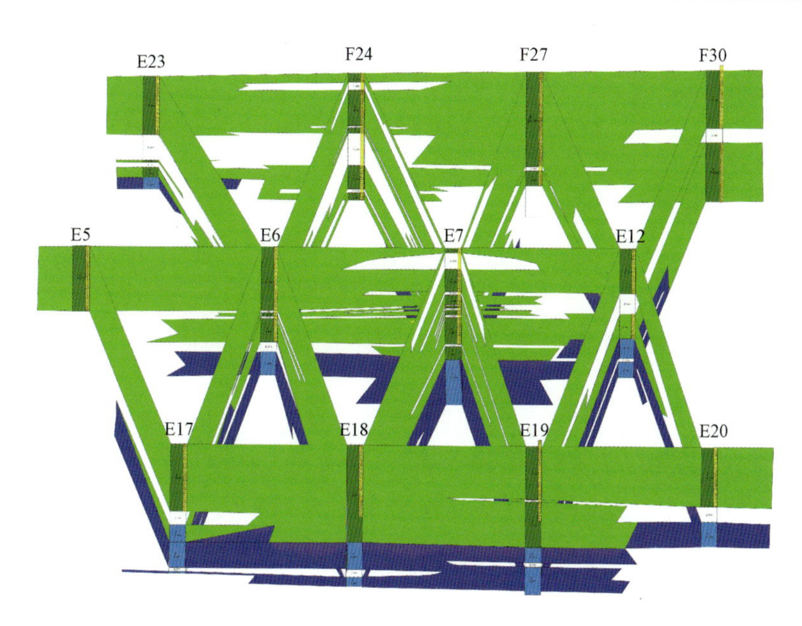

图 2-10 秦皇岛 32-6 油田西区 E 平台 NmⅡ油组栅状图(局部)

通过精细对比,根据测井岩电特征分析可以看出,$NmⅡ^1$ 砂体内部发育了 4 套夹层:

第一套夹层为 E4、E7、F24 井 $NmⅡ^1$ 砂体的第 1 个夹层;

第二套夹层为 E13、E21、E22、E25hp、F2、F21、F25、F26、QHD32-6-14 井 $NmⅡ^1$ 砂体夹层以及 F23 井 $NmⅡ^1$ 砂体的第 1 个夹层;

第三套夹层为 E4、E7、F23 井 $NmⅡ^1$ 砂体的第 2 个夹层;

第四套夹层为 E3、E14、E15 井 $NmⅡ^1$ 砂体夹层以及 F24 井 $NmⅡ^1$ 砂体的第 2 个夹层。

西区 $NmⅡ^1$—$NmⅡ^2$ 砂体间隔层分析:E18、E22、F27 井 $NmⅡ^1$ 砂体与 $NmⅡ^2$ 砂体沉积连续,无泥质隔层,E18 井尖灭处为油水界面处。E6、E7、E19、EW1、F30 井隔层具渗透性;E2、E9、E12、E15、E16、E17、E18、E20、E21、E24、F5、F21、F22、F23、QHD32-6-9 井的隔层分隔油层与水层,均为非渗透隔层。

西区 $NmⅡ^2$ 夹层分析:该区共有 18 口井存在泥质夹层,其中 E7、F13、F25 井有 2 个夹层。E23、EW1 井夹层分隔油层与水层,其厚度分别为 1.1m、0.6m,孔隙度为 18%、20%,渗透率为 16.7mD、9.9mD。夹层的分布密度为 0.03~0.48,分布频率为 0.05~0.61 层/m,F25 井的分布密度及频率值高,说明井区附近剩余油较富集。

通过精细对比及测井岩电特征分析,划分了 4 套夹层:

第一套夹层为 E7 井 $NmⅡ^2$ 砂体的第 1 个夹层;

第二套夹层为 E7 井 $NmⅡ^2$ 砂体的第 2 个夹层及 F13 井 $NmⅡ^2$ 砂体的第 1 个夹层和 E6、E9、EW1、F6 井 $NmⅡ^2$ 砂体夹层;

第三套夹层为 E23、F26、F28 井 $NmⅡ^2$ 砂体夹层及 F25 井 $NmⅡ^2$ 砂体的第 1 个夹层;

第四套夹层为 E17、E22、F8、F16、F24、F27、F33hp、FW1 井 $NmⅡ^2$ 砂体夹层及 F13、F25 井 $NmⅡ^2$ 砂体的第 2 个夹层。

西区 $NmⅡ^2$—$NmⅡ^3$ 砂体间隔层分析:E9、F1、F2、F3、F9、F11、F17、F21、F26、F31、F32、

QHD32－6－9、QHD32－6－13井NmⅡ^{2}砂体与NmⅡ^{3}砂体沉积连续，无泥质隔层。E6、E7、E12、E19、F4、F5、F6、F8、F10、F12、F13、F15、F16、F22、F29、FW1井隔层具渗透性，并且E6、E7、F6、F10、F16、F20、F24、F25、F27、F30、F33hp井的隔层分隔油层与水层。

F6井测井解释1162.3～1164.5m（TVD）段为泥岩段，该段孔隙度大多大于25%，渗透率较高，达上千毫达西，隔夹层的物性较好，仅从电测曲线上看，含油性差。从该井生产情况看，2003年3月25日关闭下部滑套（生产层位为NmⅡ^{3}砂体），含水率下降，但3个月后含水率近100%，因此，认为该隔层遮挡作用差，使得下部的层的水很快窜到射孔层，含水率上升。根据有效厚度ϕ标准（$\phi>25\%$），将F6井隔层井段定义为：1163.1～1163.3m（TVD）。

西区NmⅡ^{3}夹层分析：该区共有8口井发育有泥质夹层，其中F8井有4个夹层，F7井有3个夹层，F34h井有2个夹层。F34h井第2个夹层分隔油层与水层，其厚度为0.2m。夹层的分布密度为0.05～0.23，分布频率为0.09～0.32层/m。

通过精细对比及测井岩电特征分析，划分了4套夹层：

第一套夹层为F7、F8井NmⅡ^{3}砂体的第1个夹层及F24井NmⅡ^{3}砂体夹层；

第二套夹层为F7、F8井NmⅡ^{3}砂体的第2个夹层及F34h井NmⅡ^{3}砂体的第1个夹层及E22、F11、F15、F33hp井NmⅡ3砂体夹层；

第三套夹层为F8井NmⅡ^{3}砂体的第3个夹层；

第四套夹层为F8井NmⅡ^{3}砂体的第4个夹层、F7井NmⅡ^{3}砂体的第3个夹层、F34h井NmⅡ^{3}砂体的第2个夹层。

西区NmⅡ^3—NmⅡ^{4}砂体间隔层分析：F22、QHD32－6－9井NmⅡ^{3}砂体与NmⅡ^{4}砂体沉积连续，无泥质隔层。E22、F4、F10、F12、F13、F23、F32、QHD32－6－2、QHD32－6－13、QHD32－6－14井隔层具渗透性，并且F3、F4、F7、F8、F9、F14、F15、F28、F29、F31、FW1、QHD32－6－14井的隔层分隔油层与水层。

西区NmⅡ^{4}夹层分析：该区共有16口井存在泥质夹层，F14、F15井有3个夹层，E12、F13井有2个夹层。F12井夹层分隔油层与水层，分析F12井孔渗特征，孔隙度大多大于25%，渗透率较高，达上千毫达西，夹层的物性较好，仅从电测曲线上看，含油性差。根据夹层判别标准，不符合夹层要求，因此不做夹层处理。夹层的分布密度为0.03～0.31，分布频率为0.05～0.22层/m。

根据精细对比及测井岩电特征分析，划分了3套夹层：

第一套夹层为F14、F15井NmⅡ^{4}砂体的第1个夹层及E7、F2、F29、F31井NmⅡ^{4}砂体夹层；

第二套夹层为F14、F15井NmⅡ^{4}砂体的第2个夹层及E12、F13井NmⅡ^{4}砂体的第1个夹层和F10、F16、F21、F28井NmⅡ^{4}砂体夹层；

第三套夹层为F14、F15井NmⅡ^{4}砂体的第3个夹层及E12、F13井NmⅡ^{4}砂体的第2个夹层和F8、F23井NmⅡ^{4}砂体夹层。

西区NmⅡ^{4}砂体下部隔层分析：即NmⅡ^4—NmⅢ^{1}砂体间的隔层，分布较为连续。F7井的隔层具渗透性，厚度为5.1m，孔隙度为15%，渗透率为7.11mD。

2.3.3 隔夹层小结

本次秦皇岛 32 - 6 油田主力砂体隔夹层研究主要是以砂体为研究对象，研究主力砂体之间的隔层以及砂体内的夹层，研究的成果及创新之处如下。

(1)通过井点的物性分析获得隔、夹层的物性范围，从而确定隔夹层的物性标准，认为夹层有物性和岩性两类，隔层大多为非渗透隔层，少数具有渗透性。其隔夹层的物性标准为：岩性夹层/非渗透性隔层为 $\phi < 15\%$，$V_{sh} > 50\%$，$K < 1mD$；物性夹层/渗透性隔层为 $15\% < \phi < 25\%$，$50\% > V_{sh} > 30\%$，$K > 1mD$(相对于岩性隔夹层而言)。

(2)通过主力砂体隔夹层分析，可以看出砂体间隔层分布广泛、连续，厚度一般为几米到十几米，大多为非渗透层，对于砂体沉积较厚、连续较好的井区，该处无泥质沉积，隔层尖灭。砂体内部的夹层主要为物性夹层，厚度一般为 0 ~ 3m 内，大多在 1m 范围内，有的夹层孔渗性能较好，不具有泥质遮挡作用，在开发生产中要尤为关注。

(3)对主力砂体内的夹层进行对比分析，划分几套夹层，并绘制各夹层的平面厚度分布；对主力砂体上下隔层也进行了平面厚度分布展布，可以了解隔层的厚度分布情况。

(4)对主力砂体内夹层研究引入了分布密度及分布频率两个参数，并绘制了相应的平面分布图，可以对后期剩余油分布研究起到定性分析的作用。

2.4 储层非均质性研究

油气储层由于在形成过程中受沉积环境、成岩作用及构造作用的影响，在空间分布及内部各种属性上都存在不均匀的变化，这种变化就称为储层非均质性。储层非均质性是影响地下油、气、水运动及油气采收率的重要因素。而且储层作为一个复杂系统，具有层次性和结构性，在每个级次都存在复杂的非均质性。正所谓“储层非均质性是绝对的，而均质性则是相对的”。

目前我国油田部门的通用分类是将碎屑岩的储层非均质性由大到小分为四类：① 层间非均质性；② 平面非均质性；③ 层内非均质性；④ 微观非均质性。本次研究主要针对前三者，在之前沉积微相研究的基础上对秦皇岛 32 - 6 油田进行了相应的非均质分析。

2.4.1 层间非均质性

层间非均质性为纵向上多个油层之间的差异性。各层间非均质性研究是划分开发层系、决定开采工艺的依据，同时，层间非均质性也是注水开发过程中层间干扰和水驱差异的重要原因。

层间非均质性反映纵向上多个油层之间的非均质变化，重点突出不同层次油层之间的非均质性，包括层系旋回性导致的储层纵向分布的复杂性和层间渗透率差异程度。层间渗透率非均质程度通常应用以下统计关系来表达。

2.4.1.1 层间渗透率变异系数

变异系数是一统计概念，指用于统计的若干数值相对于其平均值的分散程度或变化程度。渗透率变异系数是对层间渗透率非均质程度的一种度量。

$$V_k = \frac{\sqrt{\sum_{i=1}^{n}(K_i - \overline{K})^2/n}}{\overline{K}} \tag{2-1}$$

式中 V_k——层间渗透率变异系数；

K_i——第 i 层渗透率（以层平均值计），mD；

$\overline{K}$——渗透率总平均值，为各砂层平均渗透率的厚度加权平均值，mD；

n——砂层总层数。

一般的，当 $V_k < 0.5$ 时，反映非均质程度弱；$V_k = 0.5 \sim 0.7$ 时，反映非均质程度中等；$V_k > 0.7$ 时，反映非均质程度强。当然，在实际工作中，需结合流体性质等条件，作出确切的评价标准。

2.4.1.2 层间渗透率突进系数

为纵向上最高渗砂层的渗透率与各砂层总平均渗透率的比值：

$$T_k = \frac{K_{max}}{\overline{K}} \tag{2-2}$$

式中 T_k——层间渗透率突进系数；

K_{max}——最大单层渗透率（以层平均值计），mD；

$\overline{K}$——渗透率总平均值，为各砂层平均渗透率的厚度加权平均值，mD。

一般地，当 $T_k < 2$ 时，表示非均质程度弱；T_k 为 2～3 时，表示非均质程度中等；$T_k > 3$ 时，表示非均质程度强。在油田开发时，高渗层段易发生单层突进，从而影响油田总体开发效果。因此，在研究过程中，还需研究高渗透层的纵向分布。

2.4.1.3 层间渗透率级差

为纵向上最高渗砂层的渗透率与最低渗砂层的渗透率的比值。

$$J_k = \frac{K_{max}}{K_{min}} \tag{2-3}$$

式中 J_k——层间渗透率级差；

K_{max}——最大单层渗透率（以层平均值计），mD；

K_{min}——最小单层渗透率（以层平均值计），mD；

渗透率级差越大，反映渗透率非均质性越强；反之，级差越小，非均质越弱。

在这些参数中，变异系数是最能表明非均质强弱的，所以对于层间非均质研究需要统计全区所有井的渗透率非均质系数。首先分油组统计各个油组内砂层间的变异系数。曲流河段，Nm0、NmⅢ、NmⅣ油组属强非均质性，因其多为溢岸薄层沉积，垂向相变快。NmⅠ、NmⅡ、NmⅤ油组河道沉积为主体，多为中等非均质。辫状河段，非均质性相对较弱。进一步研究全区所有评价井全井段的层间变异系数得到，研究区整体上层间非均质性较强。通过实测的吸水剖面分析，发现层间非均质对于单井垂向上的吸水状况影响很大。非均质越强，吸水状况越不均匀，如A19、B4井均表现为强非均质（0.8左右），在吸水剖面上A19井 NmI^3 吸水80%左右，B4井Nm0油组吸水在80%左右。所以这种由强非均质性导致的吸水不均匀现象，在开发时需通过堵水调剖、分层注水等工艺来防止层间突进。

2.4.2　平面非均质性

平面非均质性主要描述单砂体在平面上的非均质变化，包括砂体几何形态、各向连续性、连通性、平面孔隙度、裂缝和断层的平面分布、孔隙度和渗透率的平面变化及方向性等。

通过沉积相研究发现，研究区符合典型的曲流河沉积特点，砂体分布主要以交织条带状和单一条带状为主。在砂岩等厚图上可以看出在河道中间存在多个厚度中心，而在河道边部则厚度较薄。砂体的连续性在各砂体间有明显不同，主力砂体连续性较好，而非主力砂体连续性较差。

砂体物性的平面变化也是平面非均质的重要研究内容，以 Nm Ⅱ^{32}为例，不同微相具有不同的孔渗分布，河道为优势相带，物性要明显好于堤岸沉积。同一微相不同部位的孔渗也具有差异性。如河道的孔渗高部位成串珠状分布于河道之中，指示了点坝沉积的存在位置。整体来说河道大都为高孔高渗储层，溢岸沉积次之，泛滥平原中不发育储层砂体。

同时渗透率在平面上具有方向性，因为渗透率为矢量，沿古水流方向的渗透率比逆古水流方向的渗透率要大。在注水开发时，注入水沿古河道下游方向的推进速度快，向上游方向推进速度慢。南区的示踪剂监测资料也大致显示了这一规律，如 D11、D16、C14 井组的东北、西南向注入水推进速度高于西北、东南向的推进速度，即东北、西南向形成高渗透条带及大孔道，而这也与我们对研究区河道主流线方向的认识是一致的。所以由于渗透率的方向性，以后布置转注井时，可以考虑其距下游受效井的距离小于其距上游受效井的距离，以均衡平面矛盾。

2.4.3　层内非均质性

层内非均质性是指单一油层内部的差异性。在油田开发生产中，注入剂波及体积不仅受控于层间和平面非均质性，而且受控于油层内部的垂向差异性，包括砂层内部垂向上的渗透率韵律、层理构造、层内夹层、渗透率非均质程度、垂直渗透率与水平渗透率的比值、层内不连续夹层的分布等。它直接控制和影响一个单砂层垂向上的注入剂波及厚度。

通过取心井 QHD32－6－14 井的岩心分析发现，在取心段 Nm Ⅱ^{4} 砂体内粒度韵律呈正韵律，由下到上由含砾粗砂岩逐渐过渡成细砂岩。而渗透率的垂向韵律却呈复合韵律，这是由于沉积和成岩的作用，在河道沉积中不易识别的渗透性极差的侧积夹层的存在，从而形成了渗流屏障，造成了多段复合韵律的渗透率垂向特征。垂向韵律性的存在、侧积夹层的不稳定分布使得研究区层内非均质程度严重而复杂。

为了进一步表征主力砂体的层内非均质性，通过编制每一个砂体渗透率非均质参数的平面展布图，可以发现在每个主力砂体的层内非均质性都很强（变异系数大都大于 0.7，突进系数大于 3，级差大都在 200 以上），且平面分布也没有明显的规律性，河道与非河道沉积的差异性不大，非河道沉积由于砂体薄、物性差形成强非均质性，而河道沉积内由于韵律性和夹层的分布也呈现出强非均质性。对于非均质程度特别高的区域，开发中要注意通过调剖调驱来防止层内突进。针对层内非均质特征，根据大庆油田概念模式，水洗状况呈三段式分布（即在单砂体内部，下段水洗程度都在 55% 以上，中段水洗程度在 15% ～55% 之间，上段水洗程度在 15% 以下），所以要加大中段中水洗部分的水驱强度，提高上部未水洗段的注采对应程度。

2.5 沉积相分析

2.5.1 测井单井相

测井相分析主要包括曲线的幅度、形态、接触关系以及齿化程度。曲线的幅度大一般反映沉积物的粒度粗、分选好、渗透性好，代表较强水动力条件，是一种高能环境下沉积的产物；反之，则代表低能水流特征。曲线的形态既可以反映粒度和分选性的垂向变化，又能反映砂体沉积过程中的水动力和物源供应变化。曲线的接触关系反映砂体沉积初期、末期水动力能量及物源供应的变化速度。曲线的齿化程度反应碎屑物供应、水流能量的稳定程度。

研究区内目的层段SP、Rt、Δt、GR等曲线表现出的形态类型比较多，其不同特征反映了不同的岩性纵向变化特征和沉积类型。归纳起来主要有以下几种类型(图2-11)。

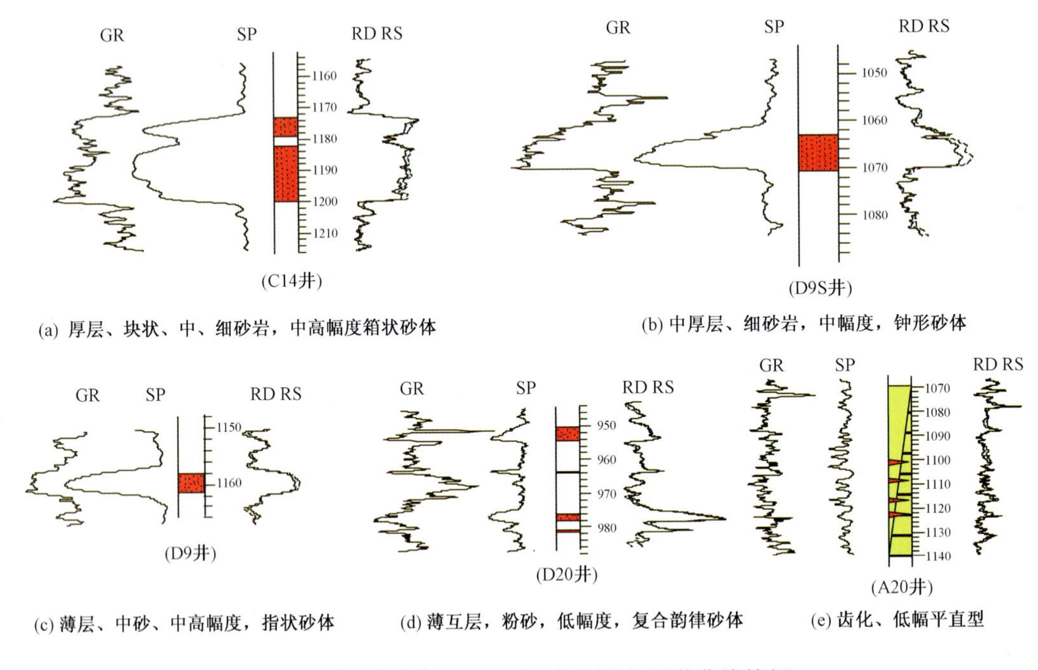

图2-11 秦皇岛32-6油田沉积微相测井曲线特征

(1)箱形曲线。对应岩性一般为中砂岩、细砂岩，多发育槽状交错层理、板状交错层理。厚度15~30m，中高幅度，自下而上岩性均匀，顶、底部突变，该曲线类型反映沉积过程中物源供应和水动力条件稳定，是深切河道砂体的典型特征。主要发育在NmⅡ油组。

(2)钟形曲线。对应岩性主要为细砂岩、粉砂岩，发育槽状交错层理、板状交错层理、波纹层理、水平层理。厚度5~15m，反映为正粒序，底部突变，顶部渐变，中高幅度，是曲流点坝砂体的典型特征。Nm0、NmⅠ、NmⅢ、NmⅣ油层组多见这一类型。

(3)指形曲线。以中砂岩为主，含泥砾，发育块状构造和冲刷构造，厚度1~2m，多表现为中幅，代表强能量下的快速堆积，是废弃河道的测井相特征。Nm0、NmⅠ、NmⅢ、NmⅣ油层组多见这一类型。

(4)复合韵律形曲线。岩性变化大，有细砂岩、粉砂岩、泥质粉砂岩，分选差，厚度2~8m，厚度变化大,中低幅,多呈薄互层状。决口扇砂体多表现为该类型。

(5)低幅齿形曲线。低幅度,齿化严重,组合形态不规则,对应岩性主要是粉砂岩、泥质粉砂岩和粉砂质泥岩夹泥岩,不仅岩性变化大,而且厚度变化也大,反映水流能量时常变化,是泛滥平原的测井相特征。

2.5.2 二维沉积相

根据秦皇岛 32 – 6 油田单井相研究成果,在地层对比的基础上,开展各方向二维剖面沉积相分析(图 2 – 12、图 2 – 13),并结合地震相研究以及砂体油描结果,开展沉积微相三维分布研究。

2.5.3 地震相

依据地震反射波的振幅、连续性、频率以及内部反射结构和外部几何形态,划分出了 3 种地震相区(图 2 – 14)。

(1)中强振幅、中频、厚层连续平行地震相。纵向上位于目的层段中部,区域上分布广,内部具有平行结构,外形呈箱状。为高能、厚层、稳定分布的沉积体。揭示其岩性为一套厚层的辫状河沉积砂体。

(2)强振幅、高频、透镜状反射地震相。外形呈透镜状,高频,振幅强,是研究区主要的地震相类型。揭示的微相类型为曲流点坝沉积砂体。

(3)低幅、低频、弱反射地震相。内部结构杂乱,外形不规则,低幅、低频。钻井揭示其岩性为砂岩、泥岩互层状,为决口扇砂体地震相特征。

地震反演提高了常规地震分辨率,并不同程度地改善了储层参数的研究条件,它能获得优化的数据体,提高对储层的评价能力,更好地为储层横向预测、勾绘砂体分布范围,提供有利的证据。在研究过程中,把波阻抗反演与井资料结合,对井位处的合成记录和地震记录进行比较和标定,根据波阻抗特征,划分出了 5 种地震相(图 2 – 15)。

(1)中阻抗、中厚层、"香肠状"地震相。在波阻抗反演剖面上,砂体不仅厚度呈厚薄相间的透镜状,波阻抗强弱也发生有规律的变化。这实际上是剖面切过了一系列的点坝砂体反射的结果,厚度大、波阻抗强的部位是点坝主体部位,砂体减薄处、波阻抗弱的部位是废弃河道部位。

(2)中阻抗、中厚层、"蝌蚪状"地震相。在曲流河沉积地区,波阻抗反演剖面上分布大量外形上呈"蝌蚪状"地震相,一端圆钝,另一端厚度逐渐减薄尖灭,波阻抗逐渐减弱。这实际上是沿点坝砂体侧积方向切出的剖面反射的结果,圆钝一端是废弃河道部位,渐变一端是点坝外测。

(3)中阻抗、中厚层、"接力棒状"地震相。波阻抗剖面上,两端尖灭,但轴对称,比较均匀。这是沿点坝长度方向(平行与曲率最大处切线方向的剖面)切出的剖面结果,两端都是废弃河道部位,中部是点坝的主体部位。

(4)高阻抗、小型透镜状地震相。呈不规则透镜状,变化大,波阻抗弱,这是决口扇砂体的特征。

(5)低阻抗、厚层连续地震相。厚度大、横向连续,高波阻抗,这是辫状河砂体的反射特征。

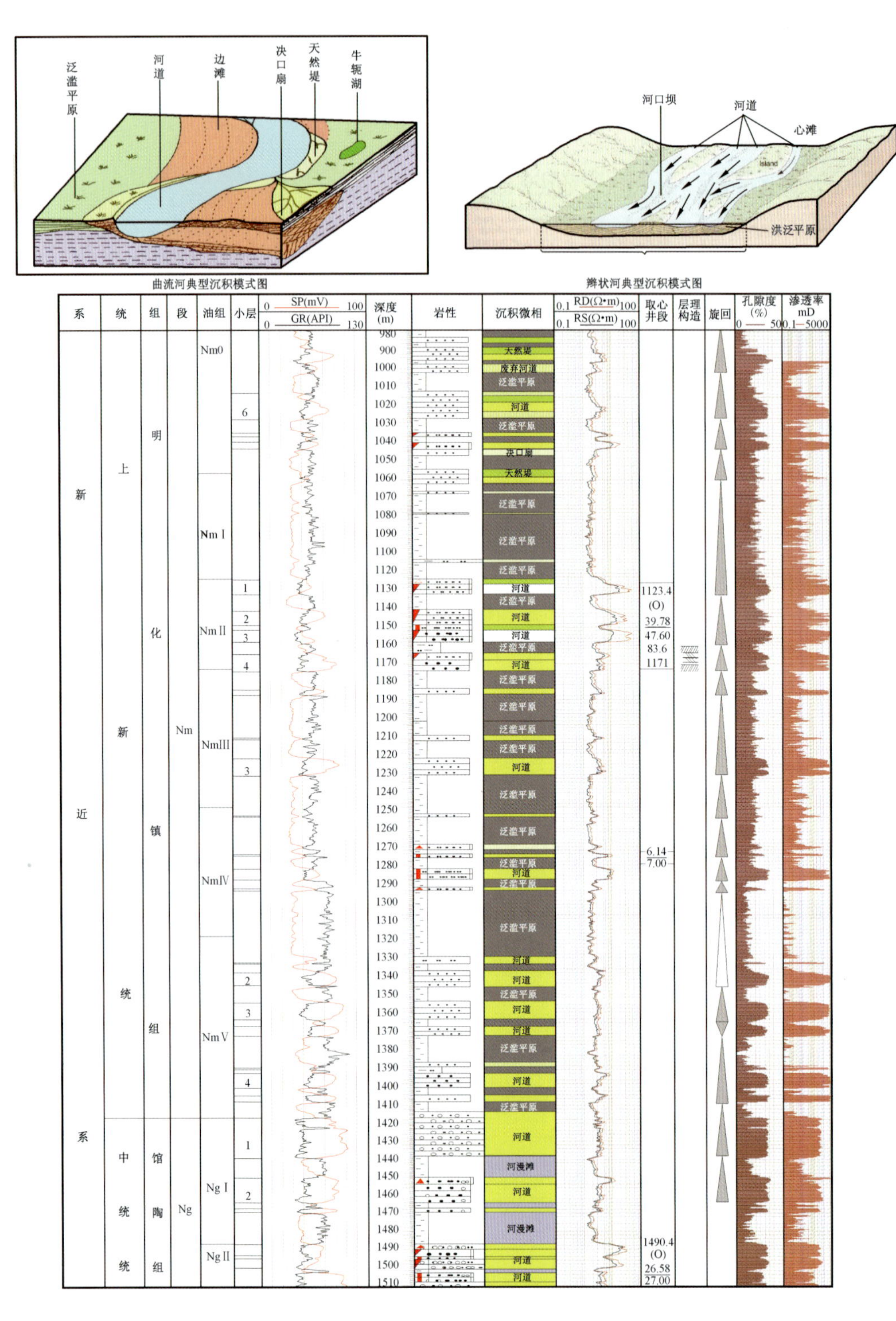

图 2－12　秦皇岛 32－6 油田沉积微相单井相分析

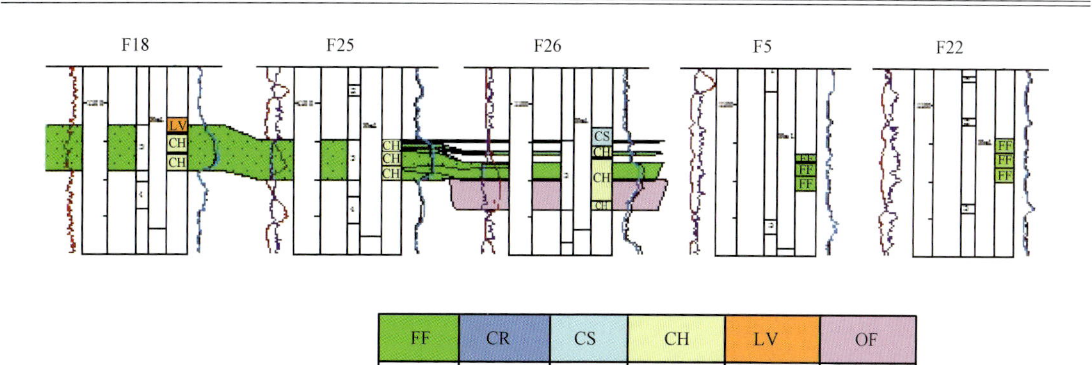

图 2－13 秦皇岛 32－6 油田西区 F18－F22 井沉积微相连井剖面图

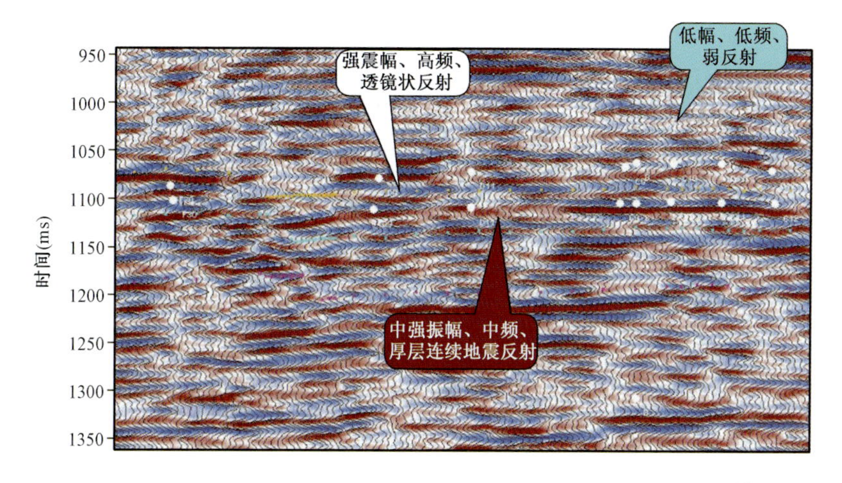

图 2－14 秦皇岛 32－6 油田地震相分析

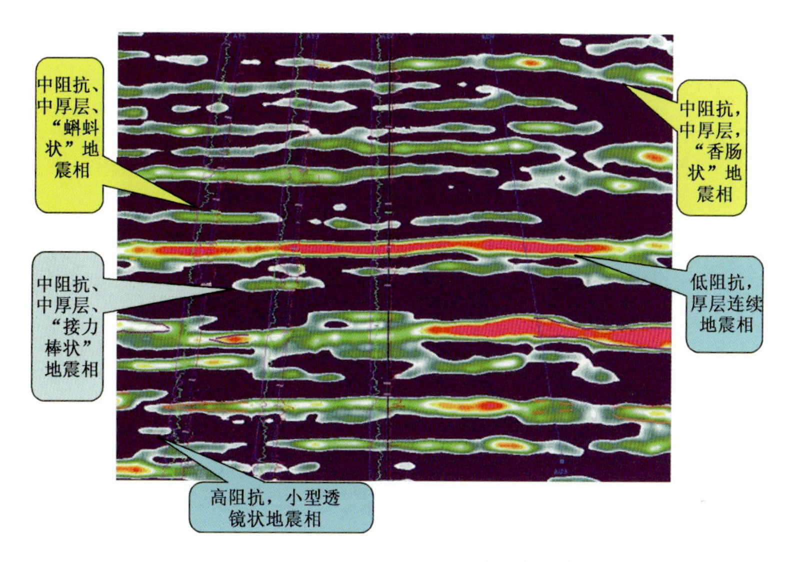

图 2－15 秦皇岛 32－6 油田波阻抗反演剖面

2.5.4 砂体分布特征

砂体的形态和分布特征是沉积作用的综合结果，是判断沉积环境的重要标志之一，有时甚至可起到很重要的作用。这是因为砂体的形态、大小和分布是对某些主要的地形和沉积作用的反映，与沉积环境有直接的联系。

2.5.4.1 砂体平面几何形态

（1）条带状砂体：砂体呈条带状分布（图 2－16），砂体宽度 400～1500m，具有比较小的宽厚（宽厚比 125 左右），一般为低弯度曲流河，比如 NmⅤ^{4}、NmⅤ^{5} 等小层。

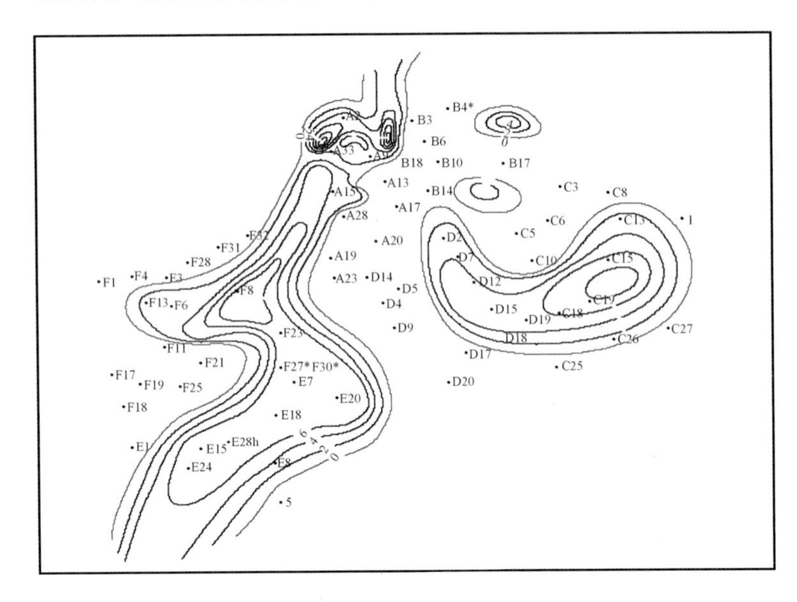

图 2－16　秦皇岛 32－6 油田 NmⅤ^{4} 小层砂层等厚图

（2）宽带状分布砂体：砂体宽而浅，连续性好，具有比较大的宽厚比（宽厚比 280），为辫状河砂体，比如 NmⅡ^{2}—NmⅡ^{4} 小层。

（3）串珠状分布砂体：砂体整体上呈透镜状，但各个透镜体在侧向上相互间“藕断丝连”，呈串珠状分布，为高弯度曲流河点坝砂体，比如 Nm0^{8}、NmⅠ^{32}等小层。

（4）透镜状砂体：砂体厚度变化比较大，一般为 3～10m，有时可达 15m，平面上形态变化也比较大，宽度 200～1000m，长度 400～2000m，多为决口扇沉积砂体，比如 Nm0^{4}、Nm0^{6} 等小层。

2.5.4.2 砂体剖面形态

从剖面上可以看出存在 3 种砂体横剖面形态：上平下凸透镜状、厚薄相间透镜状、厚层连续状（图 2－17）。

（1）上平下凸透镜状：高弯度曲流河、低弯度曲流河砂体常属此种类型，其底部常伴有冲刷面，致使砂体与下伏不同层段的地层相接触。这类砂体主要分布在 NmⅠ、NmⅢ、NmⅣ、NmⅤ油层组内。

（2）薄层透镜状：砂体在剖面上呈透镜状，规模大小不等，是决口扇砂体的特征，多发育在 Nm0、NmⅢ、NmⅣ、NmⅤ油层组。

（3）厚层连续状：砂体厚度大，延伸范围广，且稳定。NmⅡ油层组内砂体呈该类型。

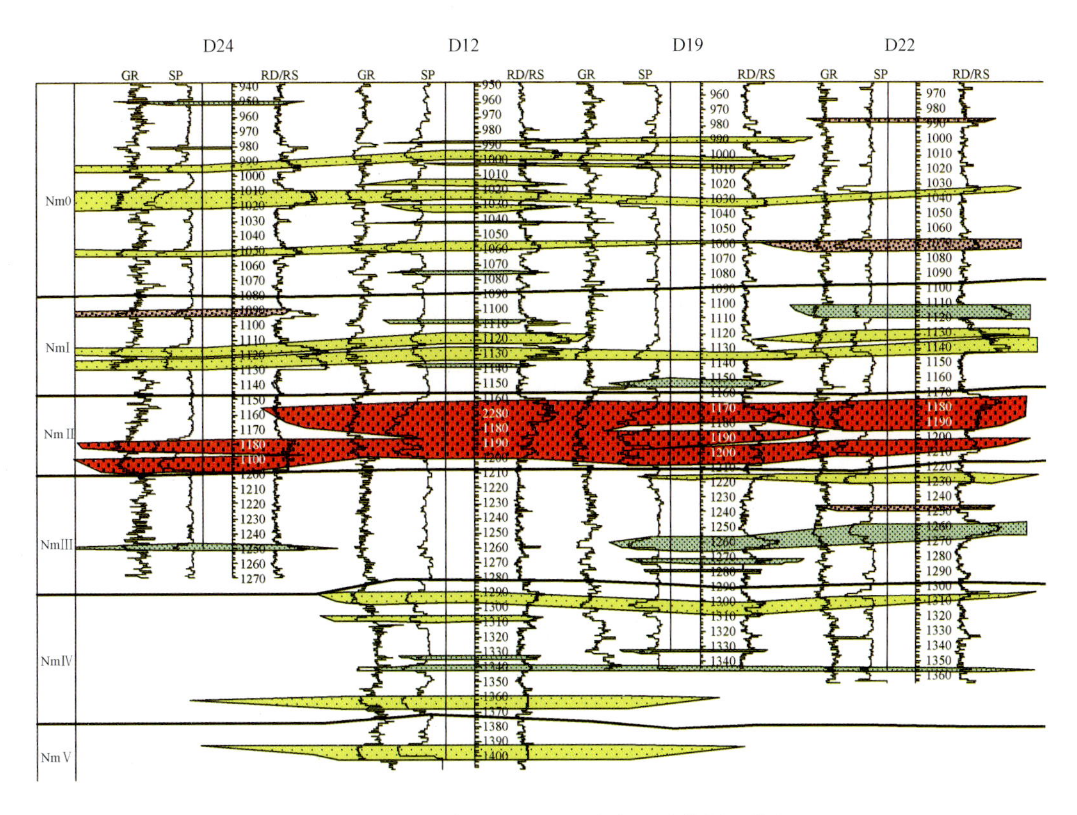

图 2－17　秦皇岛 32－6 油田纵向上砂体剖面特征

2.5.5　沉积体系及微相类型

通过对沉积背景、岩石学特征、沉积构造、测井相、地震相和砂体几何特征的综合研究，认为该区明化镇组下段存在三种不同类型的河流沉积体系：高弯度曲流河、低弯度曲流河、辫状河。

2.5.5.1　高弯度曲流河沉积体系特征

高弯度曲流河砂体厚度一般为 2～15m，弯曲度 1.5～3.0。Nm0、NmⅠ、NmⅢ、NmⅣ、NmⅤ油层组大部分小层为高弯度曲流河沉积体系。根据对沉积环境标志的研究，通过绘制砂体等厚图、制作波阻抗平面分布图，进一步划分为点坝、废弃河道、决口扇、天然堤和泛滥平原等 5 种微相类型。

（1）点坝微相。

点坝砂体是高弯度曲流河沉积体系的砂体骨架。岩性以细砂岩、粉砂岩为主，只在底部的滞留层段发育有厚度较薄的中砂岩。主要发育槽状交错层理、板状交错层理、波状交错层理和水平层理等，分选较好。平面上多呈新月形分布在凸岸一侧，砂体规模大小受曲率半径、满岸河深及满岸河宽等因素的影响。横剖面上呈透镜状，平面上凸岸一侧厚度薄，凹岸一侧厚度大（图 2－18）。纵向上表现为正韵律特征，下粗上细，电测曲线呈底部突变、顶部渐变的中高幅度钟形。在三维地震剖面上呈强振幅、高频、透镜状反射地震相（图 2－15）。在波阻抗反演剖面上由于剖面切割点坝方向的不同，有三种相类型，包括“香肠形”、“蝌蚪形”、“接力棒形”。在波阻抗平面图上，表现为透镜状，一侧为低阻抗，边缘整齐，另一侧为中低阻抗，边缘参差不齐。

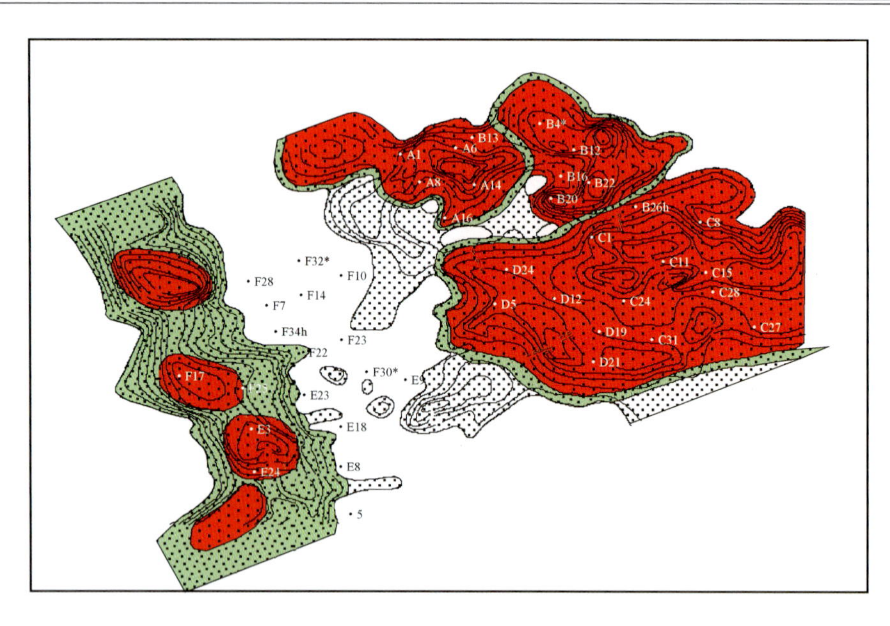

图2－18　秦皇岛32－6油田 $\mathrm{Nm\,I}^{32}$ 砂体沉积微相图

点坝砂体纵向上可划分为三段(图2－19),底部为厚度较薄的河道滞留沉积单元,厚度为1～2m,粒度较粗,多为中砂岩,分选较差,与下伏泥岩呈冲刷接触,横向上连通较好。粒度概率曲线呈两段式,截点位置在2.5～3.0ϕ之间。而中部为侧积体单元,由细砂岩和粉砂岩组成,粒度概率曲线呈两段式,截点位置在3.0～3.5ϕ之间,相比之下,跳跃总体的斜率增大,分选变好。由于发育有不同规模的泥质侧积夹层,砂体之间不相连通或呈半连通状。上部为加积成因的粉砂岩和泥质粉砂岩等细碎屑沉积,厚度1～3m。这三个单元构成了曲流河点坝砂体完整的纵向序列。

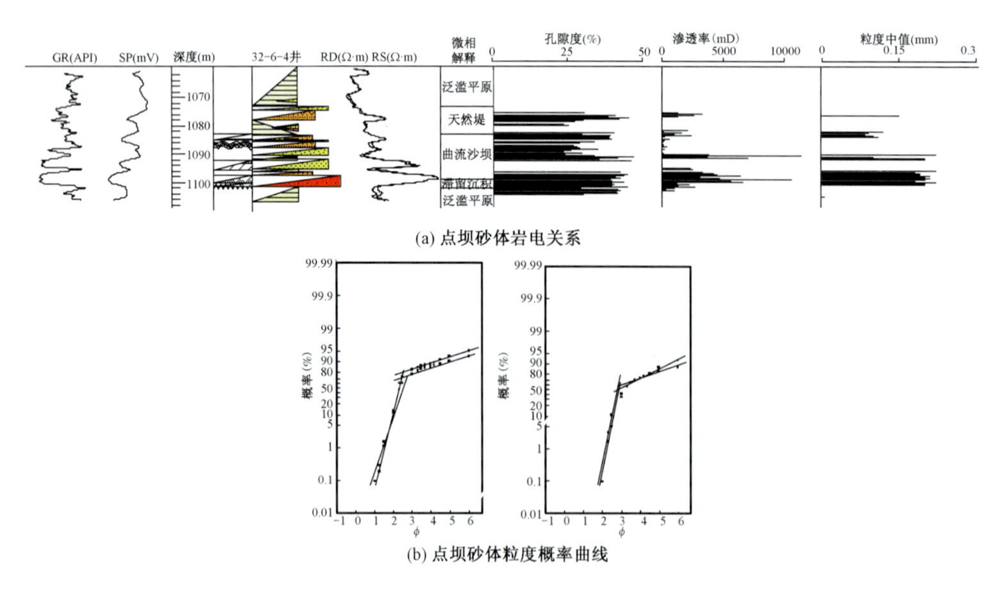

(a) 点坝砂体岩电关系

(b) 点坝砂体粒度概率曲线

图2－19　秦皇岛32－6油田明化镇组下段点坝砂体特征

该区点沙坝微相发育规模变化较大，厚 2 ~ 10m，最大厚度可达 16m，长度 439.1 ~ 4839.7m，宽度 442.0 ~ 5351.7m，砂体长宽比介于 1 ~ 3.5 之间，面积 0.1 ~ 8.6km^2，曲率半径 217.7 ~ 1478.7m。有效孔隙度 24% ~ 38%，空气渗透率 500 ~ 2500mD。

(2) 废弃河道微相。

废弃河道充填是高弯度曲流河沉积体系中特有的一种沉积微相，其砂层厚度较薄，一般为 1 ~ 2m，岩性以中砂岩为主，含有较多的泥砾，泥砾大小 0.5 ~ 1.5cm，并且有较高的磨圆度。主要发育冲刷构造和槽状交错层理，电测曲线呈中高幅指状，平面上位于河道凹岸一侧，与点坝砂体过渡接触。

(3) 决口扇微相。

决口扇是由于洪水的间隙性暴发，河水携带的沉积物突破天然堤被冲刷到泛滥平原上形成的决口充填沉积，一般发育在曲流河的凹岸外侧。平面上呈扇状、朵状、条带状及不规则状。纵向上也常因多期叠加而呈薄互层状，有时厚度可达 10m 以上。岩性一般较细，分选差，主要为细砂岩、粉砂岩、泥质粉砂岩和粉砂质泥岩，发育波状交错层理、波状层理、波纹爬升层理和水平层理，见植物化石碎片。粒度概率曲线呈不规则的多段式。电测曲线多为低幅指状、复合韵律状等。地震相呈低幅、低频、弱反射特征，在波阻抗剖面上呈弱阻抗、小型透镜状地震相。由于受地势、地貌及河道弯曲度等因素的影响，决口扇发育规模变化较大，规模最小的仅为 400m × 800m，厚度 1 ~ 4m，这一类储层物性较差，一般不能形成有效储层；规模较大的可达 1600m × 3600m，厚度 5 ~ 10m，在物性较好的部位可形成有效储层。

(4) 天然堤微相。

岩性以粉砂岩、泥质粉砂岩和粉砂质泥岩为主，发育小型波状交错层理、波状层理和水平层理等，平面上呈楔形窄条状分布于河道两岸，纵向上一般发育在曲流点坝之上，电测曲线呈低幅齿状，分选较差，一般不会成为有效储层。

(5) 泛滥平原微相。

以紫红色块状泥岩、灰色泥岩为主，局部夹粉砂岩、粉砂质泥岩及泥质粉砂岩，岩心断面呈疙瘩状，见大量钙质结核和植物根痕化石，泥裂构造、雨痕构造发育。电测曲线平直且齿化严重。

2.5.5.2 低弯度曲流河沉积体系特征

秦皇岛 32 - 6 油田的低弯度曲流河是介于高弯度曲流河和辫状河之间的一种过渡类型，弯曲度一般为 1.2 ~ 1.5。Nm V^4、Nm V^5 小层为典型的低弯度曲流河沉积体系。根据沉积特征可细分为河道、决口扇、天然堤和泛滥平原等 4 种微相。天然堤和泛滥平原微相与高弯度曲流河的特征基本一致。

(1) 河道微相。

岩性以细砂岩、粉砂岩及泥质粉砂岩为主，发育小型槽状交错层理、板状交错层理及水平层理等沉积构造。河道宽度 400 ~ 2000m，砂体厚度变化大，一般为 2 ~ 8m，最大可达 18m，也呈沙坝状分布，多为顺河道方向透镜状，纵向上呈加积结构。电测曲线显示典型的正韵律特征。有效孔隙度 20% ~ 30%，空气渗透率 300 ~ 2000mD。

(2) 决口扇微相。

低弯度曲流河的决口扇没有高弯度曲流河更发育，且规模变化大，分布在河道两侧的低洼处,规模最大的可达 2000m × 4000m,厚度一般为 2 ~ 6m,最大可达 12m,平面上常呈扇状、透镜状及不规则状。岩性以粉砂岩、泥质粉砂岩及粉砂质泥岩为主,发育波状交错层理、波纹层理及水平层理等,电测曲线表现为低幅的反韵律及复合韵律。

2.5.5.3 辫状河沉积体系特征

本区辫状河岩性较细,属砂质辫状河,由多条河道侧向拼接,呈大面积分布,剖面上呈现顶平底凸或厚层连续状分布特征。NmⅡ^2—NmⅡ^4 小层为典型的砂质辫状河,可划分为辫状河道和河漫滩两个微相。

(1)辫状河道微相。

辫状河道微相是辫状河沉积体系的主要储集体部分,由于其频繁改道,使得多期成因的河道砂体横向上连片分布、纵向上相互叠置,呈冲刷充填结构,形成广泛分布的厚砂体,称为"泛连通体"。整个河道平面呈十分宽阔的带状,波阻抗反演剖面上呈高阻抗、厚层连续地震相(图 2 - 17)。主要为中砂岩、细砂岩和粉砂岩,宽度 5349.2 ~ 6906.1m,厚度 5 ~ 30m。内部可细分出 4 ~ 8 期河道单元,每期单元底部都存在冲刷面,单个河道单元厚度 2 ~ 5m,宽度 500 ~ 2000m。沉积构造以槽状交错层理、板状交错层理为主。粒度概率曲线呈两段式,截点位置在 1.5 ~ 2.0ϕ 之间,同曲流河相比,曲线左移,跳跃总体的斜率降低,分选变差。电测曲线以顶底部突变的箱状特征为主、也见底部突变上部渐变的钟形曲线。河道中间发育大量不规则土豆状和纺锤状的纵向、横向及斜向河道沙坝,沙坝厚度一般为 15 ~ 20m,最厚达 30m 以上,最大达 850m × 2300m。

根据岩心观察,发育完整的辫状河道单元一般可划分成 3 个沉积单元:① 底部高能单元,多为中砂岩,河道底部冲刷面含大量泥砾,泥砾直径为 0.5 ~ 2.0cm,具有一定排列方向,发育大型槽状交错层理,反映河道发育早期水流搬运能力强;② 中部加积单元,以细砂沉积为主,主要由垂向加积作用形成,发育板状交错层理、波纹爬升层理等;③ 顶部低能单元,以细砂和粉砂沉积为主,发育波纹层理,河道已进入发育晚期,水流搬运能量显著降低。

(2)河漫滩微相。

以灰绿色泥质粉砂岩、粉砂质泥岩及块状泥岩为主,发育水平层理、波状层理等。

2.5.6 沉积体系演化规律

新近系明化镇组沉积时期,整个渤海湾地区进入以坳陷作用为主的演化阶段,且沉积范围不断扩大,与下伏馆陶组之间属于连续沉积。其沉积序列与馆陶组河流相具有一定的继承性。渤海湾盆地受郯庐大断裂带的多期幕式构造运动的影响,导致明化镇组沉积时期,沉积基准面出现频繁小幅度的升降,使得不同弯度的曲流河、辫状河在空间上反复交替出现。

从下部Ⅴ油组到顶部 Nm0 油组,经历了沉积基准面上升—下降—上升的过程。沉积基准面下降幅度最大时期发生在Ⅱ油组。受沉积基准面变化的影响,自下而上依次出现了低弯度曲流河道(NmⅤ^5、NmⅤ^4 小层)—高弯度曲流河(NmⅤ^3—NmⅢ^1)—辫状河(NmⅡ^2—NmⅡ^4 小层)—高弯度曲流河沉积体系(NmⅠ^4—Nm0^3 小层)的交替(图 2 - 20)。

NmⅤ^4、NmⅤ^5 小层沉积时期坡降相对较大,流速快,砂体呈条带状分布,为低弯度曲流河,砂体厚度 4 ~ 12m,宽度 400 ~ 2000m,物源方向为北东 20°方向。砂体分布范围较小,大面积为河漫滩沉积,局部零星分布有决口扇砂体。

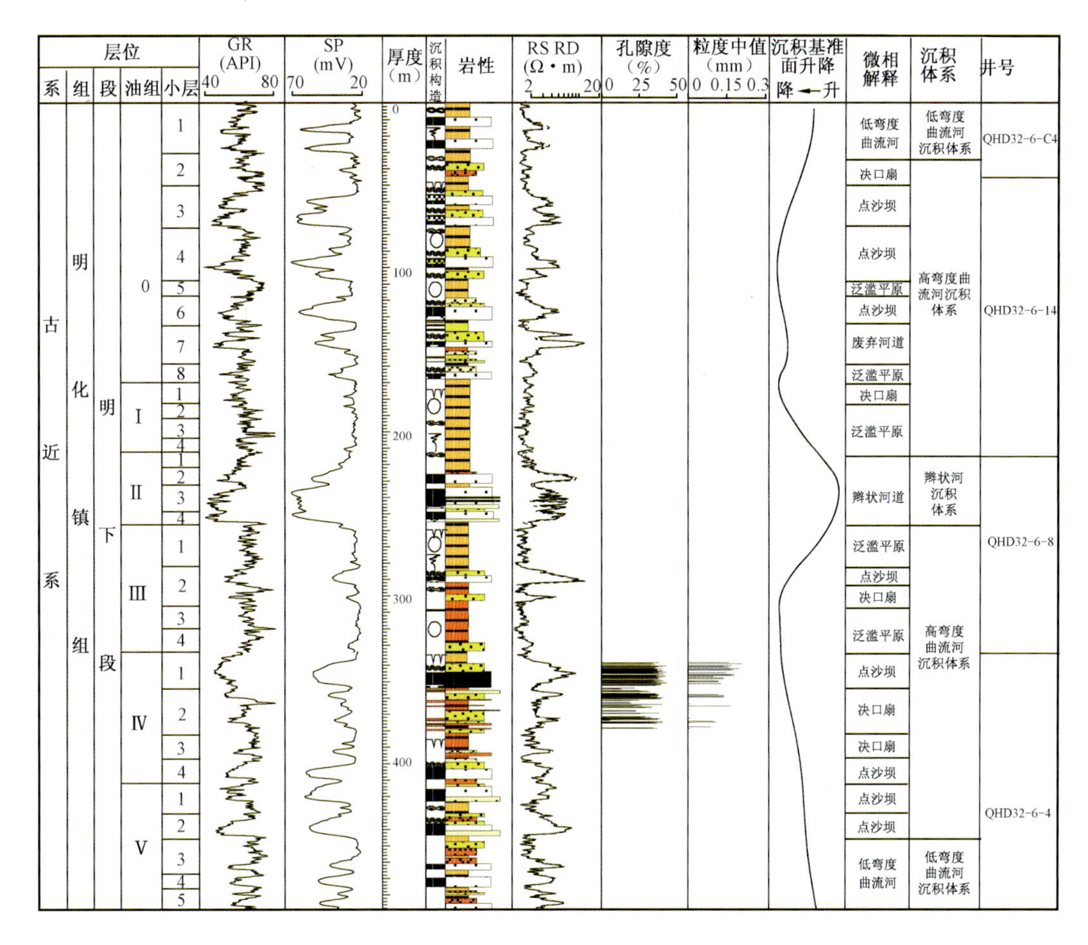

图 2-20 秦皇岛 32-6 油田沉积序列图

NmⅢ^{1}—NmⅤ^{3} 小层沉积时期，由于沉积基准面持续上升，地势变得更加平缓，长时期发育曲流河沉积，物源方向来自北侧，但不同时期略有摆动，由于受气候、水量和河流摆动的影响，不同小层的砂体规模差别很大。NmⅤ^{3}、NmⅤ^{2}、NmⅤ^{1}、NmⅣ^{4}、NmⅣ1^{3}、NmⅣ^{12}、NmⅣ^{11}、NmⅢ^{32}、NmⅢ^{22}小层河道规模较大，NmⅣ^{3}、NmⅣ^{21}、NmⅢ^{41}、NmⅢ^{21}、NmⅢ^{11}小层河道规模相对较小，而在 NmⅢ^{12}、NmⅢ^{31}、NmⅢ^{42}、NmⅣ^{22}小层沉积时期，河道完全迁移到了研究区之外，研究区以泛滥平原沉积为主，只是零星沉积了一些决口扇砂体，大部分不是有效储层。

NmⅢ油层沉积末期，沉积基准面开始下降，坡降增大，到 NmⅡ^{2}—NmⅡ^{4} 小层沉积时期，沉积基准面降到了明化镇组下段的最低点，沉积物粒度最粗，砂体厚度最大，最大厚度达到了 32m，规模最大，最大宽度达到了 9000m，形成了一套辫状河沉积体系，物源来自北侧，为一套主力油层。

NmⅡ油层组末期，沉积基准面又开始上升，一直到 Nm0 油层组。这一时期主要以曲流河沉积体系为主，物源方向基本上来自北侧，但有摆动。Nm0^{5}、Nm0^{7}、Nm0^{8}、Nm0^{11}、Nm0^{13}、NmⅠ^{31}、NmⅠ^{32}、NmⅡ^{1} 等小层河流规模比较大。Nm0^{3}、Nm0^{13}、NmⅠ^{4} 等小层河流规模相对较小。Nm0^{1}、Nm0^{2}、Nm0^{4}、Nm0^{6}、Nm0^{9}、Nm0^{10}、Nm0^{12}、Nm0^{14}、NmⅠ^{1}、NmⅠ^{2} 等小层沉积时期，河道主

体部位不在研究区，只发育决口扇。Nm Ⅰ^{31}、Nm Ⅰ^{32}小层为这一时期发育规模最大的曲流河体系，最大厚度达16m，单个点坝的最大面积达到了8.6km^2，成为了研究区的主力油层。

2.5.7 河道砂体单元边界的精确确定与追踪

河道沉积体系砂体变化快，不同期次的河道单元错列叠置，边界模糊，横向追踪难度大。本次研究采用了基于模型的波阻抗反演技术，即地震—测井联合反演技术。把地震与测井有机结合起来，突破传统意义上的地震分辨率的限制，理论上可以达到与测井资料相同的纵向分辨率。

依据岩心资料和岩电关系的研究结果，充分利用测井资料纵向分辨率高的特点，细分出各河道的时间单元。曲流河的特征在测井曲线上一般比较明显，底部突变，向上粒度变细，测井曲线呈钟形，河道单元内部一般不存在冲刷关系，各河道之间在纵向上多呈孤立状分布。辫状河道砂体整体上呈箱状，内部存在多个冲刷构造面，冲刷面处往往分布有泥砾，自然伽马曲线值有增大的波动现象。

通过时—深转换将经过反演处理的波阻抗时间剖面转换为深度剖面，测井与地震波阻抗深度剖面综合完善了井间地层对比，并最终落实到每一个河道单元。在经过精细对比的波阻抗深度剖面上，根据每一个单元内反映岩性特征的波阻抗的变化，利用测井资料的匹配和控制，可以确定出各河道单元的井间边界。辫状河道砂体在波阻抗剖面上呈高阻抗、厚层、连续反射，厚度大的地段为心滩发育部位，厚度薄处是河道发育部位。曲流河在匹配厚的波阻抗反演剖面上特征明显，呈中阻抗、中厚层、透镜状。沿曲流点坝不同方向切出的剖面反射特征不同，如果沿河道曲率半径方向切剖面，波阻抗呈“蝌蚪状”，一端圆钝，一端拖出很长的“尾巴”，逐渐减薄直至尖灭，圆钝端为点坝废弃河道部位，另一渐变端为点坝的外测；如果横切点坝，波阻抗呈对称的“接力棒”形，两端都是废弃河道；如果剖面切过多个点坝，波阻抗剖面上“香肠形”，厚度大的部位是点坝主体部位，减薄出是废弃河道部位。决口扇在波阻抗反演剖面上呈弱阻抗，小型透镜体。

曲流河在平面上摆动大，大部分呈透镜状分布，如何准确绘制出曲流河砂体的平面分布，一直是地质专家探索的课题。为了准确控制河道砂体在平面的分布，采取了一系列的措施：① 利用细分对比结果，采用克里金差值技术，准确绘制砂体等厚图，为确定河流的走向、微相划分奠定基础；② 把测井相叠合在砂体等厚图上，作为微相划分的依据；③ 制作细分后的各河道单元波阻抗平面分布图，从宏观上控制砂体可能的展布方向。

三者叠合之后，就可以比较准确地圈出废弃河道的位置和走向趋势，废弃河道处的厚度一般为1～2m；测井相为比较单一的中高幅指状；波阻抗为强阻抗，边界整齐，趋势比较光滑。点坝砂体表现为一侧厚度大，另一侧厚度薄；测井相表现为一侧的曲线递变韵律比较规则，另一侧的曲线夹层发育，齿化比较严重；波阻抗平面分布图上表现为一侧为强波阻抗，且边界整齐，相另一侧波阻抗逐渐减弱，并且边界参差补齐。

决口扇呈扇状或透镜状分布在废弃河道外侧，砂体厚度变化大，形态不规则，波阻抗强弱变化大，测井相夹层发育，齿化严重。

2.6　三维地质建模

2.6.1　地质、测井和地震一体化建模

以地质分析为基础，综合利用测井解释信息、精细地震解释、地震属性信息等，以计算机软件模拟方法为手段，对各类地质资料和前人研究资料进行整理、分析和处理，结合动、静态资料研究，由点到面再到三维空间体，确定地质规律，对比不同时期的认识，从而精细、全面揭示油藏特征，采用序贯高斯模拟、协同克里金模拟等方法，描述储层及其孔隙度、渗透率和含油饱和度等参数在纵横向上的变化规律及其相关性，并且考虑其层间、层内和平面上的非均质性，完善油藏地质模型，以期获得相应的成果。地质、测井和地震一体化建模技术（图2－21）主要包括以下几个方面的研究。

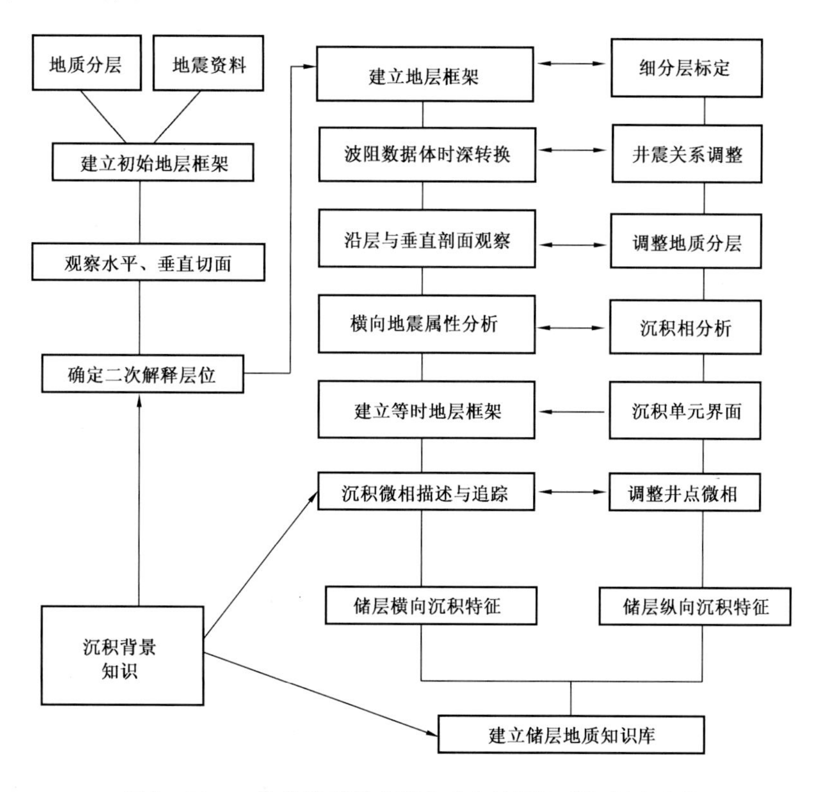

图2－21　一体化地质综合研究建立储层地质知识库流程

2.6.1.1　储层地质知识库的应用

在地震波阻抗与储层砂体的相关性较好条件下，可以通过井点地质的细分层及精细井震关系调整，逐步建立较精细的地层框架。根据沿层地震切面，观察横向上地震属性的分布规律，能够大致确定等时的地层框架，从而在沉积单元和井点资料约束下依据沉积背景知识进行沉积微相描述与追踪。通过对每个沉积单元横向地震属性特征及井点纵向上沉积微相解释分析，统计得到储层横向、纵向沉积规律及特征，最终建立定量储层地质知识库。

2.6.1.2 等时地层框架及模拟单元

准确的小层划分对比是认识砂体展布、表征储层特征参数、研究储层非均质性及油气分布规律的基础。由于陆相地层的多旋回性，进行地层对比时存在着地层划分精度的问题。精细准确地地层划分与对比，进而建立高分辨率的等时地层格架，是实现精细油藏描述的基础和关键。通过地层（油层）对比，也可以很好地掌握地层及油层的岩性、厚度、分布特征及其变化规律。在基于高分辨率三维地震精细解释的地震可分辨界面等时框架上，根据地震、测井、录井所建立的钻井地层划分对比原则，建立井与井之间、各地层单元之间的对应关系。

在储量评价阶段油组划分基础上，以高分辨率层序地层学原理作为指导，进行了细致的小层划分与对比（见图 2 -4）。同时在沉积等时界面内部相应地划分出了储层、隔层和夹层，保证了沉积模式的准确性以及在地质建模中储层属性模拟插值的合理性，使地质建模的结果更符合综合地质研究的认识。

2.6.1.3 基于油藏描述目标的沉积微相模拟

测井响应是沉积特征的综合反映。根据岩心资料等显示的不同沉积特征，确定岩相和沉积微相，并与相应的测井曲线对比，可以寻找不同岩相在测井曲线的响应，建立测井相与岩相的对应关系，进而根据岩相序列特征和沉积环境分析，完成测井沉积微相分析。测井相分析主要包括曲线的幅度、形态、接触关系以及齿化程度。曲线的幅度大一般反映沉积物的粒度粗、分选好、渗透性好，代表较强水动力条件，是一种高能环境下沉积的产物；反之，代表低能水流特征。曲线的形态既可以反映粒度和分选性的垂向变化，又能反映砂体沉积过程中的水动力和物源供应变化。曲线的接触关系反映砂体沉积初期、末期水动力能量及物源供应的变化速度。曲线的齿化程度反应碎屑物供应、水流能量的稳定程度。

对于研究区而言，自然伽马曲线（GR）和自然电位（SP）的变化能较好地反映目的层段储层砂泥岩剖面的特点。因此，我们主要利用自然伽马曲线和自然电位结合岩心资料来分析沉积微相特征。从曲线组合来看，砂岩中自然伽马曲线呈中高幅微齿化的箱形、钟形—箱形组合、箱形—漏斗形组合，反映物源丰富、水动力条件稳定的曲流河河道、点沙坝微相组合；中幅齿形和高幅指形则分别反映细粒沉积的废弃河道微相；而自然伽马偏低的微齿化组合主要为泛滥平原沉积。

新近系明化镇组沉积时期，整个渤海湾地区进入以坳陷作用为主的演化阶段，且沉积范围不断扩大，与下伏馆陶组之间属于连续沉积。其沉积序列与馆陶组河流相具有一定的继承性。渤海湾盆地受郯庐大断裂带的多期幕式构造运动的影响，导致明化镇组沉积时期，沉积基准面频繁小幅度的升降，使得不同弯度的曲流河、辫状河在空间上反复交替出现。因此，研究中共划分出废弃河道、点沙坝、天然堤、决口扇、泛滥平原等 5 种沉积微相，分别依据其沉积规律作沉积微相模拟。不同油层组其主要沉积微相分布特征不一致，因此结合沉积微相沉积系列进行模拟研究。

2.6.1.4 井间物性参数的微相砂体约束模拟

对于高孔、中高渗、中粗喉型孔隙结构储层，其非均质性较强，碎屑岩中胶结物以泥质为主且胶结较差，成岩作用弱，沉积作用控制砂体的空间展布和储层的非均质性，不同沉积微相砂体的储层参数及其非均质性参数各不相同，点沙坝相类型砂体的孔渗性、含油性最好，储层的非均质性也最强，其次是决口扇和天然堤相砂体，而废弃河道和泛滥平原相砂体含量很低、储层特征参数低且不稳定，因此整体上又会显示出统一的规律性。

利用测井多井解释求取的不同油层组的储层参数表征在各不同微相带间的差异特征，进而反映的储层非均质性，在三维空间的变化规律。

综合地质研究分析表明：秦皇岛 32－6 油田的储层属于高孔、中高渗、中粗喉型孔隙结构，储层非均质性较强，碎屑岩中胶结物以泥质为主且胶结较差，成岩作用弱。因此，沉积作用控制砂体的空间展布和储层的非均质性。

该油田目的段储层骨架砂体主要为曲流河河道、点沙坝、决口扇等沉积砂体。根据研究区 200 口井 27 个小层不同沉积微相砂体的储层参数及其非均质性参数的统计结果，可以得知虽然各层储层参数及非均质性参数有变化，反映了层间差异及主要相类型的不同，但整体上都显示出统一的规律，点沙坝相类型砂体的孔渗性、含油性最好，储层的非均质性也最强，其次是决口扇和天然堤相砂体，而废弃河道和泛滥平原相砂体含量很低、储层特征参数低且不稳定。

2.6.2　油藏动态分析资料与地质模型耦合

三维油藏数值模拟技术的推广应用，已成为油田高效开发不可替代的重要技术手段，尤其是在已开发油田的综合调整及井网加密的方案设计方面。数值模拟对剩余油分布规律的准确描述则是整个系统工程成功的重要基础。众所周知油藏数值模拟最终成果的可信程度与前期储层地质认识以及在其指导下的储层三维地质模型的精确程度相关，也与油藏人员对地下油藏动态把握的程度有很大关系。

2.6.2.1　静态地质模型井间连通性分析

井间连通性，在开发初期一般为地质人员根据砂体的展布规模、临井的测井响应特征、油水关系等来判断。随着油田的开发，常常根据油田开发动态来修正这种连通关系。此处通过对井间连通关系的分类，并研究不同连通类型产生的沉积特征，进而提出不同的量化指标，达到对地质建模的指导作用。

点沙坝是曲流河沉积体系中的富砂带，在曲流河所有成因砂体中，点坝内部结构最为复杂，是由若干侧积体构成，侧积体之间发育斜交层面的泥岩侧积层，这一特殊的结构特征有别于通常的加积结构，无论在研究方法和开发时表现出的特征都是不同的。曲流点沙坝是由曲流河侧向迁移（蚀凹增凸）过程中形成的若干个侧积体侧向叠加组合而成，每个侧积体则是从洪峰开始到洪峰退去的一次洪水事件全过程所形成的侧向加积沉积物单元体。点沙坝由三个要素构成：侧积面，侧积夹层，侧积体。

侧积面是侧向侵蚀作用而形成的特殊冲刷侵蚀面，后期在这个侵蚀面上进行沉积补偿，作为侧积层与侧积体的过渡面，多为起伏不平的复杂倾斜面，其总的产状倾向趋势是指向河道迁移方向一侧。

侧积夹层是点坝砂体中沉积的泥质层及粉砂质泥岩层，岩性细、颜色较深、具还原相特征，产状呈斜插的泥质楔子，表现为不规则薄层状，横向稳定性很差，厚度变化大，上下接触关系为突变。主要形成于水动力条件较弱时期，或沉积物供给不足时期。

侧积体是河流周期性洪泛作用下的沉积砂体，是点坝砂体中的等时间单元，也是点坝砂体的基本沉积建造单元。一个点坝砂体由若干个侧积体叠加组合而成，其主要特点是砂体在平面上是弧形或新月形，在剖面上是呈楔状，在空间上呈叠瓦状。

点坝砂体建筑结构分析的实质就是要详细剖析点坝体三要素（侧积面，侧积夹层，侧积体）在空间上的组合关系。根据对渤海湾盆地大量曲流河砂体的研究，总结出了一套地下曲流点坝砂体内部建筑结构分析方法。

① 首先对每一口井进行逐点校斜；② 通过岩电关系研究，建立三要素在测井曲线上的关系，侧积夹层在自然伽马、自然电位曲线上表现为高值，深浅侧向曲线上表现为低值。侧积体在自然伽马、自然电位曲线上表现为低值，深浅侧向曲线上表现为高值，一般呈正韵律，其底部为侧积面，多为突变，顶部渐变；③ 统计单井的侧积夹层密度、频率以及单个侧积夹层的厚度，为井间预测奠定基础；另据国内外学者对野外露头的测量结果，侧积夹层的侧积角一般为8°～30°；④ 基本参数确定后，沿点坝侧积方向编制构型剖面，通过密井网资料预测井间侧积单元的变化；剖面绘制的原则是把各井河道单元的顶部拉平，依据参数统计结果，逐井对比绘图。

由于受地势、河道的曲率半径、河道水深等因素的影响，点坝内部构型单元变化比较大，侧积夹层厚度为0.2～3m，平均夹层频率为0.337，夹层密度为0.17m/m，点坝内部一般由30～200个侧积体构成，且侧积体发育规模变化较大，单个侧积体厚度1～3m。根据初步研究结果，侧积体的厚度、侧积角与河道的深度有关，深度越大，侧积体厚度越薄，侧积角越大，反之，侧积体厚度越大、侧积角越小。

辫状河道砂体内部呈冲刷充填结构，单个河道单元厚度为2～6m，宽度为400～2000m，纵向上由4～8期河道单元冲刷充填叠置。由于洪水或季节性的影响，辫状河道频繁的改道，纵向上往往是由多期辫状河道单元构成的河道复合体，后期的河道单元冲刷早期的河道单元，多期河道单元叠置在一起。由于冲刷作用，有些河道单元只发育两个单元，有些被后期河道冲刷后只保留了底部一个高能单元。每个河道单元在测井曲线上一般表现为一个完整的正韵律，不同河道单元之间一般存在一个不渗透或特低渗透的泥砾岩隔挡层，单元之间自然伽马曲线都有一定幅度的波动，依据这样的原则，就可以利用单井测井资料划分出每一个井点的河道单元顶底界面。

2.6.2.2 连通性认识的指标量化

在目标区由于纵向上的沉积演化分别存在曲流河、辫状河、低弯度河三种沉积特征的连通砂体，针对三种不同沉积特征的河流沉积砂体，依据其沉积规律分为三种连通模式，即三种不同的砂体连通模式对应不同的连通概率。

2.6.2.3 连通性认识的约束条件及其模拟方法

秦皇岛32－6油田储层沉积微相模拟，共模拟四个微相即泥岩、决口扇、点沙坝和河道，沉积微相的模拟方法是采用基于目标的算法。其中模拟河道展布的参数有表征河道形态和规模的参数宽度、厚度、弯曲度、外形粗糙度，方向等统计参数，也有井点的微相划分数据、三维波阻抗数据、微相体积百分比等数据。用朵体形态、被河道包裹形态等模拟曲流河点砂坝分布，且并分布于河道的内弯曲部分。而决口扇被作为决口水道或朵体模拟，并且与河道连接。

河道微相多以细砂岩、粉砂岩及泥质粉砂岩为主，发育小型槽状交错层理、板状交错层理及水平层理等沉积构造。河道宽度400～2000m，砂体厚度变化大，一般为2～8m，最大可达18m，也呈沙坝状分布，多为顺河道方向透镜状，纵向上呈加积结构。电测曲线显示典型的正韵律特征。有效孔隙度20% ~30%，空气渗透率300 ~2000mD。该区点沙坝微相发育规模变化较大，厚度一般为2 ~10m，最大厚度可达16m，长度439.1 ~4839.7m、宽度442.0 ~5351.7m，砂体长宽比介于1 ~3.5之间，面积0.1 ~8.6km^2，曲率半径217.7 ~1478.7m。有效孔隙度24% ~38%，空气渗透率500 ~2500mD。决口扇以粉砂岩、泥质粉砂岩及粉砂质泥岩为主，规模变化大，分布在河道两侧的低洼处，厚度一般为2 ~6m，最大可达12m，平面上常呈扇状、透镜状及不规则状。

秦皇岛32 -6油田储层与三维波阻抗反演数据体之间的统计关系，由相概率函数来描述。从相概率函数可以看出河道微相与相对波阻抗值的统计关系，当相对波阻抗值小于 $-0.48\times10^6 g/cm^3\cdot m/s$ 时，储层微相是河道的概率为0.5；当波阻抗值小于 $-0.9\times10^6 g/cm^3\cdot m/s$ 时储层微相是河道的概率接近于1。波阻抗越小储层是河道的可能性越大，反之是泥岩的可能性越大。因此，用地震信息确定性转换的方法来描述储层，存在不确定性。

在微相模拟中根据沉积演化规律，采用各微相的百分比含量、微相类型大小、不同相类型井间砂体的连通概率、波阻抗数据体的权重等参数来表征不同小层的沉积演化规律及储层分布。由地震、地质、测井一体化综合研究所得到的井与井之间砂体的连通性认识，可以作为相模拟的约束条件。井间砂体连通性的认识是由连通概率来描述的，这种描述方法可有效地将人的确定性认识与客观复杂性相结合，使相模拟结果更符合地下实际（图2 -22）。

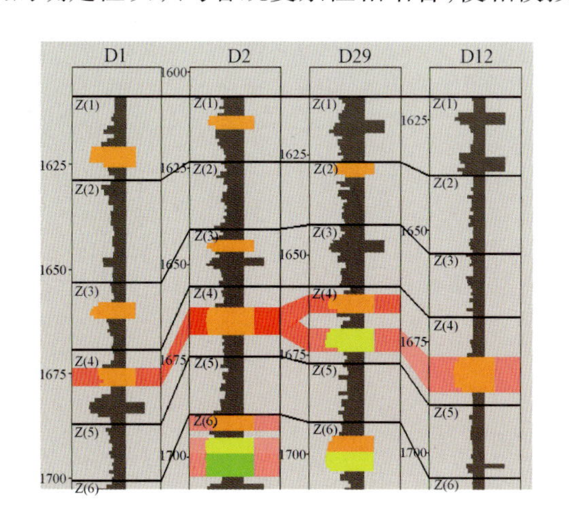

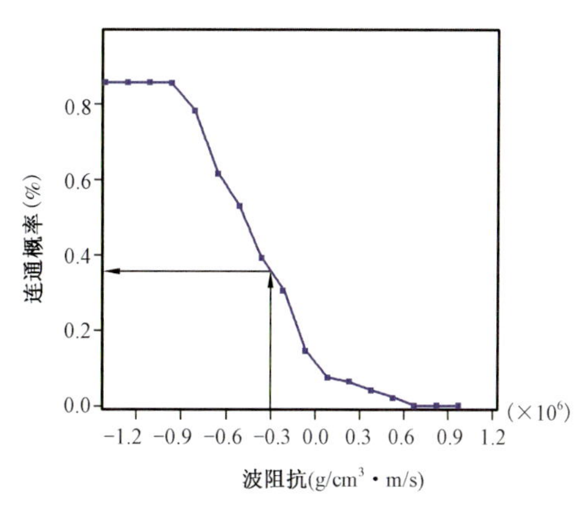

图2 -22　井间砂体连通率及相概率函数

2.6.3　数值模拟与地质模型迭代验证

地质建模的最终成果是为油藏数值模拟提供适当规模的能够反映精细三维地质特征的油藏静态参数模型。通过设计合理的数值模拟网格，进行适当的三维精细地质模型到油藏静态参数模型的转换（模型粗化），为应用数值模拟进行拟合与预测油藏动态提供了可靠的地质基础。具体工作流程如下：

（1）数值模拟：结合开发生产动态对储层的横向展布、连通性等进行认识，对储层物性模型进行修改，使之能很好与实际生产相拟合。

（2）模型差异求取：将调整后的中间储层物性模型参数与初始储层物性模型计算求差，形成相关的储层物性参数变化的数据场,统计分析储层物性数据的变化场,比较变化区域井间含水饱和度分布状况,确定油水运动方向,进而判断连通关系变化。

(3)动态响应的地质因素分析:对模型动态响应的地质因素进行分析,分析产生动态响应变化的地质因素,如判断井间连通性变化、单井相变化、平面相组合变化等,确认地质因素及其合理性。

(4)修改地质因素:根据分析结论,更新井点解释结果,更新统计数据,微相分布趋势等,并根据新地质认识、微相认识、砂体分布认识等,重新建立该层得微相分布模型,进而更新储层物性模型。

应用耦合方法建立的储层地质模型既体现了新井资料对模型的影响,又保留了前期数值模拟历史拟合对储层的动态认识,因此,能够更准确地描述地下储层,并且能够有效地保证油藏研究的继承性,提高数值模拟的效率和质量。

3 剩余油分布规律及定量描述

3.1 剩余油分布主控因素

剩余油分布控制因素包括地质因素和开发因素。地质因素主要包括沉积相、微构造、断层、储层非均质性、润湿性、矿物敏感、油藏驱动能量及流体等方面;开发因素主要从注采状况体现,包括开发方式、工作制度、层系组合、井网部署、注采对应状况、注采强度、生产措施等。由于地质因素和开发因素的影响,造成了油藏分割性控油,进而形成剩余油富集区。

3.1.1 地质因素

油藏在形成过程中,由于沉积的不同特征,有时造成储层横向和纵向非均质极为严重,这就造成有大量剩余油滞留在储层内。秦皇岛 32 -6 油田钻遇了明化镇组、馆陶组、沙河街组储盖组合,其中明化镇组下段构成了该油田的主力含油层段,油藏埋深浅(<1500m)。储层为正韵律和复合韵律河道沉积砂体,储层物性好,属高孔高渗储层。油藏类型为受岩性影响的构造油藏,地下原油黏度在 22 ~260mPa·s 之间。秦皇岛 32 -6 油田储层为复杂的河流相沉积,砂体横向变化大,油水关系复杂,油藏类型多样。

秦皇岛 32 -6 油田明化镇组下段及馆陶组储层属于河流相沉积,根据其沉积特征,可进一步划分为辫状河与曲流河两种类型。馆陶组属于典型的辫状河沉积具有“砂包泥”特征,砂地比大于 70%,并可细分为心滩和泛滥平原亚相;明化镇组下段通过进一步分析认为:明化镇组下段则属曲流河沉积具有典型“泥包砂”特征,砂地比小于 30%,它可细分为边滩、天然堤、决口扇、决口水道、泛滥平原等微相。

3.1.1.1 沉积微相

沉积微相控制着注入水在油层中的运动,是影响剩余油平面分布的主要因素。沉积微相对剩余油的控制作用主要包括以下几个方面。

(1)砂体的外部几何形态,主要指砂体顶底界面的起伏形态、幅度控制剩余油分布和影响注水井和油井生产。

(2)砂体的延伸方向和展布规律对地下油水运动的影响。沿中心长轴方向砂体连通好,孔渗性高,易水淹,而在中心的短轴方向上,孔渗性交化较快,水淹程度相对较弱。

(3)砂体内部结构主要是垂向上的沉积层序,对剩余油分布具有控制作用。河流相沉积单元的上部成为剩余油富集区。在总体上呈向上变细变薄的沉积层序,内部由于夹层的分布形成复杂正韵律,甚至在决口扇微相形成反韵律,对剩余油分布和油井生产有很重要的影响。

3.1.1.2 微构造和封闭断层

微幅度构造是油层顶面由于受古地形以及差异压实作用的影响而形成的局部有微小起伏的构造。这种局部微幅度构造在重力作用下对注入水在油层中的运动起一定的控制作用,如果微幅度构造的高部没有钻井控制,就会形成剩余油。根据储集层微幅度构造的形态将其分成正向微型构造、负向微型构造及斜面向微型构造。一般处于正向微型构造的油井生产形势明显好于处于负向微型构造及斜面向微型构造的油井，处于负向微型构造的井则多为低产井。秦皇岛 32 – 6 油田主力砂体构造比较平缓，但从剩余油分布特点来看，微构造的高部位仍然是剩余油的富集区。

断层决定了本带构造的基本格局，对储层发育、油气运移及成藏也起一定的控制作用。由于断层的遮挡作用，可造成注采系统的不完善，断层附近的生产井一般单向受效，靠近断层部位的水驱效果差，形成有利的剩余油富集区。秦皇岛 32 – 6 油田北区和南区断层主要是边界断层，只有局部的非边界遮挡断层，边界断层主要影响了井网布置，由于断层附近井控有限，从而造成沿边界断层带，剩余油比较集中；西区断层较发育，对井网部署、注入水波及范围有很大影响，因此西区断层附近剩余油富集。

3.1.1.3　韵律性

秦皇岛 32 – 6 油田属于河流相沉积高渗透正韵律油层，在重力作用下，水质点易下沉，使水沿下部窜流，而正韵律油层下部渗透率更高，注入水在下部流动更快，在水质点下沉过程中，垂直渗透率也越来越高，重力作用更加充分发挥，正韵律油层加剧了下部窜流。油层的韵律性对驱油效率影响较大，注水倍数越大，对储层的水洗作用越强，驱油效率差值越大。亲油正韵律油层，水沿底部高渗透层突进，见水时，高渗透带全部水淹，低渗透带吸水厚度小，即纵向上水驱厚度薄，水沿油层底部窜流，剩余油主要分布在渗透率差、水淹弱的高部位。

3.1.1.4　隔夹层

隔夹层的存在是造成河流相储层非均质性较强的重要原因之一，它对剩余油的分布有着不同程度的影响和控制作用。油田勘探开发结果表明，隔夹层所引起的渗流屏障和渗流差异，是造成储层具有较强非均质性的主要原因之一，剩余油是由于储层存在非均质性而未被注入水波及所形成的。夹层对纵向油水运动起分隔作用。数值模拟结果表明，正韵律层内夹层在水井发育比在油井发育的开发效果好。隔夹层把厚油层划分成若干段，减少了注水和产液的有效截面积和有效厚度，同时在横向上和纵向上阻挡注入水驱替，因此隔夹层的存在对油层动用状况和水驱波及体积系数具有重要影响。

通过对秦皇岛 32 – 6 油田各个区的主力砂体隔夹层分析，看出砂体间隔层分布广泛、连续，厚度一般为几米到十几米，大多为非渗透层。对于砂体沉积较厚、连续较好的井区，该处无泥质沉积，隔层尖灭。砂体内部的夹层主要为物性夹层，厚度一般为 0 ~ 3m 内，大多在 1m 范围内，有的夹层孔渗性能较好，不具有泥质遮挡作用。秦皇岛 32 – 6 油田西区是典型的底水稠油油藏，北区 $\mathrm{Nm}\,\mathrm{II}^3$ 也是底水油藏。对于底水稠油油藏，隔夹层的存在能够有效地降低底水锥进，因此在分析底水锥进形成的剩余油时，要考虑隔夹层因素。另外隔夹层对注入水波及范围有影响，秦皇岛 32 – 6 油田是河道砂体正韵律油藏，注入水和边水沿底部高渗带突进，后向上波及，当存在不渗透隔夹层时，注入水和边水不能有效的波及隔夹层阻挡的高部位，从而形成剩余油。

3.1.1.5　优势通道

对于两个不相连通的层状油藏，具有高渗透率、高含水饱和度的层具有渗流优势。所谓优势渗流通道是指由于地质及开发因素导致在储层局部形成的低阻渗流通道，注水开发后期注入水沿此通道形成明显的优势流动而产生注入水大量无效循环的情况。优势通道的存在在平面上表现为流线局部线性窄条收敛，在纵向上表现为流线向局部小层集中。主河道、高渗透条带、裂缝、强水淹层等均为优势通道。

对于疏松砂岩油藏，优势通道的出现和发育主要有以下几个原因。

（1）由于储层非均质性的存在，部分层位、部分方向上流体运移能力较强，形成注入水相对快的突破。这主要是由于渗透率差异造成的；

（2）在优势通道层位和方向上，随着注入水增多，含水饱和度增大，由于一般油藏水油流度比均大于1，因此，后继注入水的流动阻力越来越低，使得优势通道的优势增加更加明显；

（3）由于注入流体的长期冲刷和黏性原油的流动以及疏松砂岩颗粒胶结能力的变化，使得部分油藏在开发中出现了出砂等问题，出现了类似于“大孔道”的高渗透条带。这种高渗透条带引起了注入流体的突进。而突进的程度取决于作用于流体的压力场和流体流动阻力。

秦皇岛32－6油田为典型的河流相沉积，胶结疏松，胶结物以泥质为主，黏土矿物以分散质点的形式充填在粒间孔隙中，而分散质点式黏土矿物常常是松散的，与碎屑颗粒间附着力较小，在注水开发和采油速度太高的情况下，高速流体的运动可引起黏土质点在储层孔隙中发生移动，造成油层出砂。对于秦皇岛32－6油田，油井大量出砂会使得油水运动通道上细粒组分大量流失，促使了优势通道的形成。

油藏注水开发多年后，注入水的长期冲刷作用不但使得原来颗粒支撑较脆弱部分点线接触处被冲开，使其喉道增大，岩石骨架遭到破坏，连通性变好；同时，也会引起储层孔喉结构变化，使储层孔喉半径变大，形成优势渗流通道。

在长期注水开发过程中，注入水浸泡、冲刷作用对储层产生程度不同的改造，其微观属性发生物理、化学作用，致使储层参数发生变化。注入水驱动力与冲刷力对储层岩石矿物颗粒及粒间胶结物产生侵蚀、剥蚀作用，使孔喉变光滑或喉道空间扩大，增加孔喉配位数，并在喉道增加较大的高渗透储层区域形成“优势渗流通道”。

储层优势渗流通道的形成，对流体的分布和运移起重要作用，影响着剩余油的形成和分布。河流相沉积储层在注水开发过程中，注入水主要沿着优势渗流通道运移，注入水波及程度高。

此外，秦皇岛32－6油田流体性质特殊之处在于黏度很大，原油地层黏度在22～260mPa·s，油水黏度比很大，致使流动阻力较小的流体——水沿高渗带流动。随着时间推移，水流动的阻力越来越小，油流动的阻力越来越大，大量原油滞留于优势通道两侧，成为剩余油富集区。

3.1.2　开发因素

影响剩余油分布的开发因素主要是指注采井网的完善性、注水时机与注入速度、原油性质、层间生产干扰以及其他生产措施。

3.1.2.1　注采井网

开发条件中最重要的是注采系统的完善程度及与地质因素的配置关系对剩余油的影响。注采系统完善程度与剩余油分布对注采系统的影响主要是指注采井比、注采井距及完善控制程度对剩余油分布的影响。研究表明注采比例、位置分布或井距不适当，往往会使注采受到局限，出现不均一现象。因此，平面上，注入流体未波及和波及程度低的地带，注采关系不完善和井网对油层控制较差部位剩余油饱和度普遍较高。对于砂体分布不稳定的油层，由于砂体发育不稳定，或是砂体规模小，已有井网控制程度低的问题，造成注采不完善，或者是有注水无采出，或者是有采出而无注水，从而形成剩余油。

注采关系也是影响剩余油分布的主要因素之一，处在主流线部位的油层水淹程度高，而处于非主流线上的油层水淹程度相对较低。

3.1.2.2 注水时机及注水速度

注水时机和注水速度直接影响着油田的采收率。注水井何时转注以及以多大的注入量注水，对整个油田的开发有重大影响。注水过早会引起油井的过早见水，缩短无水采油期，降低油田采收率，剩余油受注水影响而分布于注水未受效的区域；注水晚不能有效的保持地层压力，原油可能脱气，脱气后原油物性改变，储层孔隙结构的非均质性会影响油气水的运动规律，导致剩余油分布不均。

3.1.2.3 层间矛盾

由于海上油田开发的特点，无法细分开发层系，一套层系要开采几个甚至更多的油层，各个油层性质不同，就形成了层间差异。秦皇岛32－6油田一套层系合采，渗透率级差较大的油层，甚至不同类型的油藏，造成层间矛盾比较突出。例如秦皇岛32－6油田西区QHD32－6－E3井边水、底水油藏一起开采，NmⅡ油组底水突破，单井含水上升，卡掉该层后，含水下降，日产油上升，而卡层造成NmⅡ油组剩余油居多；南区C04、C09、C05井多层合采，其$Nm0^4$—$Nm0^1$为底水油藏，油井投产后，见水很快，则卡层$Nm0^4$—$Nm0^1$和$Nm0^3$—$Nm0^2$，这样就造成了$Nm0^3$—$Nm0^2$油层C04、C09、C05井区剩余油富集。北区主力砂体$NmⅡ^3$是底水油藏，而其他主力砂体$NmⅠ^3$、$NmⅢ^2$为边水油藏，不同类型油藏合采时，其层间矛盾大，剩余油分布受层间干扰的影响大。

3.1.2.4 油水黏度比

油水黏度比是影响水驱油的主要因素，驱油效率随黏度增大而减小。室内实验显示在高含水期，稠油还可以驱出相当一部分油，如含水90%～98%，油水黏度比为41.6时，还可以提高驱油效率10.8%，但油水黏度比为5.87时只能提高5.4%。而且油水黏度比大在特高含水期能较高的提高采收率，黏度比小时提高采收率的程度则有限。统计资料表明，中高黏度油田开发前期含水率上升较快，开发后期含水率上升较慢，高含水阶段采出程度所占比例较大；低黏度油田则与此相反。

秦皇岛32－6油田地下原油黏度较大，3个区按储量加权的黏度平均值为150.7mPa·s，油水黏度比为307.5。由于其油水黏度比大，油田综合含水上升快，采出程度低。对于西区底水油藏，油水黏度比严重影响底水的锥进。室内试验和机理模型证实，油水黏度比越大，底水锥进越快，造成油井过早水淹，而形成油井周围剩余油的分布。北区多层系开发中，$NmⅠ^3$、$NmⅡ^3$的原油黏度为260mPa·s，而$NmⅢ^2$、$NmⅣ^1$—$NmⅣ^3$的原油黏度为78mPa·s，由于层间黏度差异大，其流体在不同层的分流能力也不一样，这样就形成了因层间干扰而形成的剩余油。

3.2 剩余油分布规律

秦皇岛32－6油田为典型的河流相砂岩稠油油田，该油田储层物性较好，高孔高渗，但原油黏度较高，储层非均质性严重。油田进入开发中后期之后，地下油水分布极为复杂，剩余油高度分散。如果不加强对剩余油的研究,势必造成油田开发效果变差、开发效益下降。因此,搞清河流相砂岩稠油油田剩余油主控因素及分布规律,可以使油田挖潜达到有的放矢,对减缓油田递减、提高油田采油速度、提高储量动用程度,并最终提高油田采收率具有重要的理论及实际意义。

3.2.1 层内剩余油分布规律

3.2.1.1 高渗带位置及渗透率差异控制剩余油

河流相沉积储层非均质性比较强,储层纵向上由于受油层非均质性差异和井网布置的影响,各小层剩余油分布也存在较大差异。对于高渗主力厚油层,因其厚度大,储量基数大,加上层内高渗带的存在,使得相对低渗区剩余油富集,仍具有较大的挖潜余地。

图3-1为典型河流相沉积储层单砂体有效厚度分布图。对于单砂体厚度达到12~20m的厚储层带,当存在层内高渗带,渗透率差异明显(如图3-2所示,砂体下部渗透率最高达到5000~7000mD,最低仅为300mD),且高渗带紧邻底水和生产井时,在底水驱替作用下,砂体下部水淹程度高,高渗区原油首先被采出;而砂体下部低渗区和砂体上部13m厚储层的含油饱和度却无明显变化,为剩余油富集区,潜力较大(图3-3)。

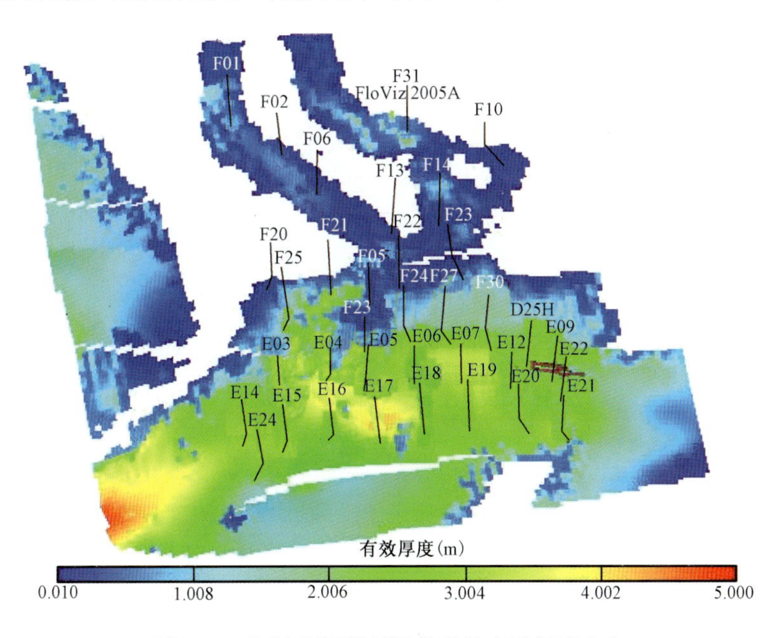

图3-1 河流相沉积储层单砂体有效厚度分布

3.2.1.2 韵律性控制剩余油

正韵律油层渗透率由下向上逐渐减小。注水开发之后,注入水沿底部高渗层快速突进,导致上部相对低渗层注入水波及不到或少量波及,从而在近生产井的上部储层出现剩余油富集区域。反韵律油层渗透率由下向上逐渐增大,注入水首先沿顶部推进,加之重力和毛细管力的作用,造成纵向上水线推进比较均匀,水洗厚度逐渐增大,剩余油量少。而对于复合韵律油层,油储内剩余油相对富集区一般为厚油层渗透率较差的部位、水驱效果差的薄油层以及部分均质油层的上部(图3-4)。

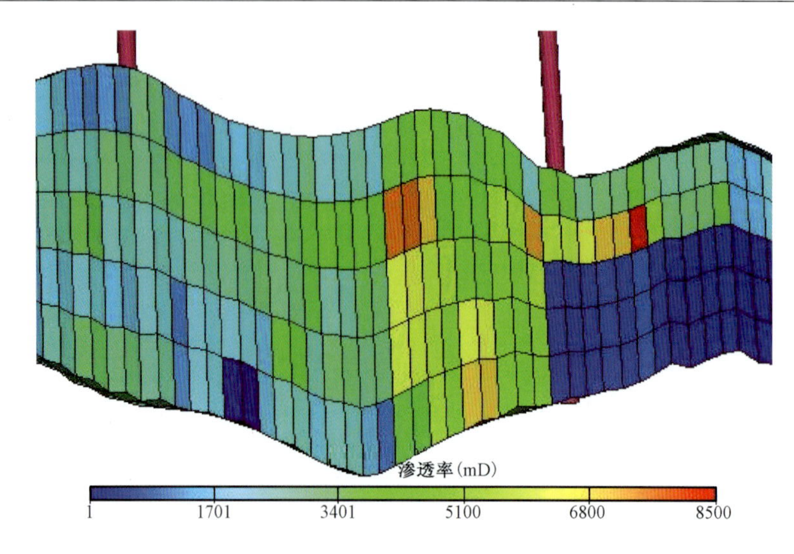

图3－2　厚储层带单砂体剖面渗透率

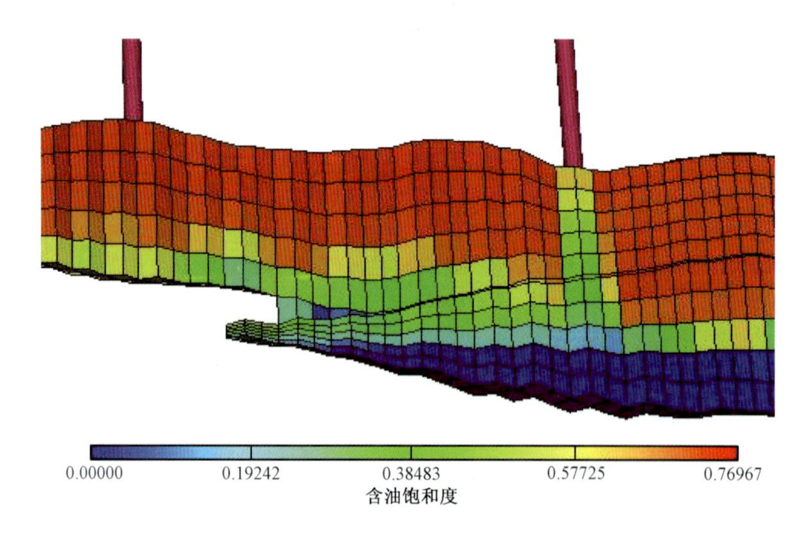

图3－3　厚储层带单砂体剖面含油饱和度

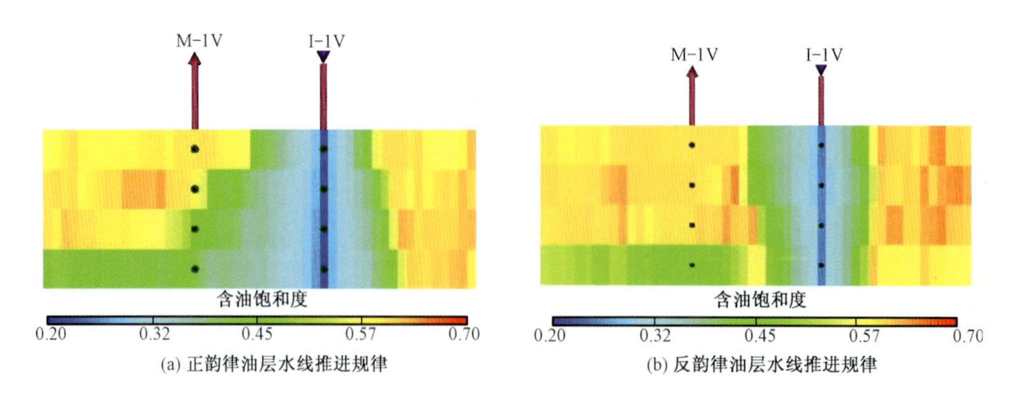

图3－4　韵律性控制剩余油示意图

在重力作用下，水质点易下沉，使水沿下部窜流，而正韵律油层下部储层孔喉大，渗透率高，储层物性好，流体流动阻力小，易于流动，注入水在下部流动更快。在水质点下沉过程中，垂直渗透率也越来越高，重力作用更加充分发挥，正韵律油层加剧了下部窜流，使得其上部剩余油富集（图3－5）。

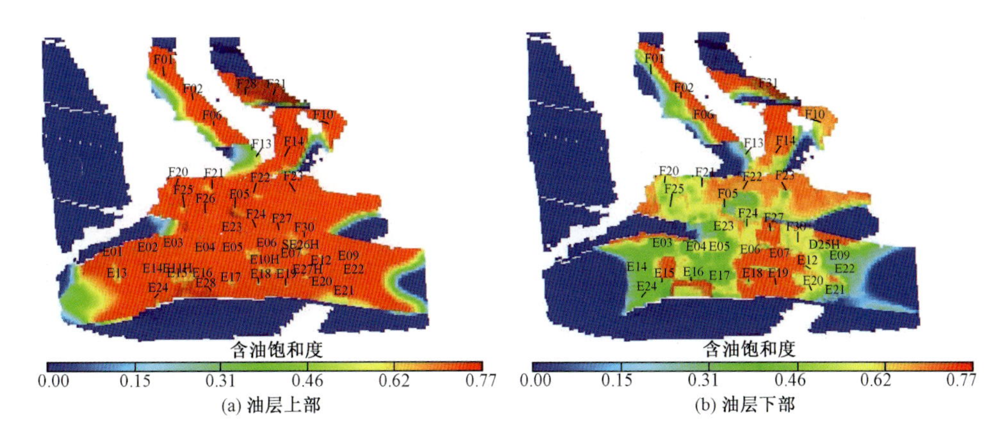

图3－5 河流相沉积正韵律油层含油饱和度分布

3.2.1.3 边底水快速突破控制剩余油

水锥对陆上及海上油井的开发生产均具有极大的影响。国内外十分重视底水油气藏可能出现的底水锥进的预防和控制。通过早期的地质研究以及早期认识边底水的封闭性、水体能量、油水边界附近储层物性和岩性变化以及驱动类型等，用以指导油藏开发并做出重大技术措施的决策。

大量油田开发实践和室内实验表明，由于活跃底水的存在，使得油井生产一段时间后，水极易沿局部低阻通道窜进，最终到达井底。虽然，对于底水油藏，水平井是开采剩余油的有效方法，但也只是推迟了见水时间，在油井见水之前可以采出更多的油，水平井一旦见水，含水上升非常明显。对于稠油油藏尤为如此，因油水黏度比过大，水的流动明显占优势，抑制了油的流动，导致大量剩余油残留于储层中上部。

选取秦皇岛32－6油田西区主力层NmⅡ^{1}来分析底水锥进和边水侵入对西区剩余油分布的影响。

边水侵入的影响主要表现在，纵向上边水沿渗透率高部位不断侵入，至井底附近后，在开采压差下，进一步侵入井底，致使油井产油量逐渐降低；要保持产量不减，唯一的方法是降低井底压力，放大生产压差。

以西区D25h井为例，如图3－6和图3－7所示。初始时期，D25h井在NmII^{1}钻遇储层的含油饱和度很高，均在0.7以上，该井东下部边底水，但底水由隔层挡住，只受边水影响；而目前（截至2009年12月1日），该井下部附近含油饱和度明显减小，可见是东下部边水在不断侵入导致的。

结合渗透率和生产状况资料（图3－8和图3－9）进一步分析，D25h井于2002年7月投产，连续生产2年后油井见水达到95%，产量已由初期的100m^3/d降到20m^3/d，可知在这2年内，边水侵入很快。由渗透率资料资料可知，D25h井东下部高渗透条带处，渗透率已达到

10000mD，甚至局部高达 18000mD，这证实了上述说法，是边水侵入的地质原因。含水上升后，为稳产控水生产，井底压力不断下降；2007 年 10 月提液至 67m^3/d，含水上升缓慢，生产至今，压力已降得很低，但仍有大量剩余油残留于 NmⅡ^1，可知边水侵入严重影响着油藏的开发。

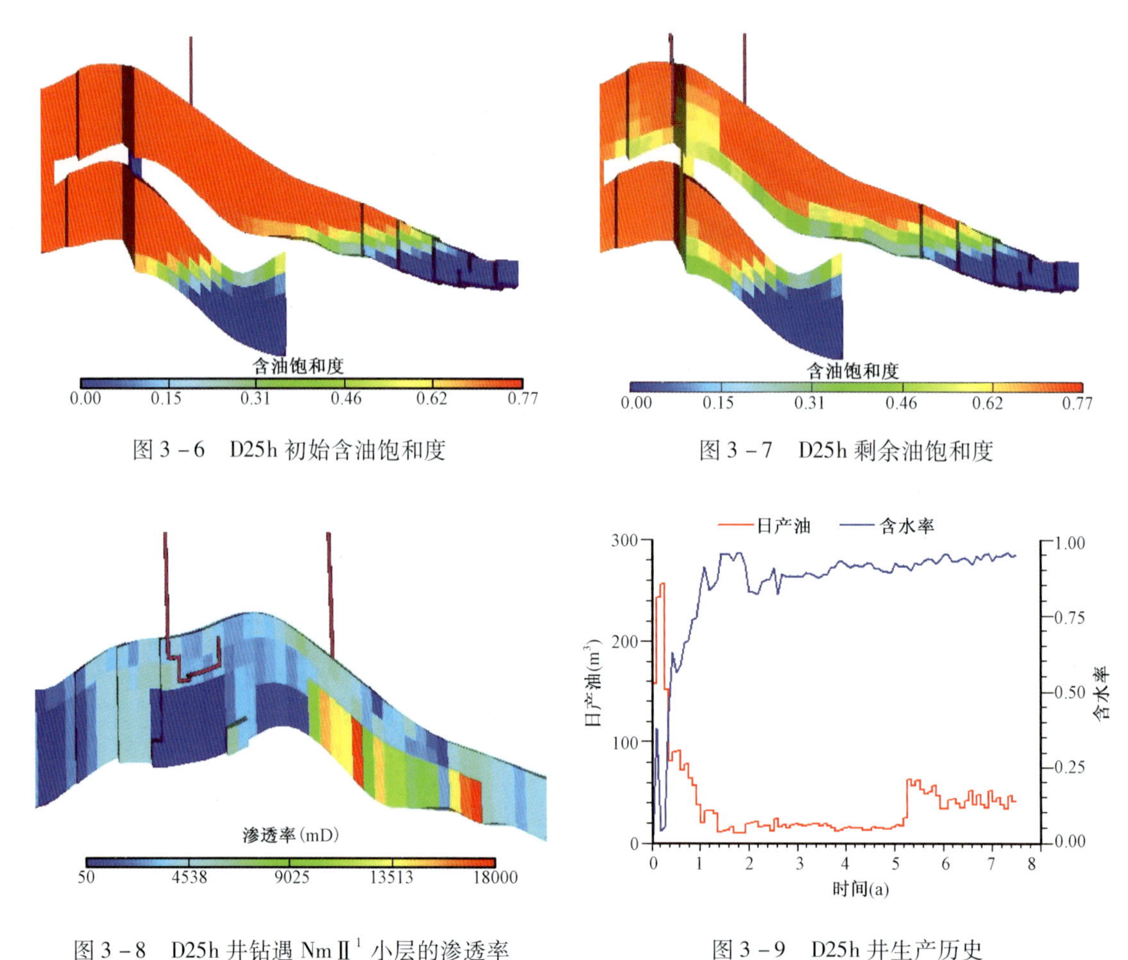

图 3-6 D25h 初始含油饱和度

图 3-7 D25h 剩余油饱和度

图 3-8 D25h 井钻遇 NmⅡ^1 小层的渗透率

图 3-9 D25h 井生产历史

底水锥进常常使得水过早窜入井底，产量大大降低甚至停产：一方面油井一旦见水，由于油水黏度比极大，会形成死油区，进而降低采收率；另一方面，海上找水堵水作业施工成本高、难度大，低产量生产难以维持工业性生产。

以西区 E10h 井为例，如图 3-10 所示，NmⅡ^1 下部 NmⅡ^2 小层含水。初始时期，E10h 井在 NmⅡ^1 钻遇储层的含油饱和度很高，均在 0.7 左右，该井区有底水；目前（截至 2009 年 12 月 1 日），该井下部附近饱和度明显减小，可见是下部底水在不断侵入，且呈脊型。

结合渗透率、饱和度和生产状况资料（图 3-10 和图 3-11）进一步分析，E10h 井于 2002 年 9 月打井，2005 年 5 月开始投产，底水就开始上升（图 3-11）。连续生产一年半后 2006 年 11 月左右，油井含水迅速上升，产量已由初期的 35m^3/d 降到 10m^3/d，可见是底水的上升严重影响到了产量（图 3-12）。由渗透率资料可知，E10h 井打在 NmⅡ^1 小层处高渗透条带上，渗透率已达到5000mD，甚至局部高达9500mD，如此大的渗透率为水的窜进提供了通道。含水上升后，仍不断波动。后期2009年5月提液至43m³/d，压力降到9MPa，生产至今，含水率达到90%（图3-13），但由图3-14、图3-15可知，仍有大量剩余油残留于NmⅡ[1]小层E10h的两侧，故底水窜进会使水平井平面开采效果差。

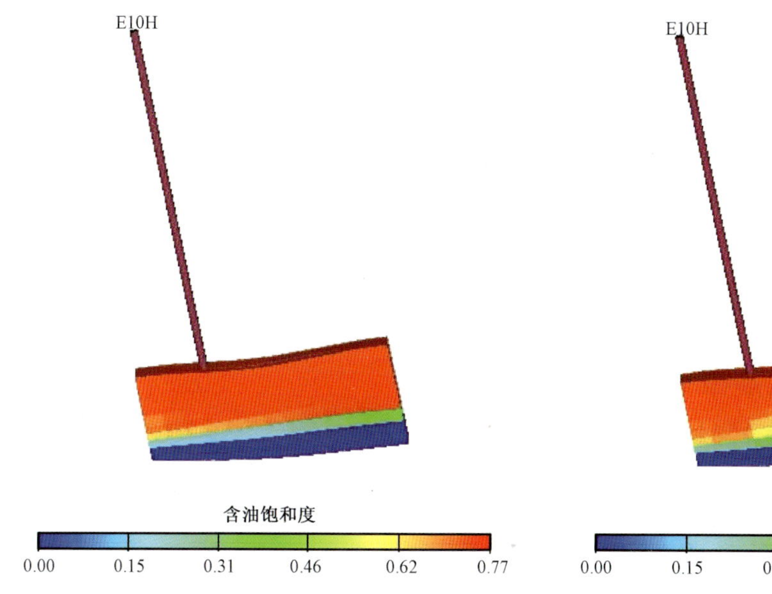

图3-10　E10h井2002年9月投产时含油饱和度图

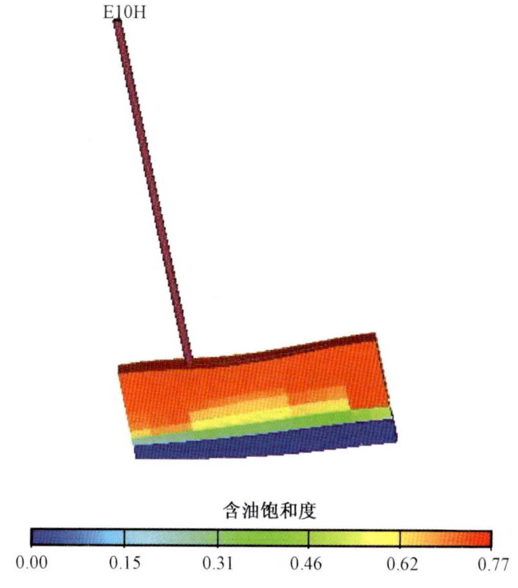

图3-11　E10h井2005年10月含油饱和度图

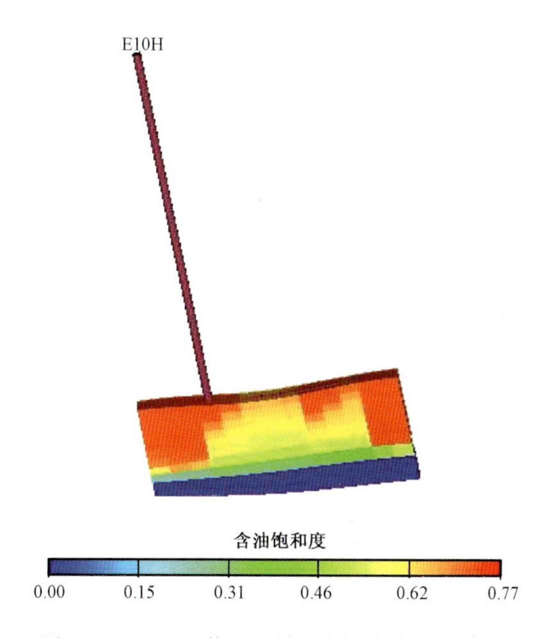

图3-12　E10h井2006年11月含油饱和度图

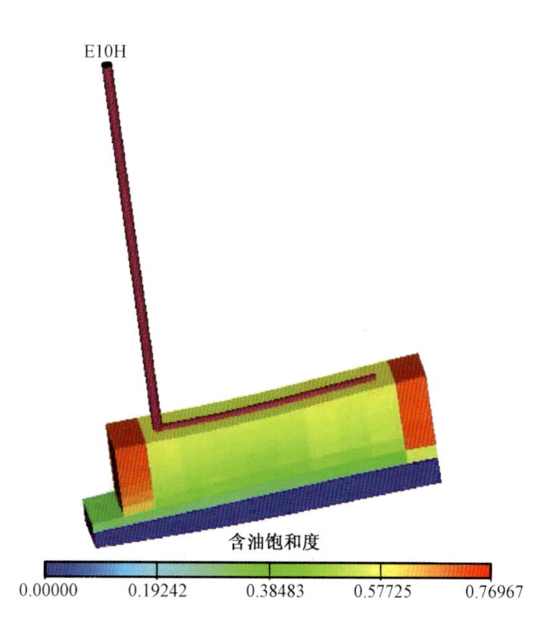

图3-13　E10h井2009年12月含油饱和度图

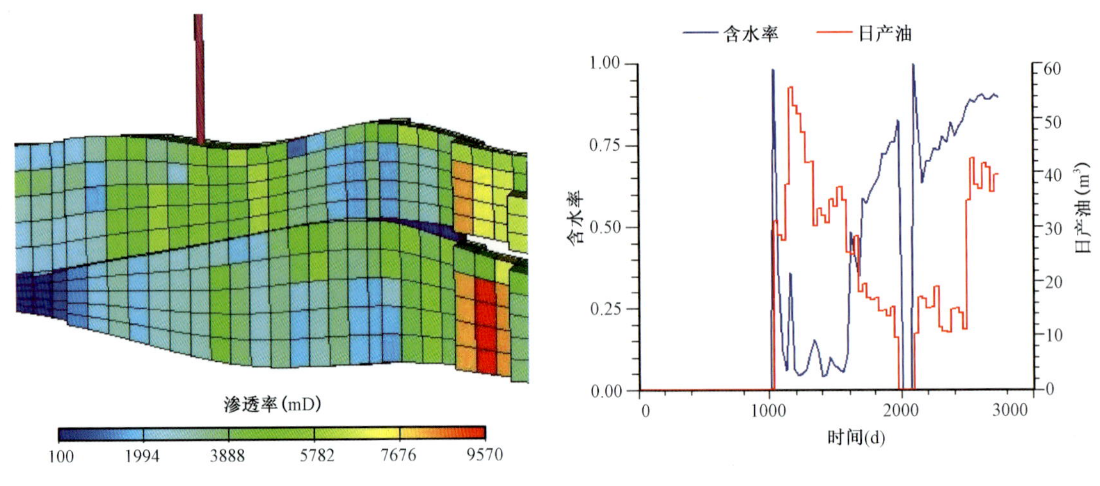

图 3－14　E10h 井钻遇 NmⅡ[1] 和 NmⅡ[2] 的渗透率

图 3－15　E10h 井生产历史

3.2.2　层间剩余油分布规律

3.2.2.1　静态层间渗透率差异控制剩余油

河流相砂岩稠油油田小层层数多,层间渗透率非均质性较强,但由于海上油田开发的特殊性,大都采取一套层系开发。随着油田开发进入中后期,层间矛盾逐步突出,因此有必要开展室内物理模拟实验,研究高、中、低渗透率储层在有无隔夹层情况下,各层的驱替效率,从而寻找针对非均质储层剩余油分布特点及有效动用的方法。

实验设计高、中、低三层模型接入核磁共振成像系统,其流程见图 3－16 所示。分两种情况进行水驱油实验:一种是用稳定的隔层将三种模型分开并联;另一种就是模型直接并联,之间没有隔层。在驱替的同时进行核磁共振成像,计量油水产量、时间、压力等,直到出口没有油产出为止(残余油状态)。实验结果见图 3－17 和图 3－18 所示。

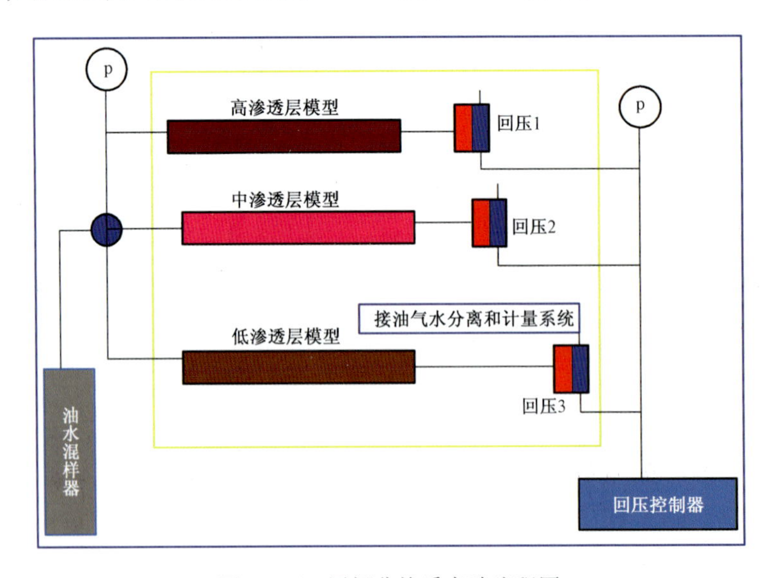

图 3－16　层间非均质实验流程图

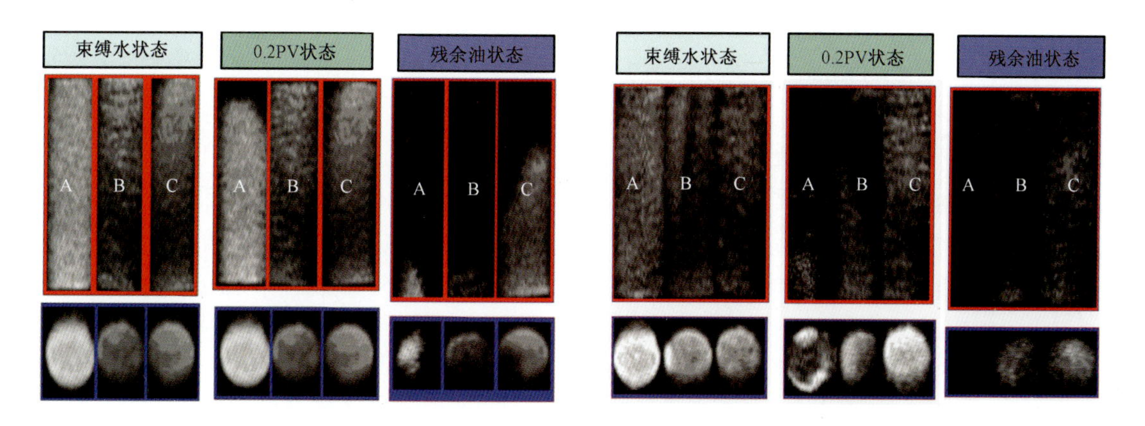

图3－17 含夹层非均质模型水驱油横断面核磁共振图像

图3－18 不含夹层非均质模型水驱油横断面核磁共振图像

图3－17是带有稳定隔层的并联模型在束缚水状态、注入0.2PV时驱替状态、以及残余油状态下的横断面及矢状面图像对比。从截取的剖面上可以看出，在初始含油饱和度状态下高渗透层A中白色部分显示为饱和的模拟油，高渗层饱和的模拟油量远高于中低渗透层。以同样的驱替压力进行驱替，在注入0.2PV时，高渗层A驱替出的模拟油多于B、C，同样注入0.5PV、1PV、1.5PV，直至3PV时，高渗层驱替效率高于中低渗透层，最后到达残余油状态，低渗层的驱油效率明显低于A、B两个模型。这证明了由于层与层之间存在差异，好油层吸水多，出油多，而差油层吸水少、出油少，水线推进慢，所以在采油井与注水井内表现出明显的层间干扰，在油层间则出现了水沿高渗层突进的现象。

图3－18与图3－17的区别在于模型A、B、C间没有隔层，可以看出，仍是高渗层驱替效率高，但层与层之间有明显的窜流，图3－19显示在注入0.2PV时，高渗层A与中渗层B之间就有窜流，到最后残余油状态，高中渗透层（A、B）驱油效率明显高。这也反映了注水开发油田注水后，不是每个层都见效，其各层见效程度相差很大，必然会造成一部分油层采液强度很高，一部分很低，或者部分层处于中等状况，甚至有一部分层根本没有动用。

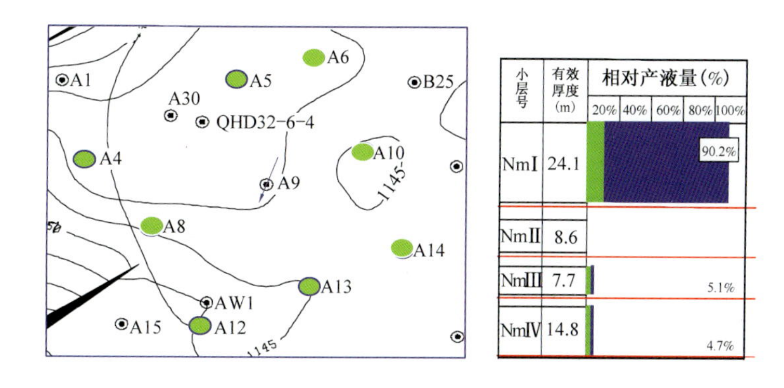

图3－19 层间干扰导致动用程度差异示图

综上所述,本小节通过室内物理模拟实验,研究了静态层间渗透率差异对剩余油的控制作用。而在油田实际生产过程中,层间渗透率差异对剩余油的控制作用往往表现为层间干扰和隔层控制剩余油。

3.2.2.2 层间干扰控制剩余油

海上油田的开发方式以大段合采为主,各个油层原油黏度、物性不同,从而出现较强的层间干扰现象:物性好油层吸水多、出油多,水线推进快,剩余油饱和度较低;而物性差油层吸水少、出油少,水线推进慢,剩余油饱和度较高。因此,层间干扰也是控制剩余油分布的重要因素之一。

层间干扰的存在导致了层间动用程度的差异,以一个反九点井组主流线上的油井为例,4个小层合采,其中顶层水淹,相对产液量达到90.2%,而动用程度较低的其他两个小层相对产液量仅为4.7%～5.1%(图3－19),同时油井含水率达到90%左右。在此之前剩余油主要集中于动用程度较低的底部两层,后期对上部高含水层进行了卡水措施,使动用程度较低的小层得到较好的利用,油井含水率降低至5%以下,日增油30m^3。

3.2.2.3 隔层控制剩余油

在没有隔层的情况下,各小层之间的剩余油分布反映了重力作用的影响,最上层剩余油饱和度变化比较缓慢,下层水淹比较严重。隔层发育区域,由于隔层储层物性差,渗透率较低,对地层水起一定的遮挡作用,其隔层顶部剩余油较富集。

对于一个厚度较小、孔渗较低,但分布面积较大的薄夹层(如图3－20中A区域所示),若其为渗透性隔层,则生产早期无法有效阻隔下部油层水体上升,常导致油井开井便见水,且含

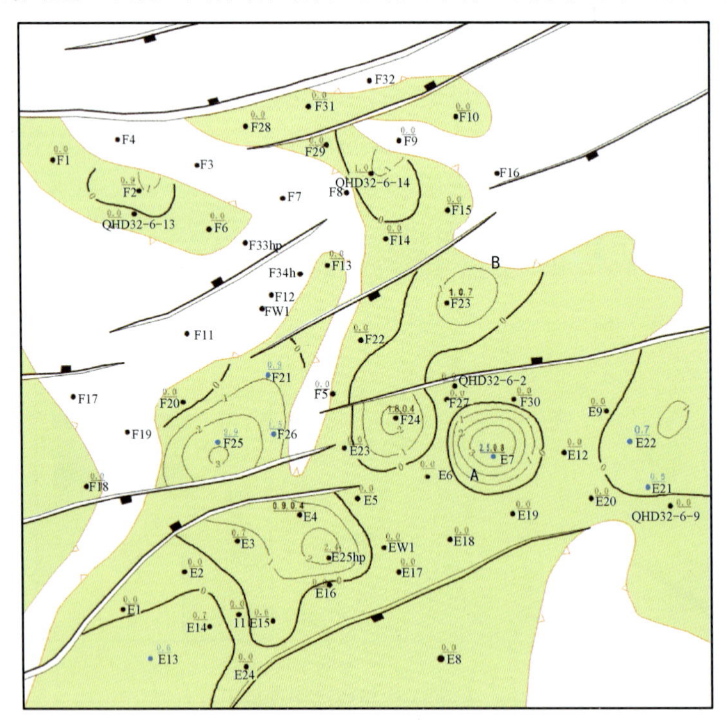

图3－20 隔层等厚图

水率能迅速上升到90%以上,产量长期低于$10m^3/d$(图3-21)。除井点外,油井周围区域含油饱和度均很高且变化不大,还有大量剩余油存在(图3-22、图3-23)。

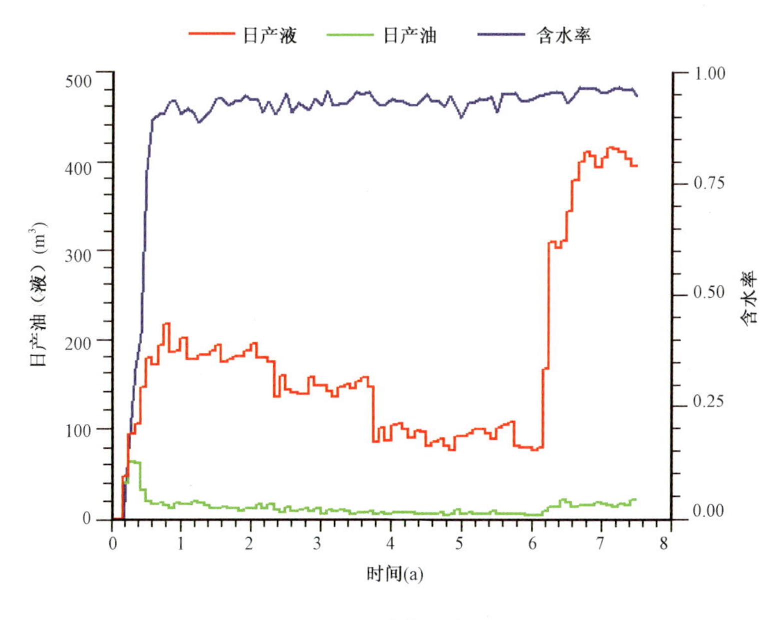

图3-21 单井生产历史

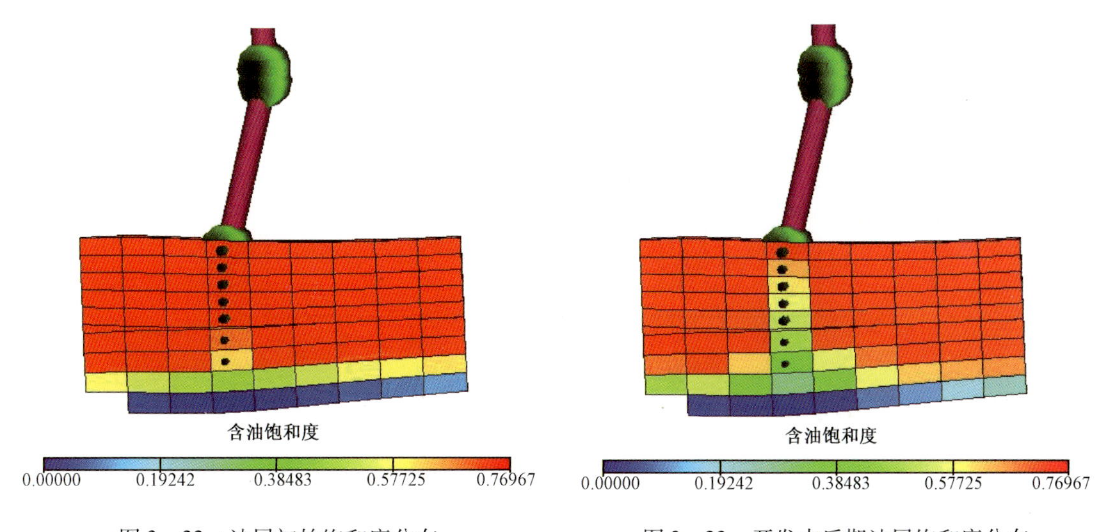

图3-22 油层初始饱和度分布

图3-23 开发中后期油层饱和度分布

相反地,若隔层为非渗透性隔层(如图3-20中B区域所示),则能有效阻隔水体上升,从而使隔层上部产油只受压力和重力的作用,不受底水影响,但往往底部水窜进后,油井见水,隔层上部含油较高,剩余油量变化不大,而隔层下部水洗严重,剩余油量较少(图3-24、图3-25)。此外,隔层的影响在卡层后更明显些,卡层后含水迅速下降,产油量上升(图3-26)。

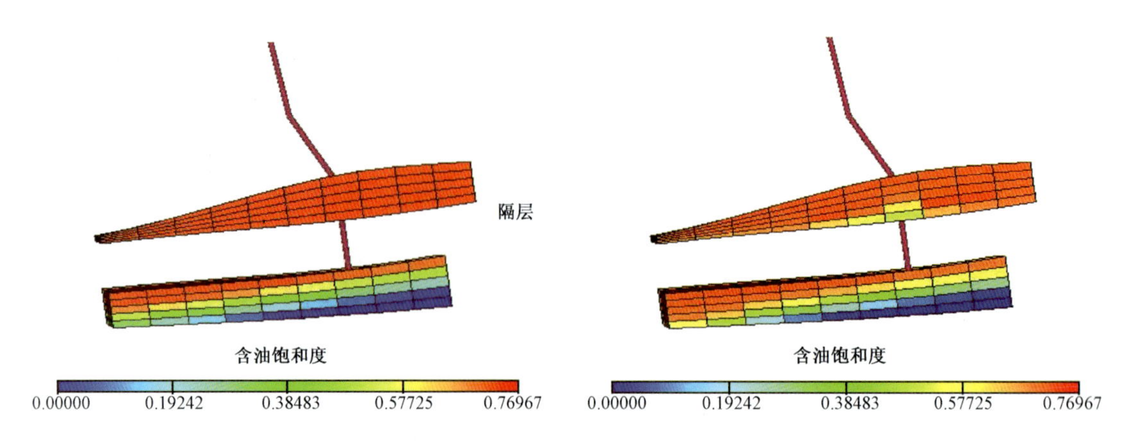

图 3-24　油层初始饱和度分布　　图 3-25　开发中后期油层饱和度分布

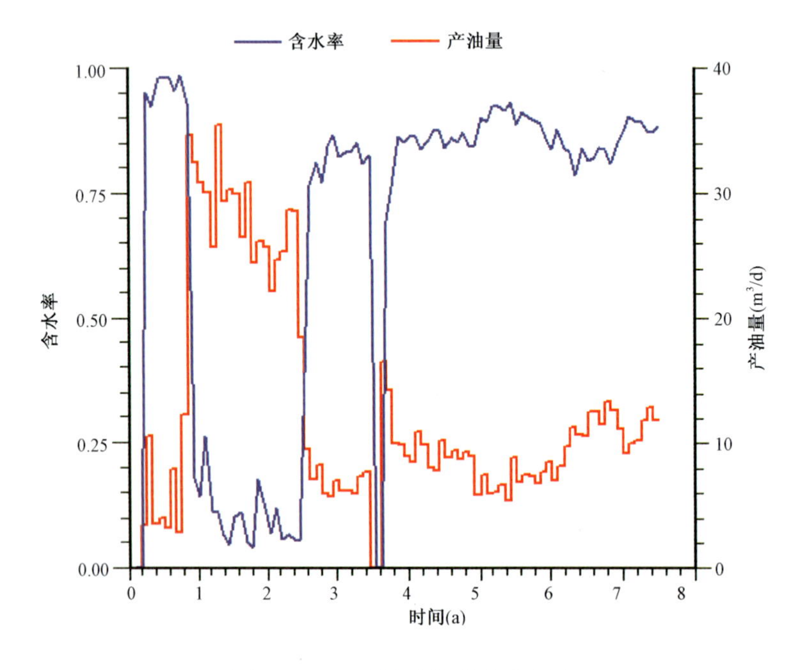

图 3-26　卡层前后油井生产历史

3.2.2.4　不同类型油藏合采控制剩余油

秦皇岛 32-6 油田北区主力砂体 Nm Ⅰ^3、Nm Ⅲ^2、Nm Ⅳ^1—Nm Ⅳ^3 是典型的边水油藏，而 Nm Ⅱ^3 是底水油藏。不同类型油藏合采时，开发效果差，剩余油分布于水淹快的砂体，如 Nm Ⅱ^3 砂体的 A20、B20 井(图 3-27、图 3-28)，投产后底水逐渐突进而造成过快水淹，后采取措施卡层，造成井附近低流动能力带剩余油分布。由 B20 井的生产曲线可以看出，B20 井投产后，Nm Ⅱ^3 的底水突破很快，造成迅速水淹，含水迅速上升，因此在 2003 年 9 月，B20 井关掉 Nm Ⅱ^3 的生产，含水也迅速的降低(图 3-29)。

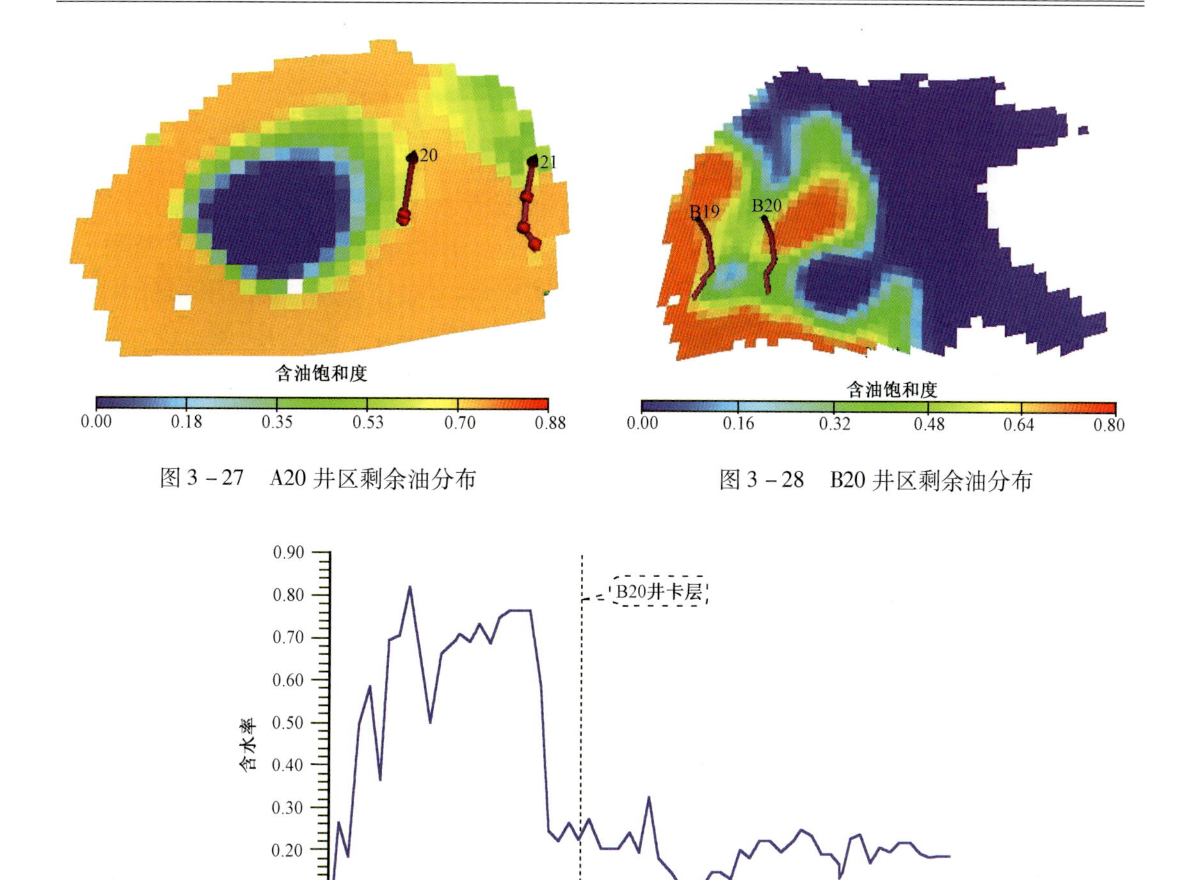

图 3－27 A20 井区剩余油分布

图 3－28 B20 井区剩余油分布

图 3－29 B20 井生产历史

3.2.3 平面剩余油分布规律

3.2.3.1 沉积微相控制剩余油

沉积微相决定储集砂体的外部形态及内部构造,因此也决定着储层平面非均质性,控制着油气水的运动方向,从而控制平面剩余油分布。河流相砂岩稠油油田以河道砂体沉积为主,平面上主河流道、中部扇中的斜坡槽及迁徙槽为物性有利分布区,采出程度高,易水淹,剩余油饱和度低;沿河道两侧有渗透率尖灭带、外缘的决口扇或水下堤等,远端砂及漫溢等微相物性普遍差,不易水淹,剩余油饱和度相对较高。

分流河道砂及水下分流河道砂沉积的油层,剩余油主要存在于河道间薄层砂或河道边部物性变差部位以及那些呈孤立分散状且井网难以控制的小透镜体中。由于河道的变迁及河道下切、叠加,造成各期沉积的砂体形态极不规则,砂体间的接触关系也复杂多变,两期河道间有的以低渗透薄层砂相接触,有的与废弃河道泥质充填物或以尖灭区相连接,这些部位及其附近是剩余油富集的有利场所。

（1）主河道砂体边缘相带剩余油富集。

河流相沉积储层主河道砂体在横剖面上多具“中厚边薄”的透镜状，高孔高渗多集中在砂体中央，主河道砂体水淹严重，剩余油分布零散，因此中心相带水淹严重，驱油效率高，剩余油饱和度低；而河道砂体两侧则是渗透率尖灭型剩余油富集区，边缘相带的油井含水低、产量低，驱油效率低，动用程度差，剩余油饱和度高。如图 3-30、图 3-31 所示，位于主河道边部的井区，因物性差于河道主体部位而成为剩余油的有利部位，为典型的边缘相带剩余油富集；而位于两河道交汇处的井区，水流反复冲刷，孔道大，物性好，边水易推进，水驱作用强，剩余油相对较少。

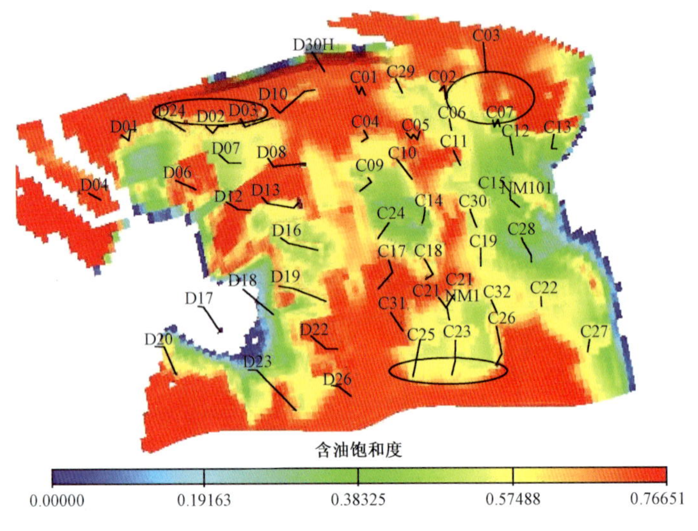

图 3-30 主河道含油饱和度分布

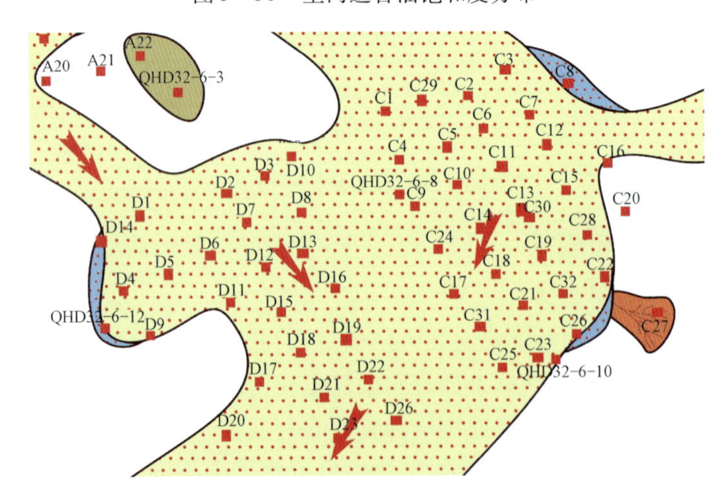

图 3-31 主河道沉积相图

（2）条带型河道主砂体侧缘剩余油富集。

从图 3-32a、e 可以看出，位于条带型河道上的井区，剩余油饱和度明显较低，但河道条带东北侧剩余油饱和度仍然很高，这是因为主砂体侧缘储层物性变差，或泥质充填，或岩性尖灭。该井区渗透率、孔隙度、有效厚度均很小（图 3-32b、c、d），物性很差，且幅度微高，故剩余油较富集（图 3-32e）。

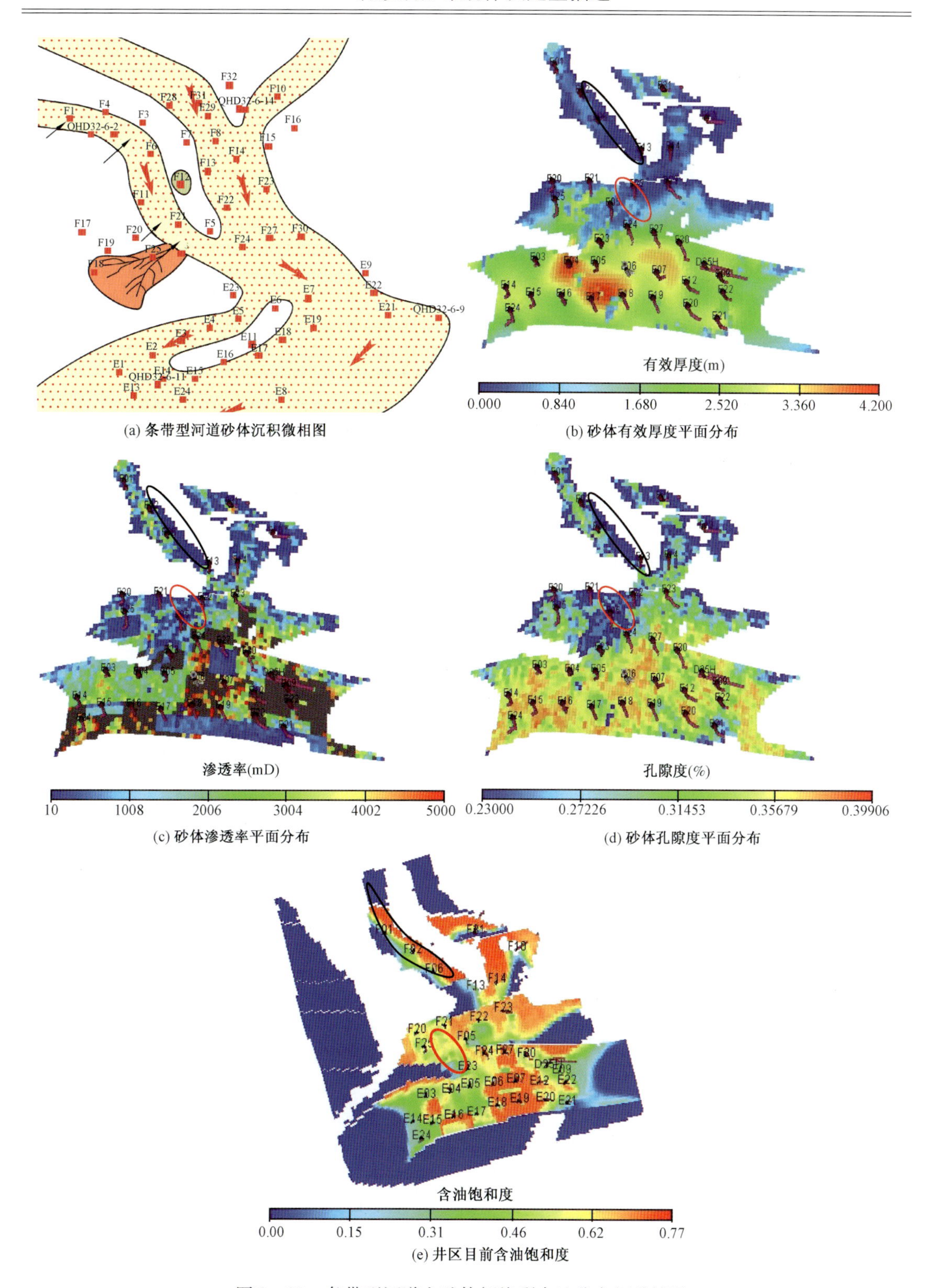

(a) 条带型河道砂体沉积微相图

(b) 砂体有效厚度平面分布

(c) 砂体渗透率平面分布

(d) 砂体孔隙度平面分布

(e) 井区目前含油饱和度

图 3-32 条带型河道主砂体侧缘剩余油分布相关情况

3.2.3.2 注采井网控制剩余油

海上油田由于受平台的限制，很难采取规则的布井方式。由于注采井网不完善、井控范围小，或是油井间无注水井而形成死油区，这些都属于剩余油富集区。NmⅠ^3 的 A11、B13、B25 井区间井少剩余油，A19、A23、A24 井区间井网不完善剩余油，A1、A4、A5 井间压力平衡形成的剩余油；NmⅡ^3 的 A、B 平台边部注采井网不完善剩余油；NmⅢ^2 的 A13 井区井网不完善剩余油；NmⅣ^1—NmⅣ^{3}的 A12、A16 井区井网不完善剩余油，如图 3－33 所示。

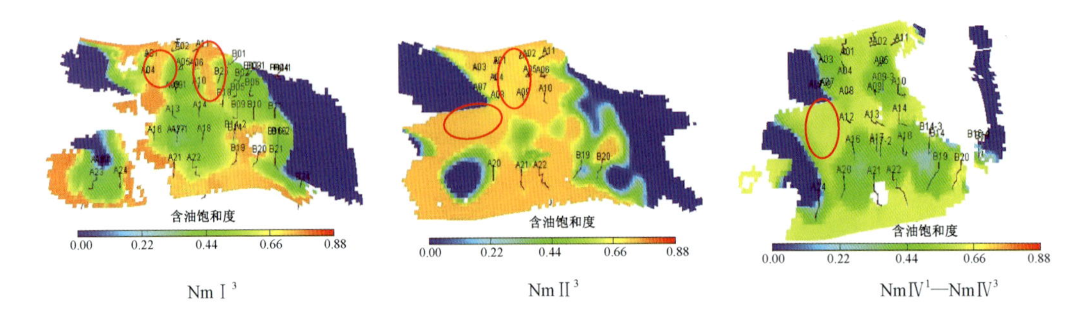

图 3－33 注采井网不完善形成剩余油

3.2.3.3 断层、边界遮挡型剩余油

F23 井南部渗透率大于4000mD，但其目前含油饱和度很大（图 3－34）。究其原因，F23 井与 F14 井主要位于断层边部，距离断层较近，井与断层间的原油难以动用；且 F23 井距东部边水远，边水的能量未波及井，仅靠弹性能量驱油很难，因此剩余油高；F23 井与 F14 井区有效厚度小，仅有 1～1.7m。F21、F22 井靠近北部断层，E18、E19、E20 井位于边部，压力下降缓慢，也属遮挡型剩余油（图 3－35）。

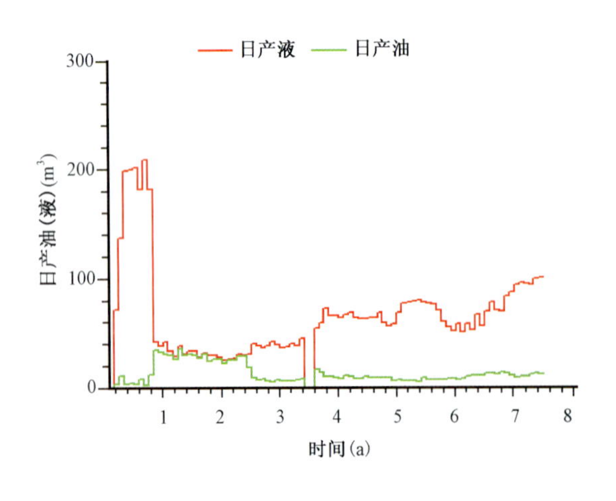

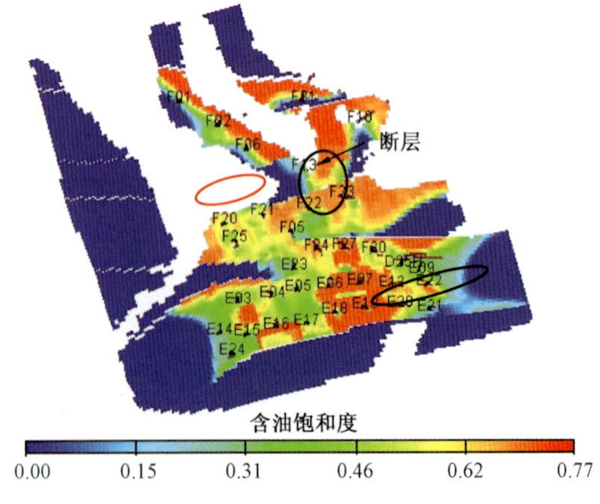

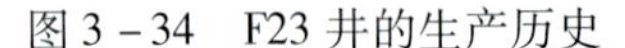

图 3－34 F23 井的生产历史

图 3－35 断层影响剩余油

3.3 剩余油分布定量描述

3.3.1 水淹层定量评价

产层剩余油饱和度与束缚水饱和度或原始含油饱和度对比是定量评价水淹程度的基础。因此,单井水淹层定量评价的核心是准确计算剩余油饱和度和束缚水饱和度或原始含油饱和度。

3.3.1.1 剩余油饱和度计算

确定剩余油饱和度的方法主要有岩心直接测量、测井解释,其中密闭取心或油基泥浆取心的饱和度测量结果最为直接,为其他方法确定含油饱和度的对比验证依据,其中测井解释方法应用最为广泛。

(1)岩心分析含油饱和度校正。

常压密闭取心在起钻过程中,由于降压脱气及孔隙体积的变化,分析含油饱和度与实际有所偏差。由于实验室饱和度测量值是在地面岩心分析条件下得到的,因此要获得地层条件下饱和度,需要进行覆压校正及油水损失的校正。

对于疏松岩心,地面与地层孔隙度差异较大,因此地面岩心分析含油及含水饱和度比地下要小,进行与孔隙度压缩校正相应的饱和度校正,公式为:

$$S_f = S_s \times B \times \frac{(1/\phi_f - 1)}{(1/\phi_s - 1)} \tag{3-1}$$

式中 S_f——地层含油饱和度,%;

S_s——地面含油饱和度,%;

B——体积系数,无因次;

ϕ_f——地层孔隙度,%;

ϕ_s——地面孔隙度,%。

在进行覆压校正的基础上,依据岩心及测井资料对取心段水淹程度的初步判别,再进行密闭取心饱和度的油水损失校正,对于未水淹或弱水淹的油层,认为损失的主要为油气,通过计算覆压校正后的含水饱和度确定含油饱和度。对于强水淹层,损失的主要为水,将覆压校正后的含油饱和度作为地层含油饱和度。对于中水淹层或油水同层,则通过岩心分析含油及含水饱和度的统计关系确定各自的损失量进行校正。

(2)测井解释含油饱和度。

应用印度尼西亚公式计算河流相砂岩稠油油田开发井地层含油饱和度,在利用测井资料求准泥质含量及孔隙度等参数的基础上,该饱和度解释模型在油田开发井中具有较好的应用效果。对比测井解释与岩心分析孔隙度及含油饱和度的结果,可以看出测井解释的孔隙度及饱和度与岩心分析结果一致性很好(图3-36)。

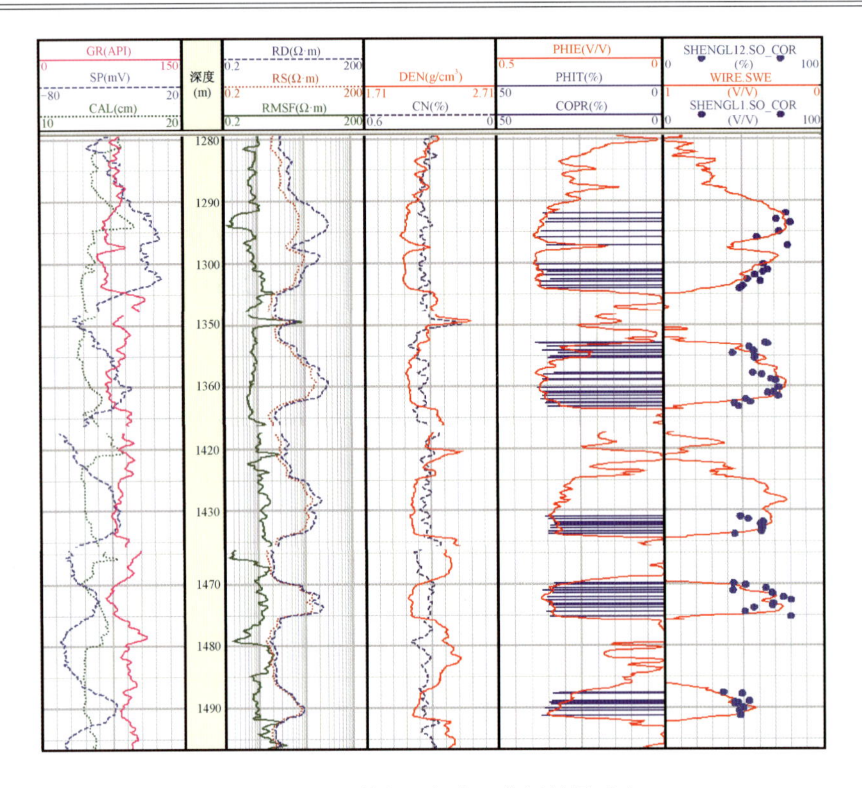

图3－36　测井解释与岩心分析结果对比

3.3.1.2　束缚水饱和度计算

通过岩心分析发现，河流相砂岩稠油油田岩心孔隙度与渗透率具有较好地相关性（图3－37），利用岩心分析孔隙度与渗透率回归公式计算地层的渗透率，然后利用渗透率求取地层的束缚水饱和度（图3－38）。从利用渗透率计算的束缚水饱和度与测井解释含水饱和度对比结果来看（图3－39），在未水淹层，含水饱和度与束缚水饱和度基本相等，在水淹层，含水饱和度明显大于束缚水饱和度。图3－41中存在的因砂泥互层等原因造成的低阻油层，利用目前测井解释方法计算的含油饱和度偏低，仍需要在岩心分析等资料的基础上完善低阻油层饱和度的确定方法。含水饱和度与束缚水饱和度的计算结果为水淹级别的划分奠定了基础。

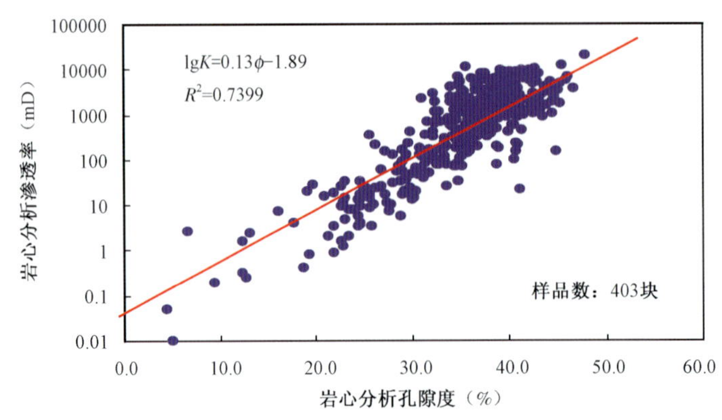

图3－37　岩心分析孔隙度与渗透率关系图

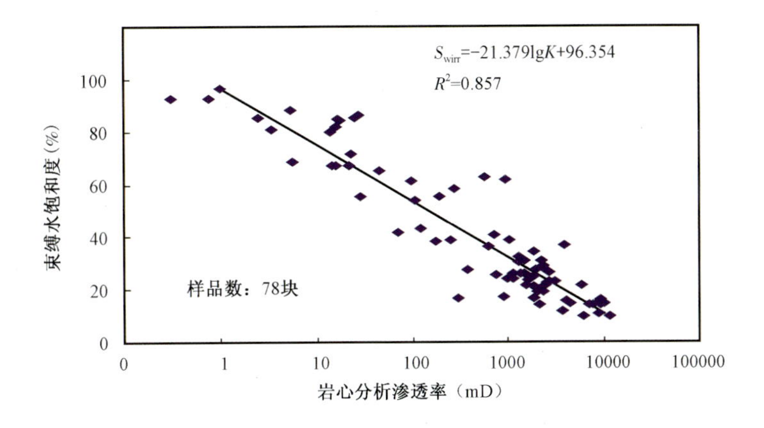

图 3-38　岩心分析渗透率与束缚水饱和度关系图

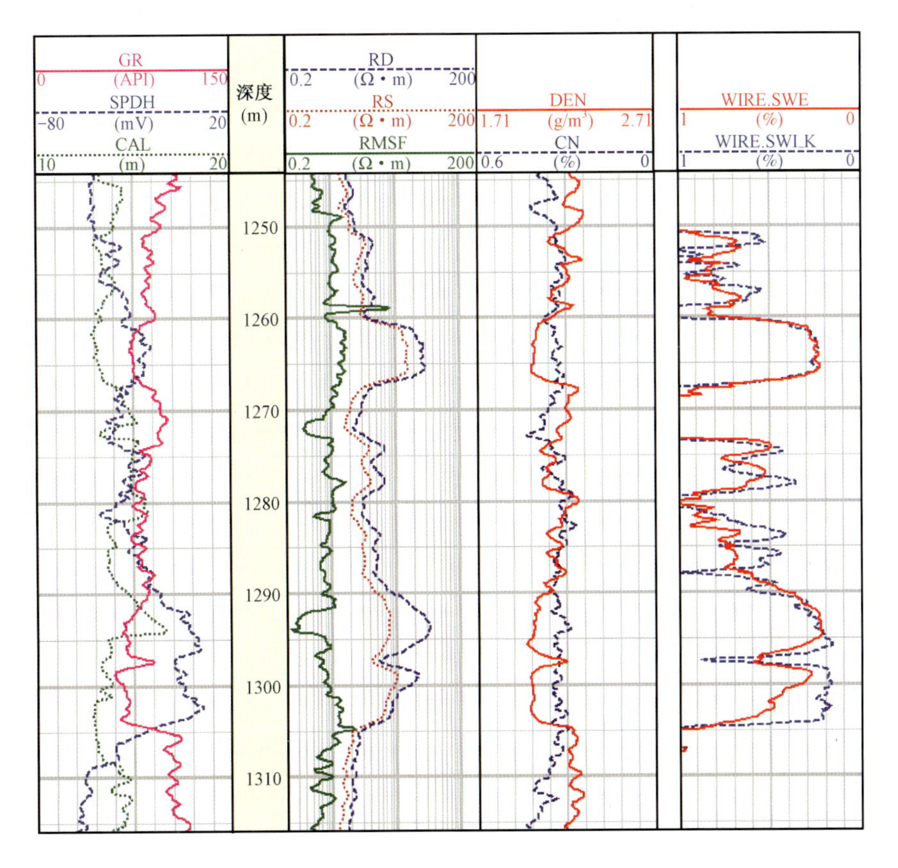

图 3-39　测井解释束缚水饱和度结果

3.3.1.3　水淹级别的划分

(1)水淹级别的确定。

由南区各砂体储量分布图可知，秦皇岛 32-6 油田南区部分剩余油纵向上分布不均，各层间存在差异，且 NmⅠ^3 储层为主力油层，储层较发育，剩余油储量最大。因此本次研究以南区 NmⅠ^3 为主要研究对象，由图 3-40 可以看出，南区 NmⅠ^3 各模拟层纵向饱和度差异明显，其剩余油类型也有所不同。下面就南区 Nm Ⅰ^{3} 含油饱和度、剩余油储量、剩余油储量丰度等参数针对不同水淹级别区、不同渗透率级别剩余油的分布状况进行了统计，并分述如下。

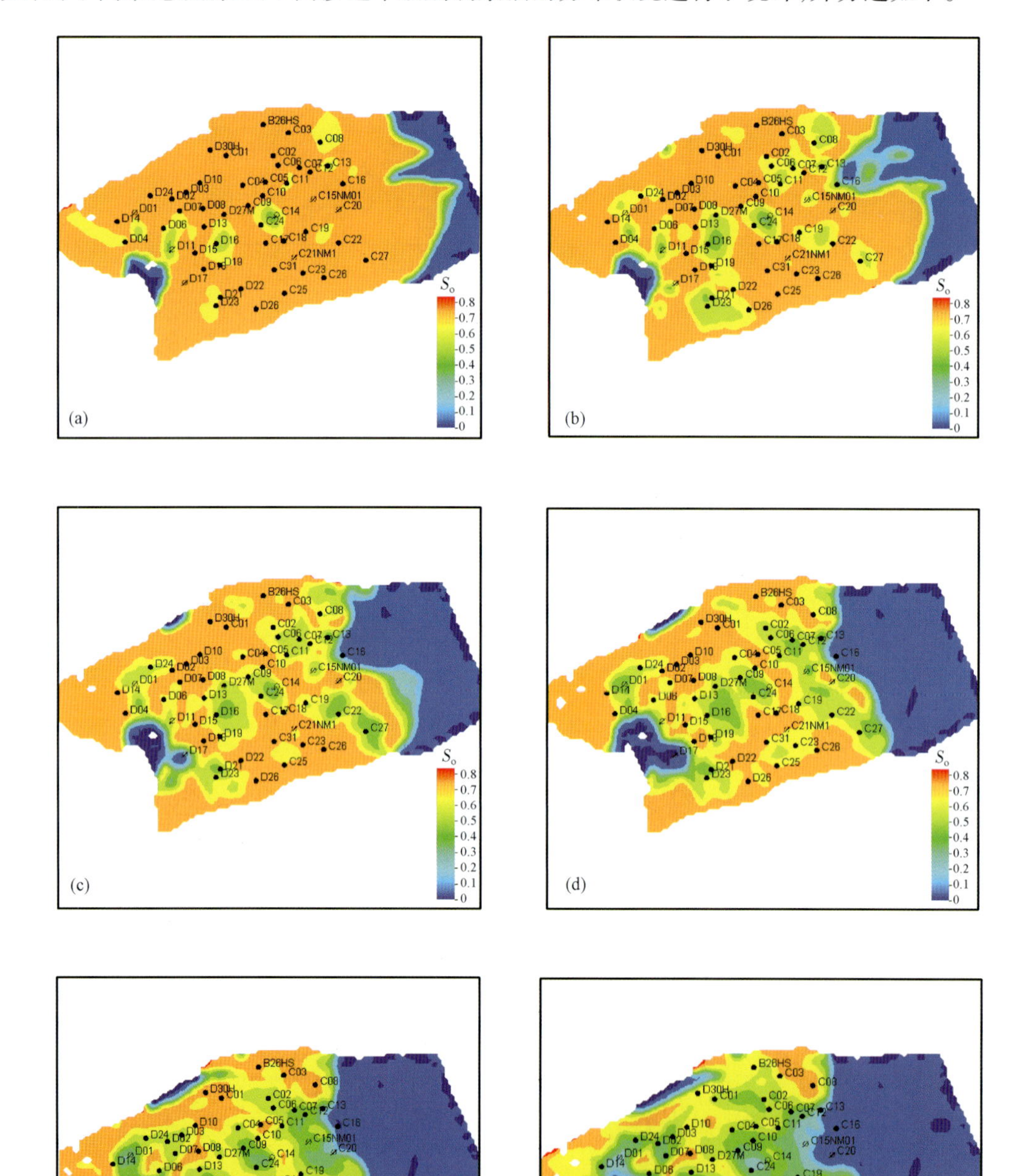

图 3－40　Nm Ⅰ^{3} 各模拟层饱和度分布图

(a)$K=39$；(b)$K=40$；(c)$K=41$；(d)$K=42$；(e)$K=43$；(f)$K=44$

利用从相对渗透率曲线转换出的分流曲线可将油藏内部各点的剩余油饱和度值换算成目前含水率，即可获得含水率分布模型。为了能反映油藏的水淹状况及对储量进行分类评价，将含水率划分成6个水淹级别，划分标准见表3－1。

表3－1　不同水淹级别划分表

水淹状况	未水淹	弱水淹	中水淹	高水淹	强水淹	特强水淹
含水率	$f_w \leqslant 10\%$	$10\% < f_w \leqslant 40\%$	$40\% < f_w \leqslant 80\%$	$80\% < f_w \leqslant 90\%$	$90\% < f_w \leqslant 95\%$	$f_w > 95\%$

根据相对渗透率曲线计算比值 K_{ro}/K_{rw}，K_{ro}/K_{rw} 与 S_w 满足关系式(3－2)，在单对数坐标上，二者呈现为两端弯曲、中间直线的关系曲线，这一直线段恰好是实际常用的两相同时流动的饱和度所对应的范围。

$$\frac{K_{ro}}{K_{rw}} = \frac{K_o}{K_w} = a\mathrm{e}^{-bS_w} \qquad (3-2)$$

在单对数坐标中，ln$a$ 为直线的截距，－b 为直线的斜率。系数 a、b 由相对渗透率曲线的特征所决定，岩石的渗透率、孔隙度大小分布、流体黏度、界面张力和润湿性等参数不同，a、b 值也不同。

产水规律是研究油井产水率随地层中含水饱和度的增加而增加变化的情况。在油田动态分析中，产水率是一个重要的指标。它是油水总产水量与总产液量的比值，即：

$$f_w = \frac{Q_w}{Q_o} = \frac{K_w/\mu_w}{K_w/\mu_w + K_o/\mu_o} = \frac{1}{1 + \left(\frac{K_o}{K_w}\right)\left(\frac{\mu_w}{\mu_o}\right)} \qquad (3-3)$$

该式称为分流方程。

将式(3－2)带入式(3－3)可以得到 f_w 和 S_w 的关系式：

$$f_w = \frac{Q_w}{Q_o} = \frac{1}{1 + \left(\frac{\mu_w}{\mu_o}\right)a\mathrm{e}^{-bS_w}} \qquad (3-4)$$

相反，根据式(3－4)可知，含水饱和度和含水率是一一映射关系。可以把不同水淹级别转化为不同的含水饱和度，这样给数据处理带来更多的便利。

根据秦皇岛32－6油田南区数值模拟所应用的相渗曲线(图3－41)，可以计算出 K_{ro}/K_{rw} 和 S_w 关系式：

$$\ln\frac{K_{ro}}{K_{rw}} = -bS_w + \ln a = -25.112S_w + 14.336, R^2 = 0.972 \qquad (3-5)$$

关系式中的 a、b 值为：$a = 1682851$，$b = 25.112$。

因 $f_w = \dfrac{1}{1 + \left(\frac{\mu_w}{\mu_o}\right)a\mathrm{e}^{-bS_w}}$，故：

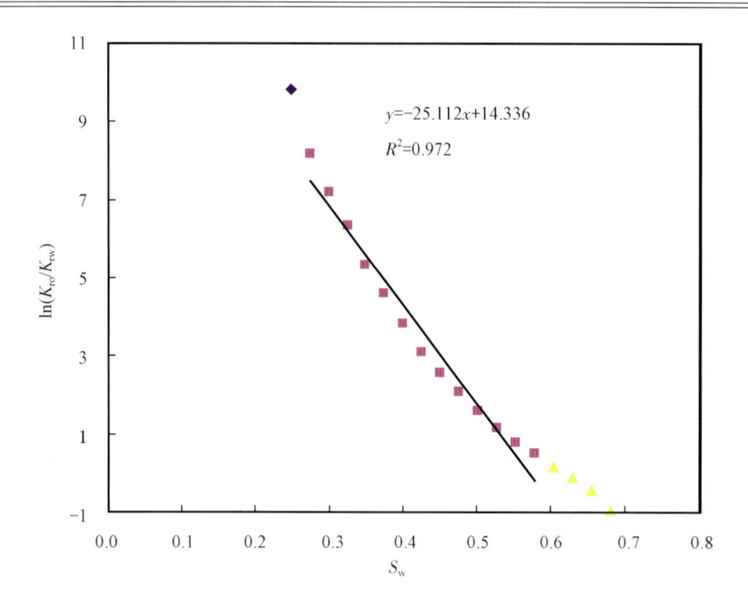

图 3-41　南区相渗拟合曲线

$$S_w = -\frac{1}{b}\ln\frac{1-f_w}{\frac{\mu_w}{\mu_o}af_w} = -0.039822\ln\frac{1-f_w}{9133.469f_w} \tag{3-6}$$

根据上式可以得到不同水淹级别($f_w \leqslant 10\%$,$10\% < f_w \leqslant 40\%$,$40\% < f_w \leqslant 80\%$,$80\% < f_w \leqslant 90\%$,$90\% < f_w \leqslant 95\%$,$f_w > 95\%$)所对应的不同含水饱和度值。鉴于此方法中直线段对应的含水率区间为 24.33%～98.81%,当计算 $f_w \leqslant 10\%$ 对应的 S_w 区间时用此方法误差会产生很大的误差,$f_w \leqslant 10\%$ 对应的 S_w 区间则用 f_w—S_w 关系曲线如图 3-42 得到。计算结果如表 3-2 所示。

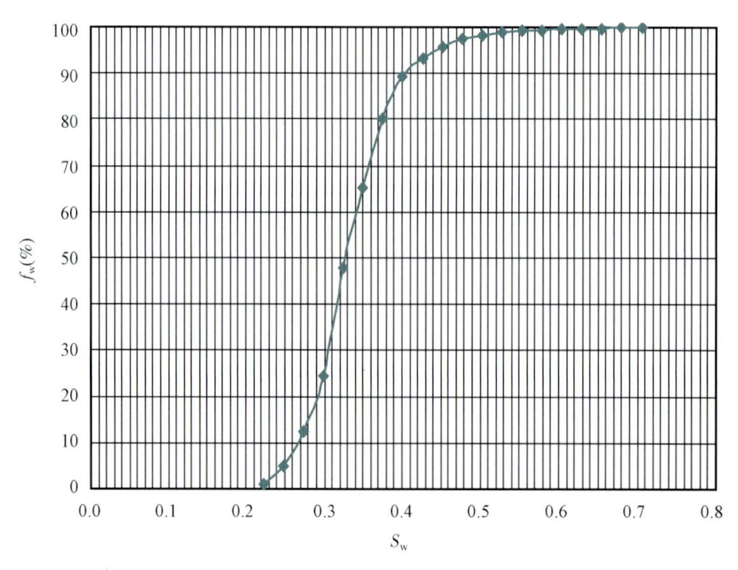

图 3-42　f_w—S_w 关系曲线

表 3－2 不同水淹级别划分表

水淹状况	未水淹	弱水淹	中水淹	高水淹	强水淹	特强水淹
含水率	$f_w \leqslant 10\%$	$10\% < f_w \leqslant 40\%$	$40\% < f_w \leqslant 80\%$	$80\% < f_w \leqslant 90\%$	$90\% < f_w \leqslant 95\%$	$f_w > 95\%$
含水饱和度	$S_w \leqslant 0.269$	$0.269 \leqslant S_w < 0.315$	$0.315 \leqslant S_w < 0.375$	$0.375 \leqslant S_w < 0.40$	$0.40 \leqslant S_w < 0.44$	$S_w \geqslant 0.44$

(2)不同水淹级别剩余油分布规律。

① 不同水淹级别剩余油饱和度分析。

剩余油饱和度是反映剩余油在时间和空间上分布的一个重要指标,它从油藏注水开发过程中的波及状态这一角度展示了剩余油的分布状态,表示出油藏不同区域的动用程度的高低,即目前的剩余油饱和度高,说明油层的动用程度低,剩余油饱和度低,说明油层动用程度高。用它可以评价油层开采程度和地下油水分布,从而为下步挖潜提供依据。

秦皇岛 32－6 南区 NmⅠ^3 底层剩余油在不同含水级别下的饱和度分布如图 3－43 所示。

由图 3－43 可知,油层中部开采程度大,饱和度大多小于 0.5,而高饱和度原油多位于储层边部,或因压降困难,或因井网未控而至,开采难度大,$10\% < f_w \leqslant 40\%$ 级别下原油最富集,其在中部和边部均有分布。

统计表明,南区原始含油饱和度为 0.72,目前油藏平均含油饱和度为 0.64,下降了 10.4%,其中未水淹区含油饱和度为 0.75,下降了 1.58%;弱水淹区 0.72,增大了 0.76%;中淹区 0.65,下降 0.43%;高淹区 0.61,下降了 0.16%;强淹区 0.58,下降了 0.19%;特强淹区 0.38,增大了 64.57%(表 3－3、图 3－44)。

表 3－3 不同水淹级别含油饱和度统计表

小层	含油面积(km^2)	平均含油饱和度	不同水淹级别含油饱和度分布					
			$f_w \leqslant 10\%$	$10\% < f_w \leqslant 40\%$	$40\% < f_w \leqslant 80\%$	$80\% < f_w \leqslant 90\%$	$90\% < f_w \leqslant 95\%$	$f_w > 95\%$
南区 NmⅠ^3	9.90	0.64	0.75	0.72	0.65	0.61	0.58	0.38

② 不同水淹级别剩余地质储量分析。

剩余地质储量是我们最为关注的参数之一,它直接反映油藏目前的生产挖潜潜力,统计不同含水级别条件下的剩余地质储量,分析不同含水级别剩余储量所占比例,可以为生产挖潜提供方向。

结合油藏数值模拟的结果,对秦皇岛 32－6 油田南区 NmⅠ^3 小层的剩余地质储量和剩余可动油储量进行分析统计。南区 NmⅠ^3 小层原始拟合地质储量为 $2752 \times 10^4 m^3$,目前剩余油地质储量为 $2366 \times 10^4 m^3$,相对采出程度为 14%。目前剩余油地质储量仍然较多,剩余可动油储量分布不均。未水淹剩余地质储量 $1211 \times 10^4 m^3$,占总剩余储量的 51.21%;弱水淹储层剩余地质储量 $351 \times 10^4 m^3$,占总剩余储量的 14.84%;中水淹 $238 \times 10^4 m^3$,占总剩余储量的 10.05%;高水淹 $95 \times 10^4 m^3$,占总剩余储量的 4.03%;强水淹 $132 \times 10^4 m^3$,占总剩余储量的 5.58%;特强水淹 $338 \times 10^4 m^3$,占总剩余储量的 14.29%(表 3－4、图 3－45、图 3－46)。

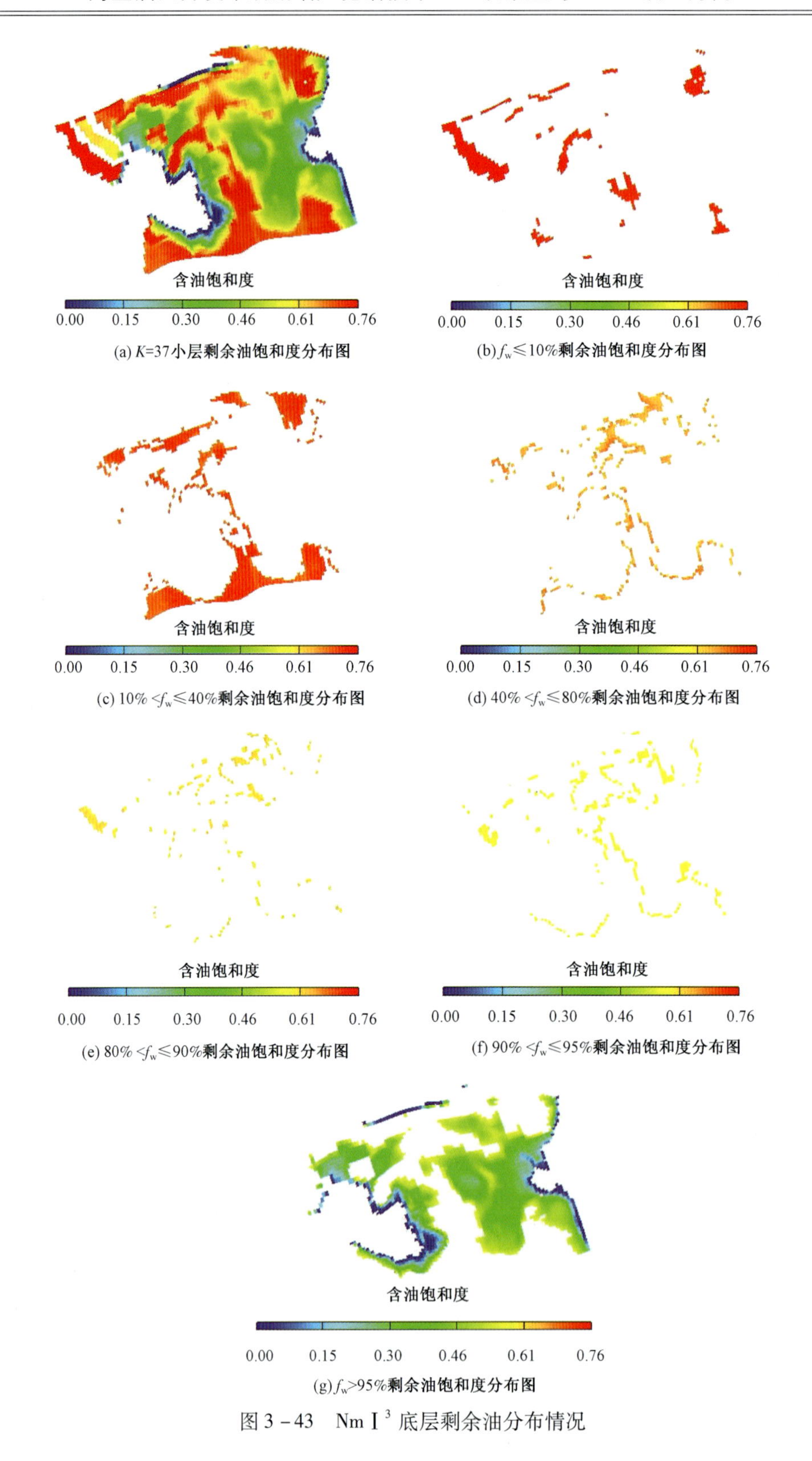

(a) K=37小层剩余油饱和度分布图

(b) $f_w \leqslant 10\%$剩余油饱和度分布图

(c) $10\% < f_w \leqslant 40\%$剩余油饱和度分布图

(d) $40\% < f_w \leqslant 80\%$剩余油饱和度分布图

(e) $80\% < f_w \leqslant 90\%$剩余油饱和度分布图

(f) $90\% < f_w \leqslant 95\%$剩余油饱和度分布图

(g) $f_w > 95\%$剩余油饱和度分布图

图3－43　NmⅠ^{3}底层剩余油分布情况

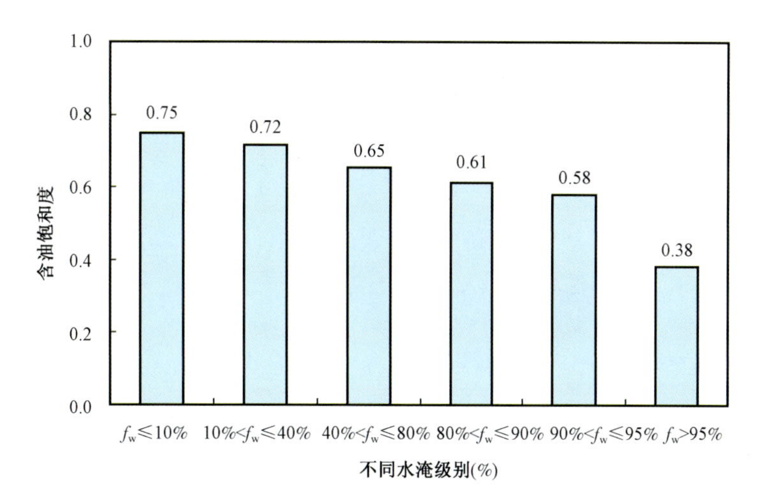

图 3－44　不同水淹级别剩余油饱和度图

表 3－4　不同水淹级别剩余地质储量统计表

小层	剩余地质储量（10^4m^3）	不同水淹级别剩余地质储量（10^4m^3）					
		f_w≤10%	10% <f_w≤40%	40% <f_w≤80%	80% <f_w≤90%	90% <f_w≤95%	f_w >95%
南区 Nm Ⅰ[3]	2366	1212	351	238	95	132	338
所占比例（%）	—	51. 21	14. 84	10. 05	4. 03	5. 58	14. 29

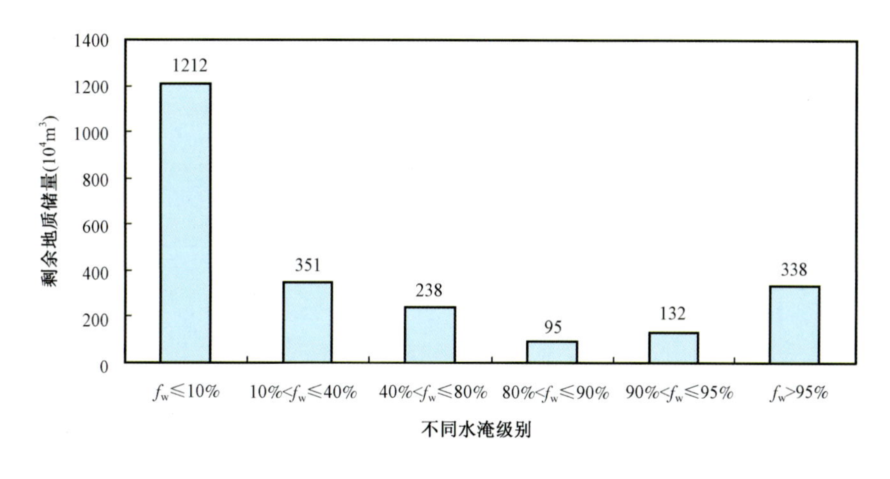

图 3－45　不同水淹级别剩余地质储量分布图

从以上结果可以看出：仍有大部分剩余油处于含水小于 40% 储层中，并主要集中在含水小于 10% 的未水淹储层，占层系总剩余地质储量的 51. 21%。

由于残余油饱和度的存在，全部剩余油储量当中可动储量是油田开发较为关注的参数，对其统计如表 3－5 所示。

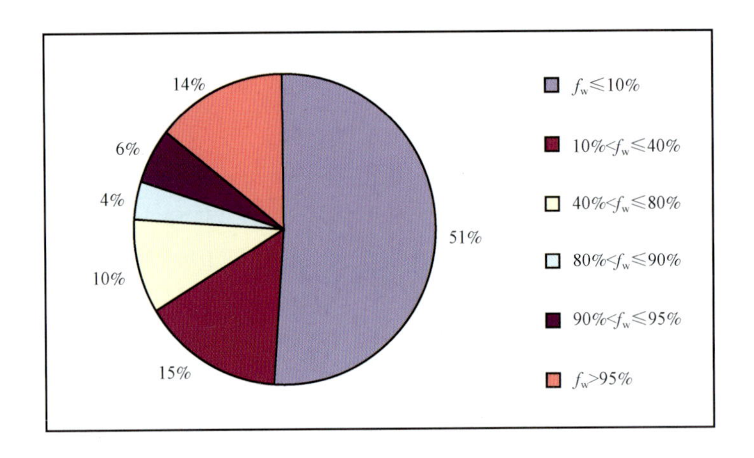

图3-46　不同水淹级别剩余地质储量所占比例

表3-5　不同水淹级别剩余可动储量统计表

小层	可动储量(10^4m^3)	不同水淹级别剩余可动储量(10^4m^3)					
		$f_w \leqslant 10\%$	$10\% < f_w \leqslant 40\%$	$40\% < f_w \leqslant 80\%$	$80\% < f_w \leqslant 90\%$	$90\% < f_w \leqslant 95\%$	$f_w > 95\%$
南区 Nm Ⅰ ^{3}	1372	848	213	151	52	32	75
所占比例(%)	—	61.83	15.52	11.03	3.80	2.32	5.50

统计表明,南区 Nm Ⅰ ^{3} 小层原始可动油储量为 $1723 \times 10^4m^3$,目前可动油储量为 $1371 \times 10^4m^3$,已开采出原始可动油储量的20%,其各水淹级别的分布与剩余储量相似,主要分布于含水小于10%储层中。未水淹剩余可动地质储量 $848 \times 10^4m^3$,占总剩余储量的61.8%,弱水淹储层剩余可动地质储量 $212 \times 10^4m^3$,占总剩余储量的15.52%,中水淹 $151 \times 10^4m^3$,占总剩余储量的11.03%,高水淹 $52 \times 10^4m^3$,占总剩余储量的3.8%,强水淹 $32 \times 10^4m^3$,占总剩余储量的2.32%,特强水淹 $75 \times 10^4m^3$,占总剩余储量的5.5%(表3-5、图3-47、图3-48)。

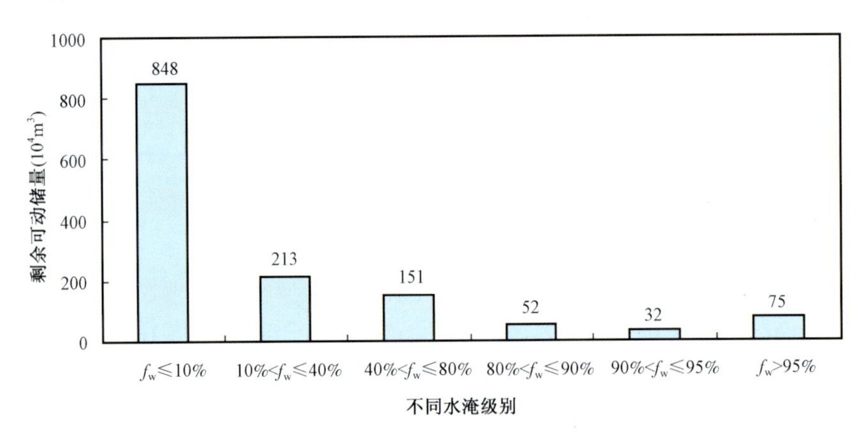

图3-47　不同水淹级别剩余可动储量分布图

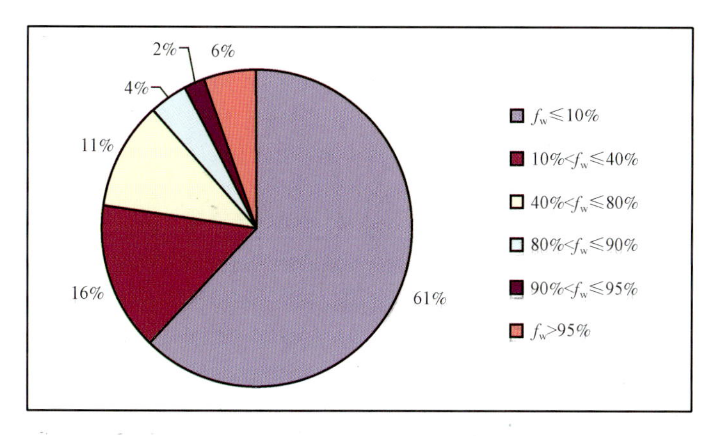

图3－48　不同水淹级别剩余可动储量所占比例图

从以上结果可以看出：未水淹区还有大量原油存在，占层系总剩余可动油储量的61.83%，为下步重点挖潜重点，是进行注采井网及注水、产液结构调整，提高水驱采收率挖潜的主要对象。

③ 不同水淹级别剩余地质储量丰度分析。

绘制了剩余可动储量丰度分布示意图，如图3－49所示。

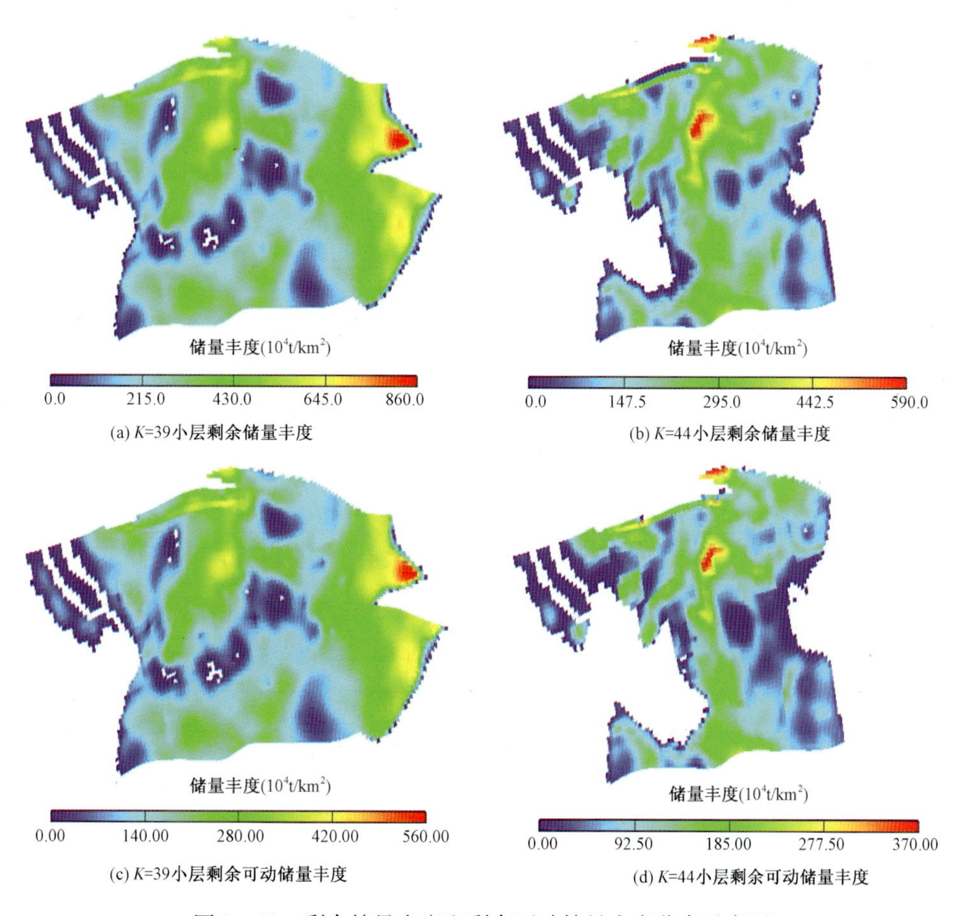

图3－49　剩余储量丰度和剩余可动储量丰度分布示意图

统计表明,未水淹区剩余储量丰度为 252 $\times 10^4$t/km^2;弱水淹区剩余储量丰度为 238.2 $\times 10^4$t/km^2;中水淹区剩余储量丰度为 215 $\times 10^4$t/km^2;高水淹区剩余储量丰度为 205.6 $\times 10^4$t/km^2;强水淹区剩余储量丰度为 118.2 $\times 10^4$t/km^2,特强水淹区剩余储量丰度为 125.2 $\times 10^4$t/km^2(表 3 -6、图 3 -50)。

表 3 -6　不同水淹级别地质储量丰度统计表

小层	不同水淹级别地质储量丰度(10^4t/km^2)					
	$f_w \leq 10\%$	$10\% < f_w \leq 40\%$	$40\% < f_w \leq 80\%$	$80\% < f_w \leq 90\%$	$90\% < f_w \leq 95\%$	$f_w > 95\%$
南区 Nm I 3	252.01	238.20	215.02	205.63	188.24	125.20

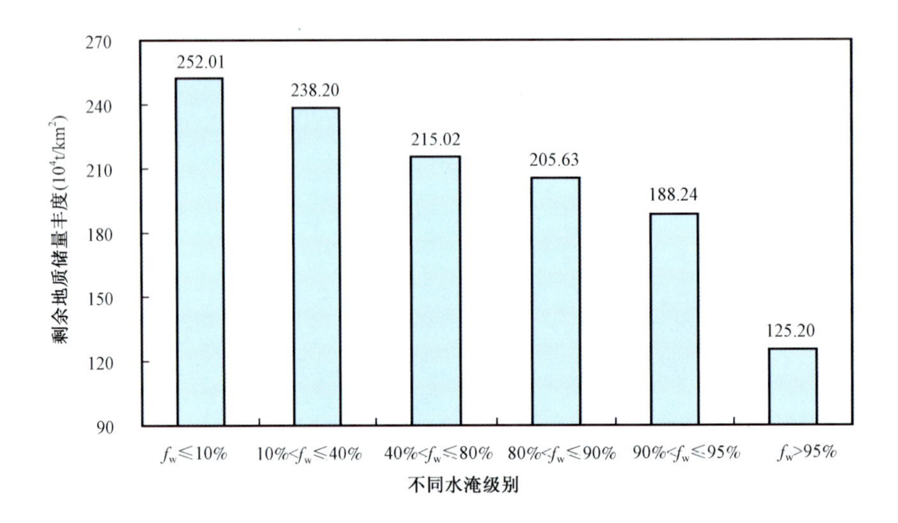

图 3 -50　不同水淹级别地质储量丰度分布图

未水淹区剩余可动油储量丰度为 160.9 $\times 10^4$t/km^2;弱淹区剩余可动油储量丰度为 146 $\times 10^4$t/km^2;中水淹区剩余可动油储量丰度为 121.44 $\times 10^4$t/km^2;高淹区剩余可动油储量丰度 107.9 $\times 10^4$t/km^2;强淹区剩余可动油储量丰度为 93.6 $\times 10^4$t/km^2,特强淹区剩余可动油储量丰度为 56.88 $\times 10^4$t/km^2(表 3 -7、图 3 -51)。

表 3 -7　不同水淹级别可动储量丰度统计表

小层	不同水淹级别可动储量丰度(10^4t/km^2)					
	$f_w \leq 10\%$	$10\% < f_w \leq 40\%$	$40\% < f_w \leq 80\%$	$80\% < f_w \leq 90\%$	$90\% < f_w \leq 95\%$	$f_w > 95\%$
南区 Nm I 3	160.94	146.00	121.44	107.95	93.61	56.88

从上述统计可知,剩余油储量丰度及剩余可动油储量丰度在不同水淹级别的分布格局差别不是很大,其中剩余储量丰度值均大于 100 $\times 10^4$t/km^2,属中丰度范围,剩余可动油储量丰度值分布在(50 ~ 160) $\times 10^4$t/km^2,属中低丰度。因此在不同的水淹级别区都存在剩余油潜力,应针对不同的特点采取不同的挖潜措施以提高油藏的采收率。

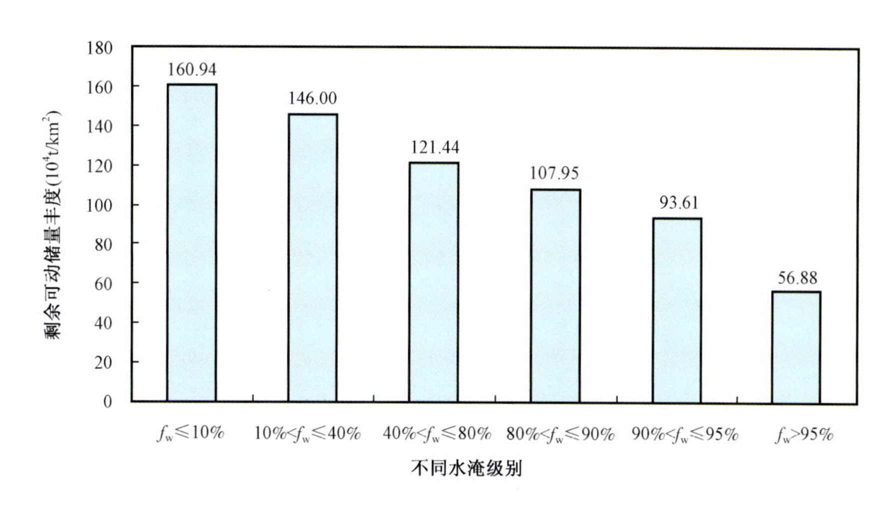

图3-51　不同水淹级别可动储量丰度分布图

3.3.2　单砂体产量劈分

目前的劈产方法包括：*KH* 方法、*H* 方法、流动系数方法、注采井间压力平衡点方法、单井控制面积方法、多因素模糊综合评判方法、等值渗流阻力方法、注水剖面控制方法、递减规律拟合井控储量变化方法，考虑油水井距、对应油水井数、层间干扰、沉积微相（主要考虑泥质含量）、油水井流动压差、井点位置的改进方法等。

由于海上油田测试剖面较少，没有单层压力测试资料，给小层产量劈分带来较大难度。因此为找出单层产量劈分相关性，此处考虑了地层系数、小层电测电阻率、电测含油饱和度、距边底水距离等参数，分析各参数与单层产量的相关性。

为找出单层产量劈分相关性借用已有产液剖面井来寻找与实际产油剖面相关性较大的参数。

通过地层系数、电测电阻率修正（$R \times H \times K$）、电测含油饱和度修正（$S_o \times H \times K$）等分析，低含水阶段（$f_w < 20\%$）产油剖面与地层系数相关性较大，水淹后受油藏类型、储量规模、构造位置的不同发生一定的变化。

油井含水上升至20%以上阶段用断块的相渗曲线对产油进行修正：

根据平面径向流产量公式：

$$Q = \frac{2\pi Kh\Delta p}{\mu \ln\left(\dfrac{R_e}{r_w}\right)} \tag{3-7}$$

对同一井 $2\pi h$、$\ln R_e/r_w$ 为常数，取 Δp 为定值，则产量只与 K/μ 有关。

相渗曲线中油相渗透率随着含水率的变化而变化：$f_w \to S_w \to K_{ro}$，可以根据含水的变化来找出对应含水饱和度的变化，进而找出对应油相渗透率的变化值。根据各含水阶段引起的油相渗透率曲线与基线（$K=0$mD）所围的面积的变化来修正各产层的井口产油量。

根据以上研究得出典型区块采油井的单层累计产油劈分原则：

(1)低含水阶段(含水 0～20%)产油按地层系数劈分；

(2)含水上升后(20%以上)根据相渗曲线分阶段对产油量进行修正；

(3)有卡关层作业的根据动态特征及作业时间进行分段劈分；

(4)对同时生产层主要考虑油藏类型、单砂体储量规模及距离边底水距离对产量进行劈分。

根据采油井的产出状况及卡层后产状变化状况进行分析后得出油井的出水特征：

(1)出水跟地层系数无直接关系；

(2)初期只有距边底水最近的层出水，随时间推移出现多层突破，最后导致各层均水淹的现象，水体大小与各层水淹速度有较大相关性。

根据整体的油藏研究得出典型区块油井各层的产水劈分原则：

(1)含水初期依据动态生产特征对产水进行劈分；

(2)中高含水期考虑各油层距边底水距离；

(3)有卡关层措施的井根据卡水前后产液量的变化劈分各层卡层前的出水量，考虑层间干扰。

通过上述劈分方法，结合生产动态资料进行了校正，最后得出海上典型河流相砂岩稠油油田主力砂体累积产油量及剩余储量(图 3－52)。

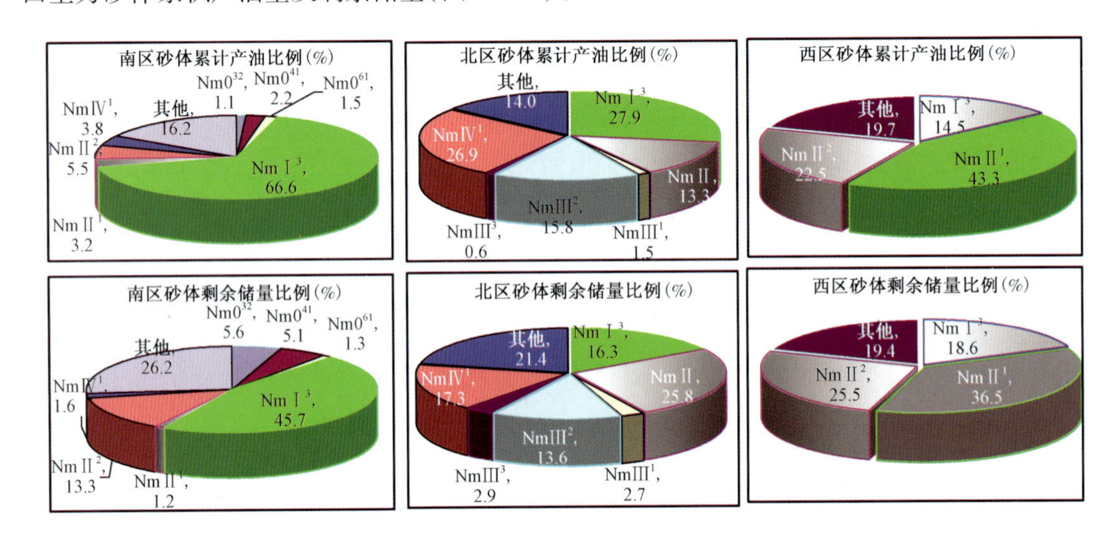

图 3－52 海上典型河流相稠油油田各区主力砂体剩余储量与累计产油对比图

3.3.3 优势储量丰度表征

常规表征剩余油储量的方法是计算剩余油储量丰度或剩余油可采储量丰度。这种方法在一定程度上反映了区块平面上的剩余油富集量，但是忽略了剩余油的流动能力。由相渗曲线可知，在油水两相同时流动的饱和度范围内，油水相对渗透率比值与含水饱和度呈半对数的直线关系(图 3－53)。这样可以简单的求得两相流动范围内的优势剩余储量丰度。

根据以上得到的油水两相流段油水相对渗透率比与含水饱和度的关系(图3－54),计算剩余优势储量丰度。把计算的剩余储量丰度、剩余可采储量丰度、剩余优势储量丰度分别除以各自的最大值,其比值定义为相对丰度指数,如图3－55所示。剩余储量丰度和剩余可采储量丰度与含油饱和度呈线性关系,而剩余优势储量丰度与含油饱和度呈明显的非线性关系,清楚的表现了剩余油挖潜优势部位与剩余油挖潜弱势部位的分布区别,使剩余油挖潜有的放矢。

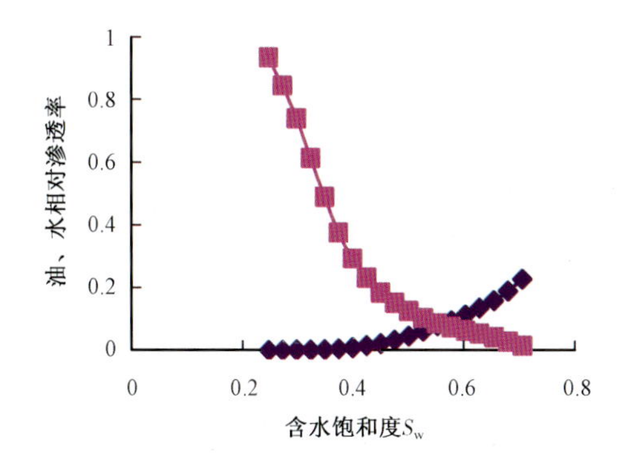

图3－53　相对渗透率曲线

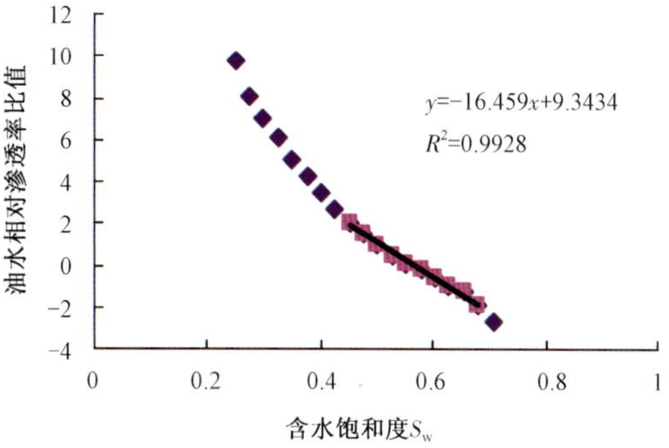

$y=-16.459x+9.3434$
$R^2=0.9928$
油水相对渗透率比值
含水饱和度S_w

图3－54　相对渗透率比值与含水饱和度关系

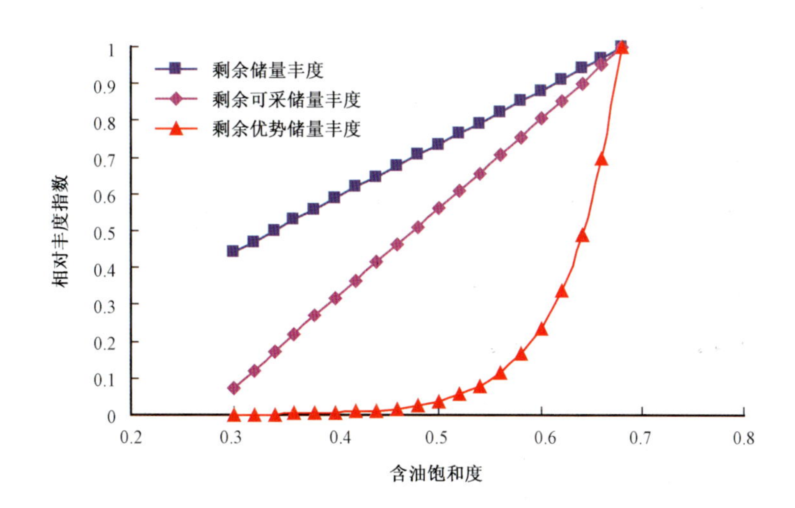

图3－55　相对丰度指数与含油饱和度关系

基于以上理论方法绘制剩余储量丰度和剩余优势储量丰度分布图,剩余优势储量丰度的范围要比剩余储量丰度的小,并且在某些部位其挖潜潜力恰恰相反(图3－56、图3－57)。

分别绘制剩余储量丰度和剩余优势储量丰度分布图,重点应用$K=97$小层来说明剩余优势储量丰度定义的意义。由图3－56、图3－57可以很明显的看到,剩余优势储量丰度的范围要比剩余储量丰度的小,并且在某些部位其挖潜潜力恰恰相反,因此对剩余油的挖潜要有的放矢。

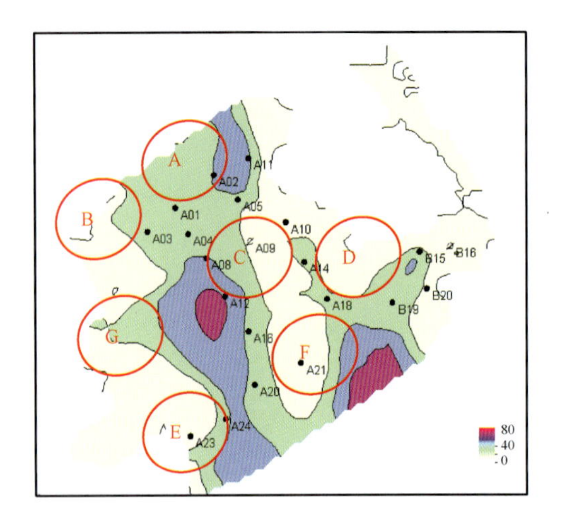

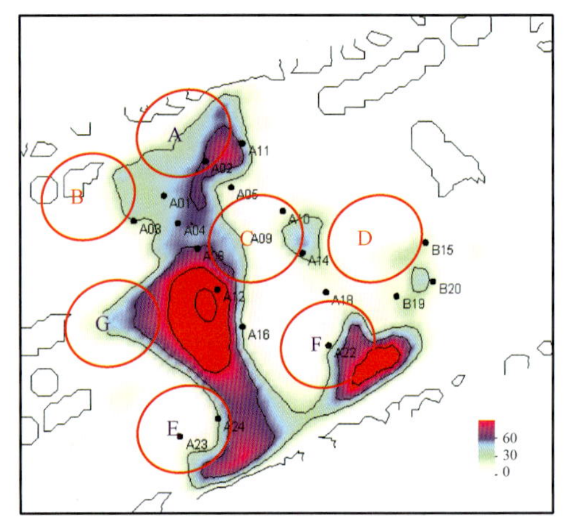

图3－56　$K=97$ 小层剩余储量丰度、剩余优势储量丰度分布图

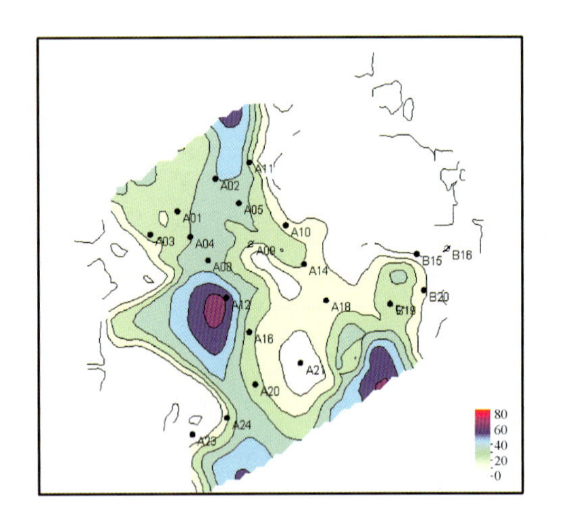

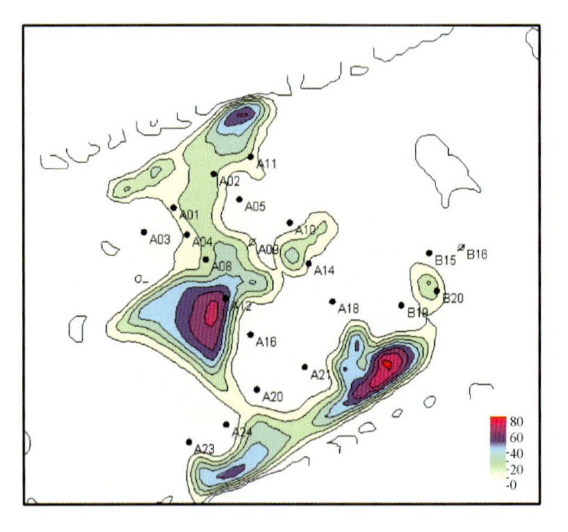

图3－57　$K=98$ 小层剩余储量丰度、剩余优势储量丰度分布图

剩余优势储量丰度把相渗与含水饱和度的关系考虑进去，既考虑了剩余油丰度，也考虑了剩余油的分流能力。将上面所划分的不同部位的有效厚度、孔隙度、含油饱和度等进行对比（表3－8）。A、E、F、G处剩余储量丰度和剩余优势储量丰度范围相当，而B、C、D处有明显的变化，由于这几处的有效厚度、或者孔隙度有明显变化，且D处的含油饱和度也有明显的变化。虽然在剩余储量丰度的定义下，D比B、C更有挖潜潜力，但是在剩余优势储量丰度定义下，B、C却比D更有动用的价值，及B、C处的流体流动能力比D处更容易。剩余优势储量丰度分布图中更直接体现了不同部位的剩余油挖潜能力。在可动油饱和度越大油相分流能力也就越大，所以可以首先考虑动用有效厚度较小，但分流能力强的剩余油。

表 3-8　NmⅣ¹—NmⅣ³ 砂体 $K=97$ 小层不同部位基础参数对照表

部位	剩余储量丰度($10^4m^3/km^2$)	剩余优势储量丰度($10^4m^3/km^2$)	有效厚度(m)	孔隙度	含油饱和度
A	51	71	2.74	0.34	0.62
B	31	35	1.68	0.34	0.598
C	24	32	1.14	0.25	0.6
D	37	26	2.66	0.23	0.55
E	45	60	2.25	0.35	0.63
F	54	84	3.23	0.35	0.62
G	58	86	2.65	0.37	0.63

3.3.4　多层系开发剩余油分布导流系数评价

实际油田并非单相，而是两相、或三相流动，在注水开发油藏中，如下定义导流系数：

$$\omega = \frac{K}{\phi(C_f + S_o C_o + S_w C_w)}\left(\frac{K_{rw}}{\mu_w} + \frac{K_{ro}}{\mu_o}\right) \tag{3-8}$$

上述定义的导流系数与油藏的含油饱和度、相对渗透率、黏度等均有关系，直接体现了实际油藏中不同部位流体的流动能力，这样为研究剩余油的分布和剩余油的动用价值、剩余油挖潜提供了依据。应用不同层位导流能力的区别，可以确定油井或注水井对射孔层位的分流能力，分析多层系开发中，层间干扰对剩余油分布的影响。

以 NmⅠ³、NmⅣ¹—NmⅣ³ 两个主力砂体为例，两个砂体初期导流系数平面分布如图 3-58、图 3-59 所示，其相差倍数 3～5 倍。其相对应的剩余油分布如图 3-60、图 3-61 所示。

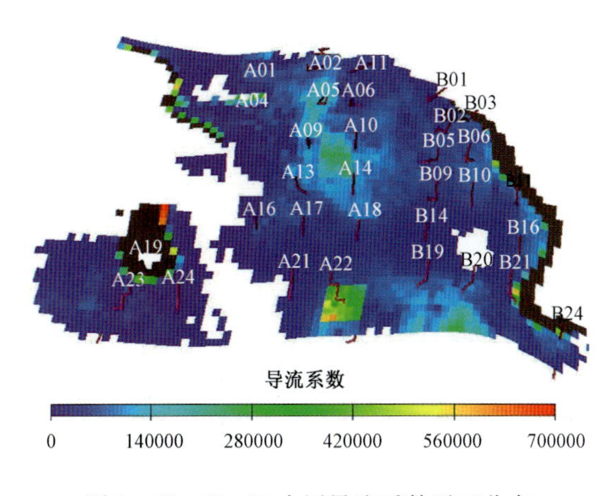

图 3-58　$K=47$ 小层导流系数平面分布

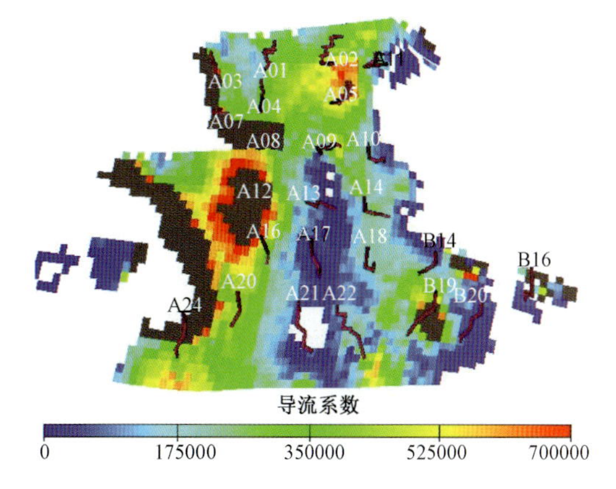

图 3-59　$K=98$ 小层导流系数平面分布

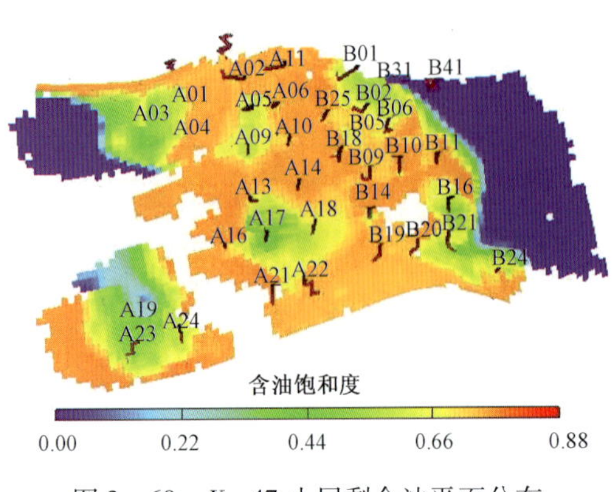

图 3-60　$K=47$ 小层剩余油平面分布

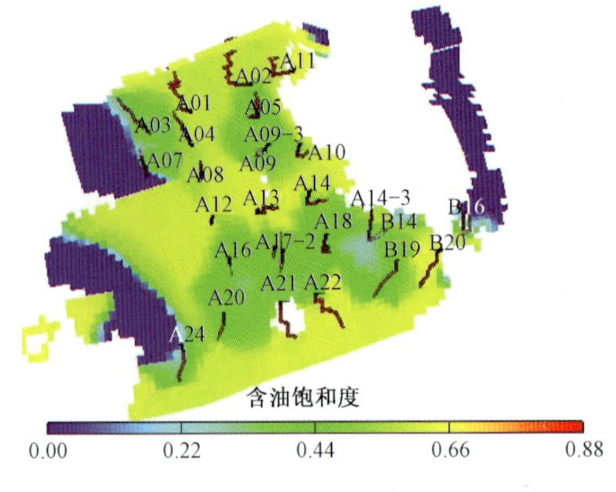

图 3-61　$K=98$ 小层剩余油平面分布

根据以上分析，选取 A18 和 A9 两个井区进行研究。A18 井都钻遇了这两个砂体，截取 A18 控制范围，分析 A18 井合采这两个层时，由于层间干扰所形成的剩余油分布模式。统计了两个砂体的初始平均含油饱和度、目前平均含油饱和度、导流能力、含油饱和度降低幅度，如表 3-9 所示。由表 3-9 分析可知，根据以上定义的导流能力，Nm I^3 的导流能力远远低于 NmIV^1—NmIV^3 的，因此其含油饱和度降低幅度低，基本相差两倍。这样由于层间的非均质性，造成 Nm I^3 的剩余油多。

表 3-9　Nm I^3、NmIV^1—NmIV^3 A18 井区两个砂体参数统计表

层位	初始平均含油饱和度	目前平均含油饱和度	含油饱和度降低幅度	导流能力
$K=41$	0.7599	0.757	0.38%	34735
$K=42$	0.75989	0.75	1.30%	36859
$K=43$	0.75989	0.7395	2.68%	42557
$K=44$	0.75989	0.71742	5.59%	48057
$K=45$	0.75989	0.67765	10.82%	50270
$K=46$	0.75989	0.609	19.86%	50309
$K=47$	0.75989	0.5289	30.40%	49192
Nm I^3	0.760	0.683	10.15%	44568
$K=96$	0.6398	0.59158	7.54%	144669
$K=97$	0.6398	0.51192	19.99%	192216
$K=98$	0.6399	0.44882	29.86%	145741
NmIV^1—NmIV^3	0.6398	0.51744	19.13%	160875

A18 井生产过程分为三个时期，初始生产时期、注水井转注时期、目前生产时期。图 3-62 显示了三个不同阶段的含油饱和度，图 3-63 是相对应的两个油层的导流能力。由于 B14 井区 Nm I^3 的导流能力远远低于 NmIV^1—NmIV^3，B14 注水井转注后，注入水沿 NmIV^1—NmIV^3 层迅速向 A18 井突破，更加降低了 B14 与 A18 井间的流动阻力，B14 井在 Nm I^3 层中注入水基本没有注入的现象。A17 井区 Nm I^3 的导流能力大于 NmIV^1—NmIV^3（Nm I^3 为 37482，NmIV^1—NmIV^3 为 16511），A17 井注水后，注入水首先突破 Nm I^3、而后 NmIV^1—NmIV^3，由于导流系数相差较 B14 井区相差倍数少，因此其 A17 井区层间干扰不大，非剩余油富集区。由图 3-64 中 A18 井的生产曲线也可以看出，在 2003 年 3 月 B14 井开始转注时，及 A18 井生产将近 2.5 年时，A18 井的含水率出现了迅速上升的趋势，及 B14 井注入水迅速水窜。

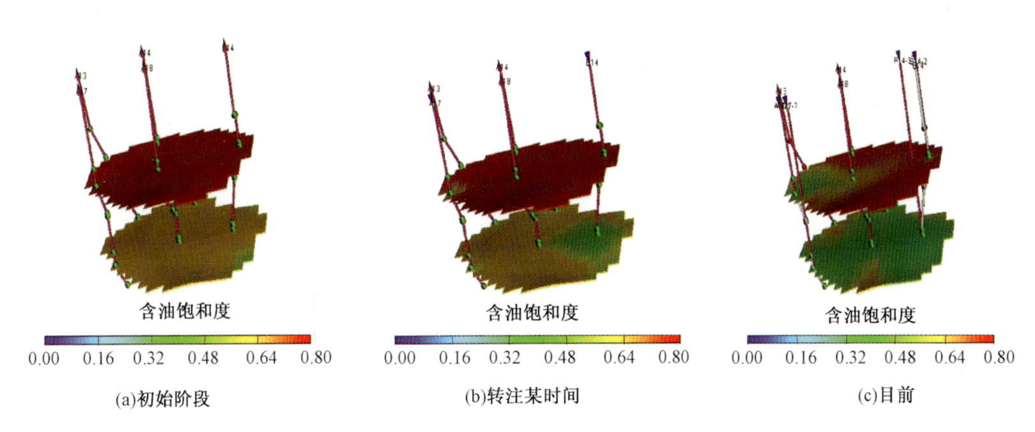

图 3－62　不同阶段含油饱和度分布

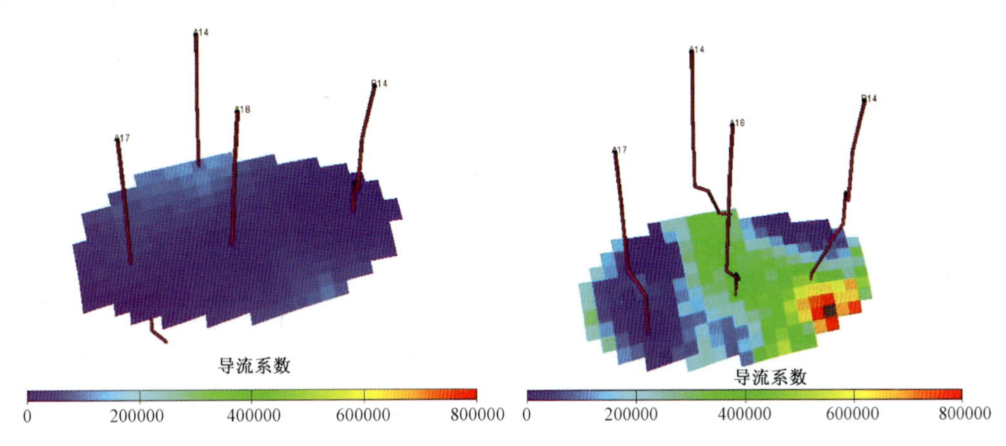

图 3－63　两模拟小层 $K=45$、$K=98$ 导流系数分布

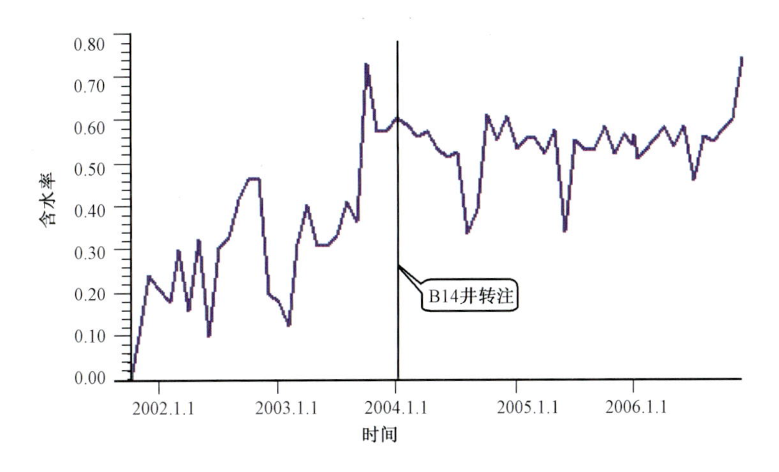

图 3－64　A18 井生产历史曲线

根据导流系数定义，绘制了 A18 井区及其连通的注水井之间的导流系数分布，由导流系数分布可以清楚地看出 B14 井在 NmⅣ^1—NmⅣ^3 的导流系数大，注入水先突破。A17 井导流系数 NmⅠ^3 大，因此 A17 井在 NmⅠ^3 砂体先突破。

4 剩余油挖潜对策及技术

秦皇岛 32－6 油田剩余油分布规律研究表明，层内渗透率差异及韵律性控制所产生的剩余油富集区主要集中于渗透率较低储层，此部分储层的厚度往往占相当大的比重；层间渗透率差异及多层合采层间干扰严重影响了储层垂相水驱波及系数，导致部分高渗层或厚储层注入水无效循环；海上油田由于受平台的限制，多采用大井距注采井网，且很难做到规则的布井方式，较难实现河道砂体空间展布的控制和预测，因此平面上剩余油富集区主要位于由于注采井网不完善、井控程度低，或是油井间无注水井而形成的死油区，及河道间薄层砂或河道边部物性变差部位以及那些呈孤立分散状且井网难以控制的小透镜体中。

针对不同剩余油分布模式，调整挖潜的方法和侧重点也不尽相同。对于厚油层内部物性差异控制的剩余油，堵水调剖及测钻调整井为主要调整措施；层间干扰形成的剩余油，主要调整措施为机械或化学堵水及完善注采井网，此外大泵提液在很大程度上也能缓解层间矛盾，提高部分物性较差储层，动用程度；新钻井及侧钻加密调整井较好的动用了由于平面注采井网不完善及控制程度较低所形成的剩余油富集区。

秦皇岛 32－6 油田目前综合含水上升率已经控制在 5% 以内，综合递减率保持在 5.4%，总递减率为 0，基于已实施的 28 口调整井，合计增加动用地质储量约 $1000\times10^4m^3$，可采储量 $314\times10^4m^3$。基于剩余油分布规律为导向的综合调整和挖潜取得了显著的效果，因此河流相砂岩稠油油田综合调整挖潜对策主要以秦皇岛 32－6 油田为典型案例，重点介绍加密调整、机械卡堵水、提液增油等主要技术的研究方法和技术思路。

秦皇岛 32－6 构造位于渤中坳陷石臼坨凸起中西部，凸起周边被渤中、秦南和南堡三大富油凹陷所环绕，是渤海海域油气富集最有利地区之一。该油田砂体横向变化大，油水关系复杂，油藏类型多样，南区、北区及西区每个区不同断块、不同油组，油组内不同油层有不同的油水系统，油藏类型各异，井距主要为 350m，部分井区为 500m，井控程度相对较低（参见图 1－1）。

4.1 加密调整井

秦皇岛 32－6 油田加密调整井策略原则为：为不同的油藏类型制定不同的主攻方向，其中西区以动用底水油藏顶部及井间剩余油为主攻方向；南区、北区以完善注采关系、提高水驱储量控制程度为主攻方向。根据以上原则，进行了加密调整井潜力区评价、底水油田调整井优化、多层系边水油田调整井优化、滚动区块油田调整井设计，其总体调整效果如图 4－1 所示。

4.1.1 加密调整井潜力区评价

通过调整秦皇岛 32－6 油田主产井的生产情况，根据每口井生产历史中的措施、动态监测资料，通过油藏工程及油藏数值模拟研究，得出了秦皇岛 32－6 油田的剩余油分布规律。明化镇组下段和馆陶组主要存在五个调整井潜力区，如图 4－2 所示。

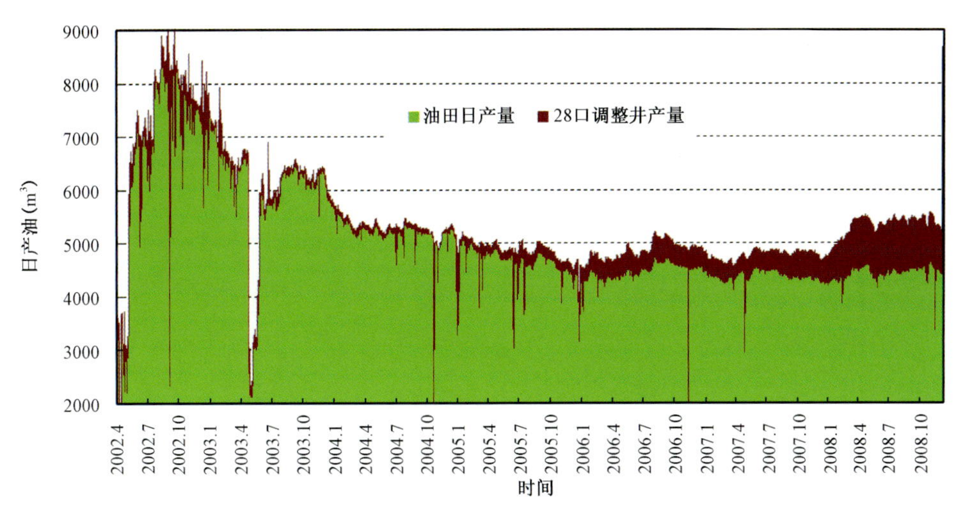

图4－1　调整井在油田日产中所占产量

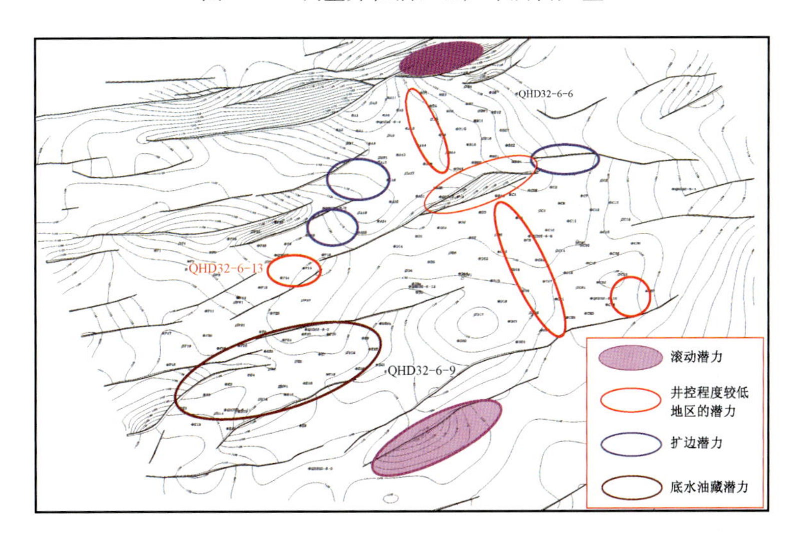

图4－2　秦皇岛32－6油田五种潜力区分布图

4.1.1.1　明化镇组下段:滚动潜力

通过对秦皇岛32－6油田构造、储层进一步深入分析,认为其北块存在较大的潜力。秦皇岛32－6北构造与秦皇岛32－6油田早期为一整体构造,晚期受断层活动影响,以断层与秦皇岛32－6油田北区相隔;在构造、沉积及储层发育、展布等方面,含油气前景乐观。从紧邻本构造的QHD32－6－4井的情况来看,明化镇组下段油层厚度61.7m/12层,单层最大厚度11.7m,预示本构造具有极大的滚动勘探潜力(图4－3、图4－4)。

4.1.1.2　明化镇组下段:井控程度较低地区的潜力

通过对油田主体区井网、井距及对开发井生产状况研究发现:北区A—B平台间、A2井区及南区的C—D平台间、C26等井区,井距较大,约500m(油田平均井距约350m)且这些井区周围井生产状况较好,储层比较发育,表明这些井区的井控程度低,储量动用程度相对较低,具有较大的开发潜力。

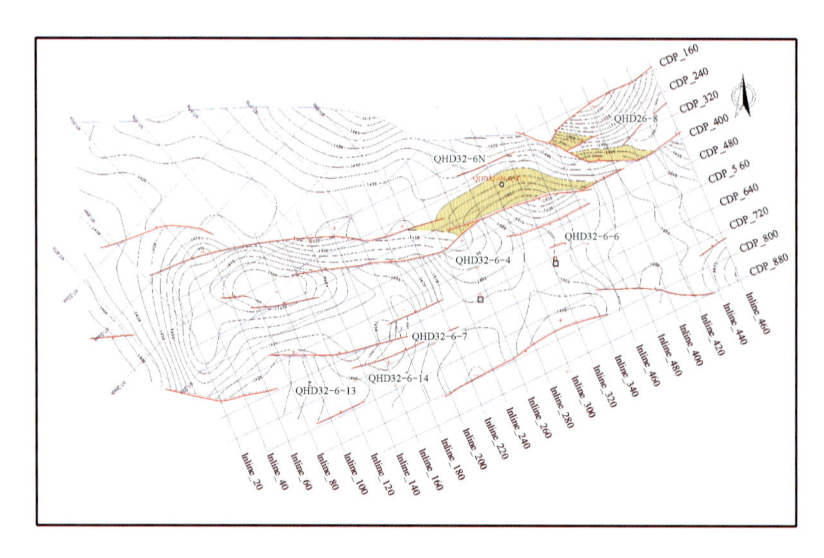

图 4 - 3　秦皇岛 32 - 6 北构造 T_0 地震反射层构造图

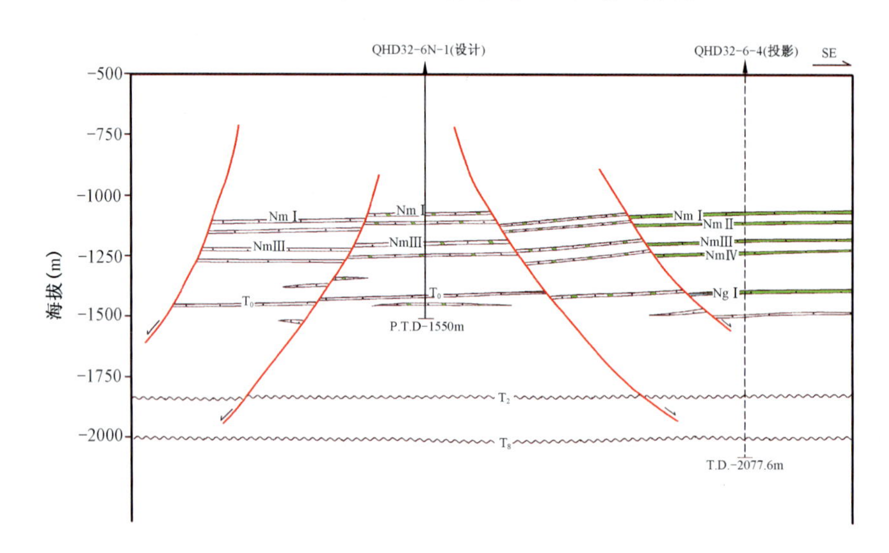

图 4 - 4　秦皇岛 32 - 6 北构造油藏预测剖面图

4.1.1.3　明化镇组下段:扩边潜力

通过对油田主力砂体分布范围的进一步落实并结合边部井的生产状况研究表明,北区的 A12 井区、南区的 C3、南北区之间的地堑带、西区的 F10 等井区储层比较发育,且平面上、纵向上距离油水界面比较远,处于这些井区的边缘井生产状况良好,具有较大的开发潜力(图 4 - 3)。

4.1.1.4　明化镇组下段:稠油底水油藏潜力

由于秦皇岛 32 - 6 油田的稠油底水油藏比较多,底水油藏储量比例较大(占全油田的 40%),且主要以定向井开采为主。多年的开发实践表明,稠油底水油藏定向井开采效果差,含水比较高,采出程度低于 5%,表明稠油底水油藏地下剩余油开发潜力较大。

以稠油底水油藏西区 E 平台主力层 NmⅡ[1] 为例，动态分析、监测资料及油藏数值模拟研究结果表明，该目的层虽然井点位置含水较高，井排间、井间动用程度较差，但剩余油较丰富。

4.1.1.5　馆陶组：NgⅡ油层底水油藏潜力

秦皇岛 32－6 油田的 NgⅡ油组是辫状河沉积的块状底水油藏。目前动用的含油圈闭有 2 个，一个是 14 井区，探明储量 $600\times10^4m^3$，另一个为 3 井区，探明储量 $325\times10^4m^3$。开发初期，各圈闭分别部署了 1 口水平井（A26h 井和 A25h 井）生产，每口水平井控制 1 个圈闭，井控储量较大，且目前 2 口井生产状况较好。因此，综合分析认为，NgⅡ油组的潜力较大（图 4－5 和图 4－6）。

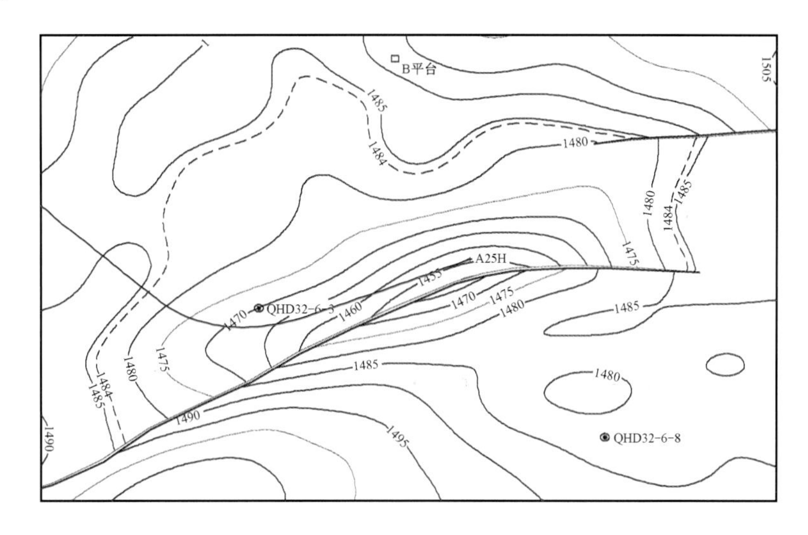

图 4－5　秦皇岛 32－6 油田 A25h 井区 NgⅡ油组顶面构造图

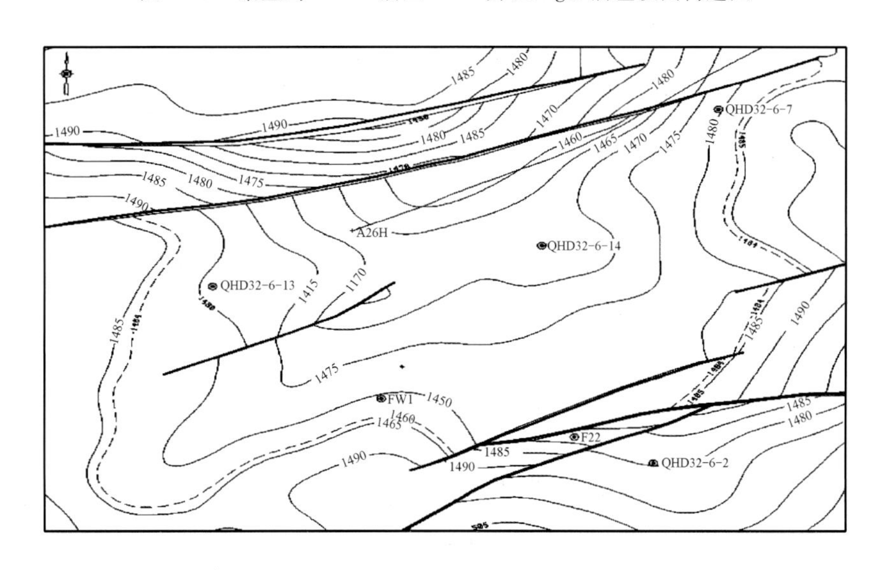

图 4－6　秦皇岛 32－6 油田 A26h 井区 NgⅡ油组顶面构造图

针对上述各潜力油藏类型，在实际研究过程中，不同的潜力油藏类型有不同的研究重点。

4.1.2 滚动区块油田调整井设计

通过分析秦皇岛 32 -6 油田的构造以及储层,分析认为,北块具有较大的潜力。2005 年底在北块钻预探井 QHD32 -6N -1 井,该井在钻遇了 32.7m/9 层油层,从而发现了秦皇岛 32 -6 北块油藏(图 4 -7)。

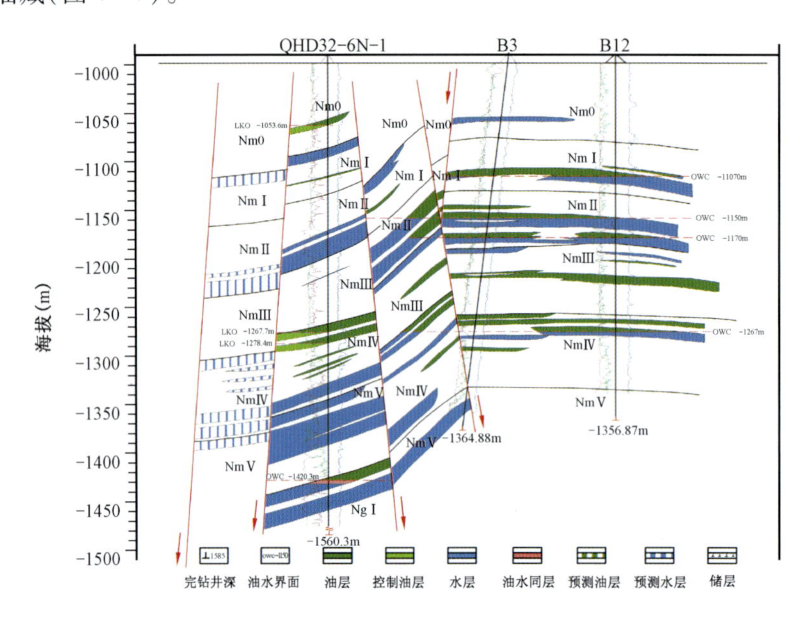

图 4 -7 秦皇岛 32 -6 油田北块南北向油藏剖面图

QHD32 -6N -1 井除了在 Ng I 油组钻遇了油水界面外,在明化镇组下段均没有钻遇油水界面,计算出探明储量为 305.87 × 10^4m^3,控制储量是 204.82 × 10^4m^3。在计算探明储量过程中,明化镇组下段以油底来计算探明储量,外推油柱高度来计算控制储量。因此,北块油藏的控制储量有升级为探明储量的潜力。

鉴于海上油田的开发难度与风险,在设计北块调整井方案时考虑用滚动开发的策略,共部署了 3 口调整井(1 注 2 采)。先在构造低部位钻设计注水井,然后再钻高部位的 2 口油井。根据设计注水井的钻遇情况再进一步考虑下步井位。2009—2010 年北块调整井候选井位如图 4 -8 所示。

4.1.3 多层系边水油田调整井优化

秦皇岛 32 -6 油田 60% 的储量是边水油藏,且均是多层系边水油藏。多层系边水油藏的研究重点是对扩边潜力区新储层和未动用储层的预测,包括油藏边部和井控程度较低处的潜力预测。

由于秦皇岛 32 -6 油田为河流相沉积,扩边潜力处于油田和构造的边部。研究边部开发井生产状况及油水关系,以进行边部的储层预测:如果边部井生产状况较好,较长时间内含水相对比较稳定,且通过地震资料分析认为边部储层比较发育,又处于油水界面之上,则其构造边部具有较大的增油潜力。

A12 井是秦皇岛 32 -6 油田北区 A12 井区的第一口开发井,该井钻前预测的油层厚度是 50m,但实际钻遇的油层厚度只有 21.9m。在开发随钻阶段,通过分析认为,A12 井西边的开

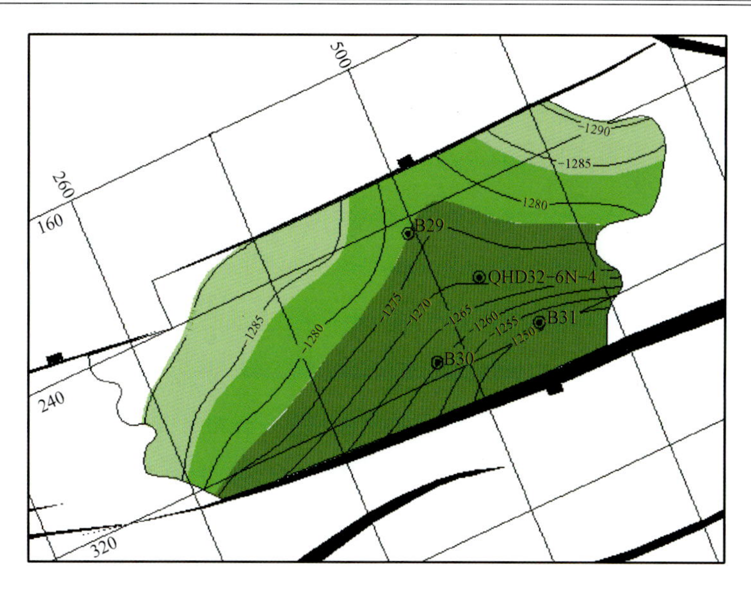

图4-8　2009—2010年北块调整井候选井位

发井A15风险比较大,预测钻遇的油层厚度只有15m,因此取消了A15井的井位。但是分析地震资料认为,在A12井西边的潜力较大:虽然A12井缺失了北区四个主力小层(NmⅠ^3、NmⅡ^3、NmⅢ^2、NmⅣ^1)中的NmⅠ^{3}和NmⅢ^2,但是,在A12井的西部,NmⅡ^3、NmⅢ^2、NmⅣ^{1}小层还是比较发育,且具备布调整井的潜力。通过方案研究及优化,在A12井西部部署了3口调整井(A15、A27、A28)见图4-9。这3口井的钻后情况表明,钻前的分析是正确的,钻前预测的3个主力小层均已钻遇,投产后也取得了较好的效果(图4-10、图4-11)。

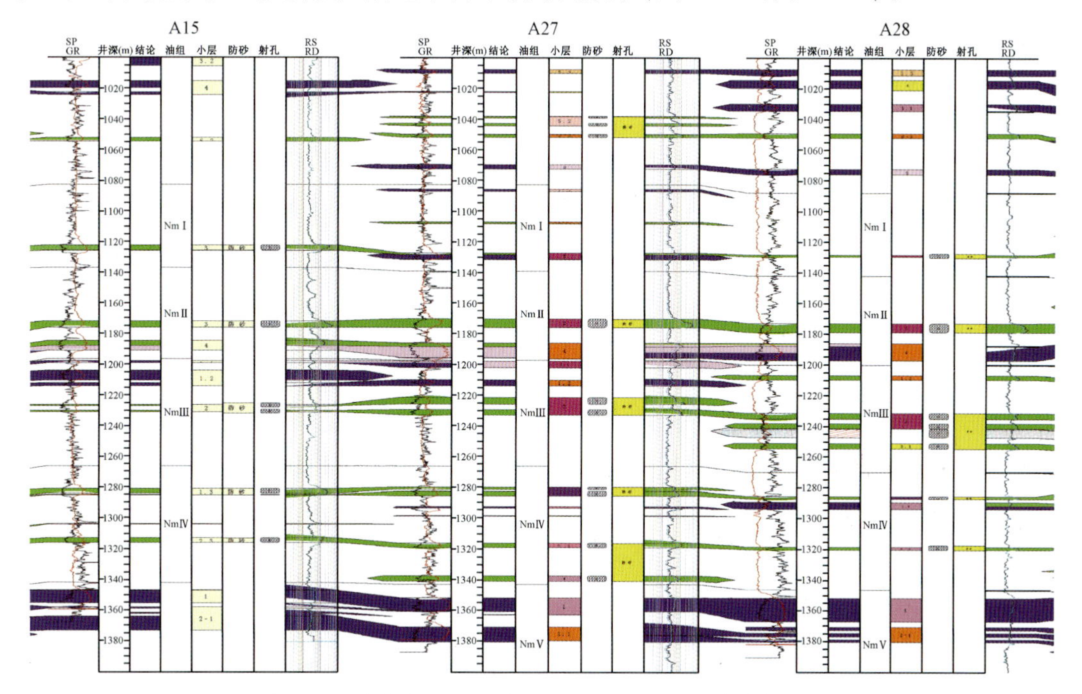

图4-9　秦皇岛32-6油田A15—A27—A28连井剖面图

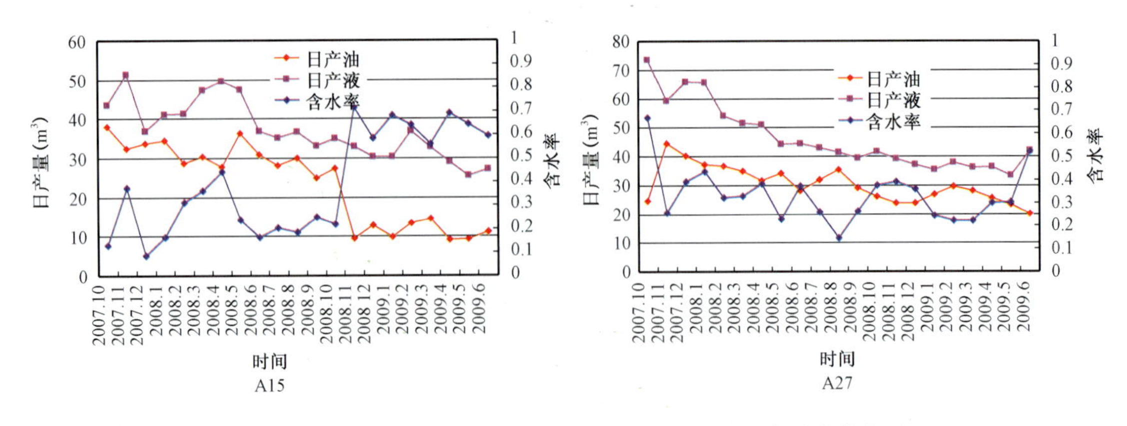

图 4 - 10　边水油藏扩边潜力区调整井 A15 和 A27 生产动态曲线图

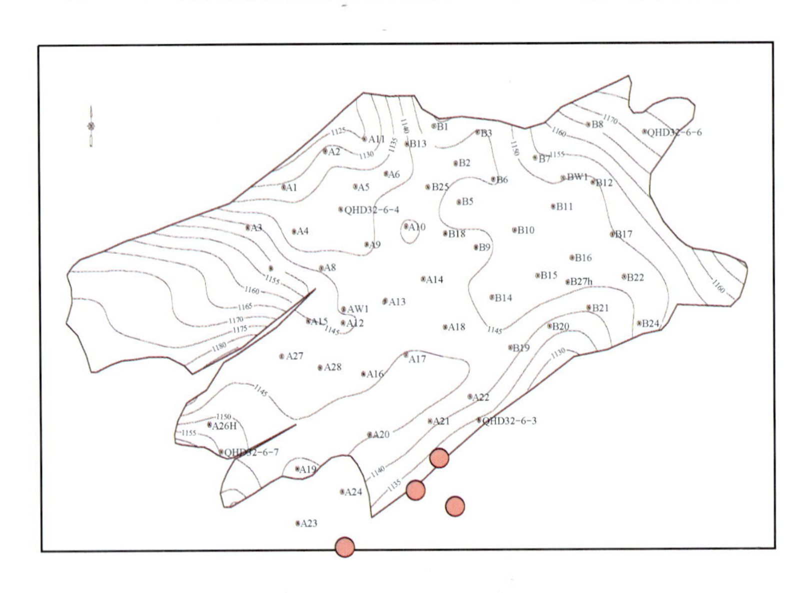

图 4 - 11　秦皇岛 32 - 6 油田 NmⅡ³ 砂体顶面构造图

对于开发井网内、井控程度低的多层系边水油藏调整井潜力区，进行了储层预测、调整井井数、调整井井别及井型的研究。通过这些研究，在北区 A—B 平台间、A2 井区和南区 C—D 平台间等井控程度低的地区布调整井 8 口。其中 A2 井区调整井 B13 生产状况良好，如图 4 - 12 所示。

4.1.4　底水油藏调整井优化

底水油藏调整井优化包括对调整井井型、井数、水平井水平段长度、水平段与油水界面距离及生产压差的优化，在调整井井位部署研究上充分考虑了底水油藏隔夹层分布的影响。根据秦皇岛 32 - 6 及其他油田的开发经验，对于底水油藏，后期调整井井型确定为水平井。

4.1.4.1　隔夹层分布及调整井井位部署研究

底水油藏在实际开发的过程中，不管是用水平井还是定向井生产，很容易出现底水锥进，秦皇岛 32 - 6 油田为稠油油田，更易出现底水锥进，导致油井含水快速上升，开发效果差。因

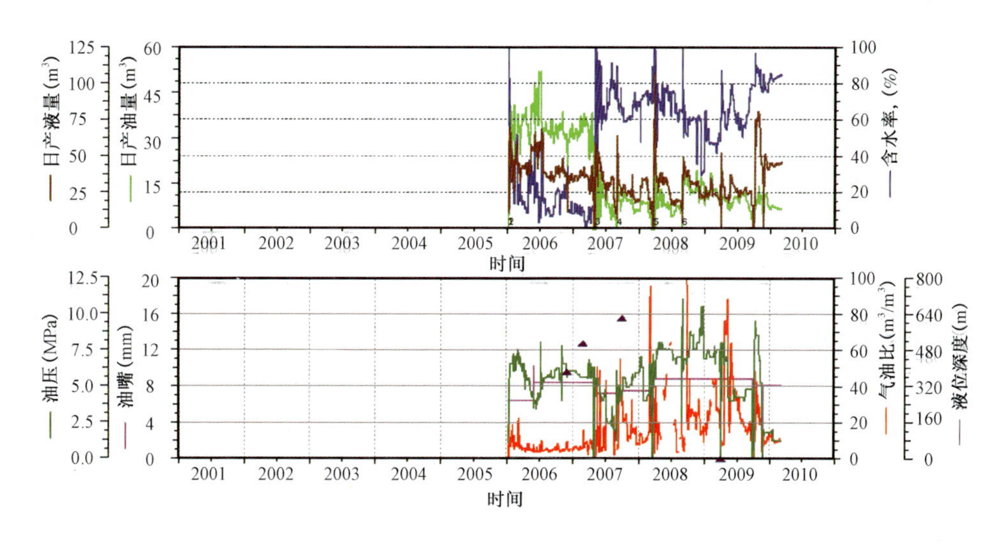

图 4－12　B13 井生产动态曲线(A2 井区)

此在秦皇岛 32－6 油田调整井研究过程中,对底水油藏进行储层精细对比后,在 E 平台 NmⅡ油组 1 小层(图 4－13、图 4－14)和 NgⅡ油组开展了隔夹层分布研究,摸清了隔夹层的物性及分布情况。

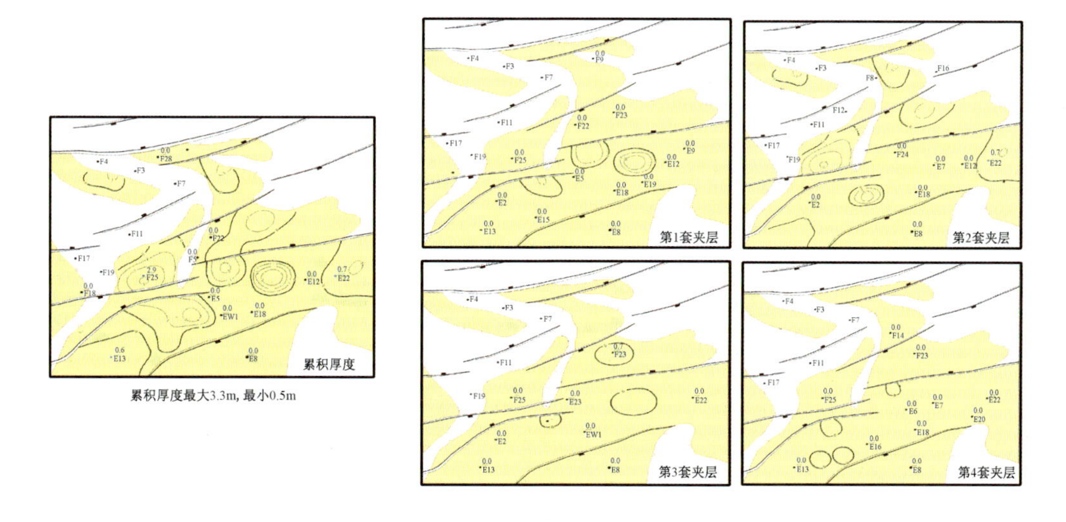

图 4－13　秦皇岛 32－6 油田西区 NmⅡ油组 $NmⅡ^1$ 小层泥岩夹层厚度等值线图

在充分考虑底水油田隔夹层的分布的情况下,在西区部署了调整水平井如图 4－15 所示。

4.1.4.2　水平井井数优化

根据底水油藏构造、储层、储量等潜力,并结合目前已有井的开发现状,开展水平井井数的优化研究,优选合适的水平井井数。如 NgⅡ油组 A26h 井区,在可布调整井区域,编制两种水平井布井方案:① 1 口 1000m 长水平井、与 A26h 井井距 500m 的方案;② 2 口水平井(1 口 600m,1 口 400m)、井距 350m 的方案。通过方案对比,最终选择方案②,如图 4－16 所示。

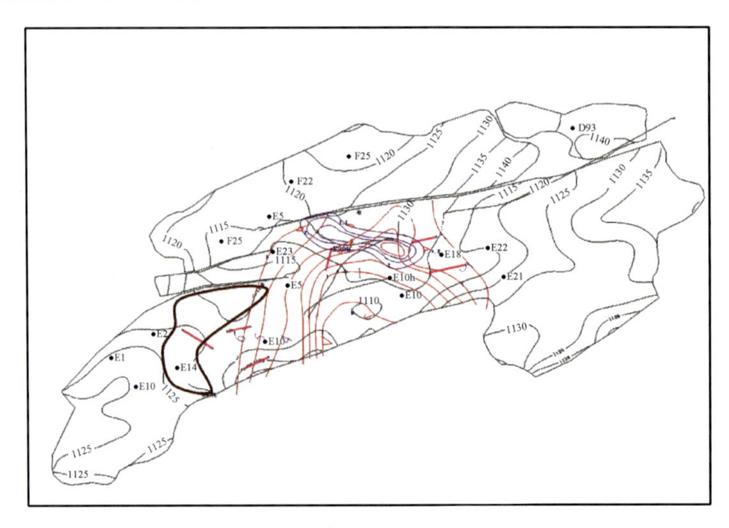

图 4－14　NmⅡ[1] 小层隔夹层平面分布图

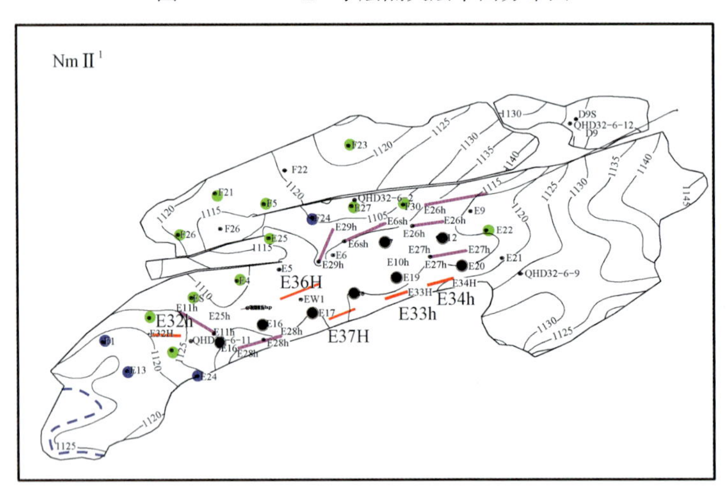

图 4－15　底水油田调整井井位部署图

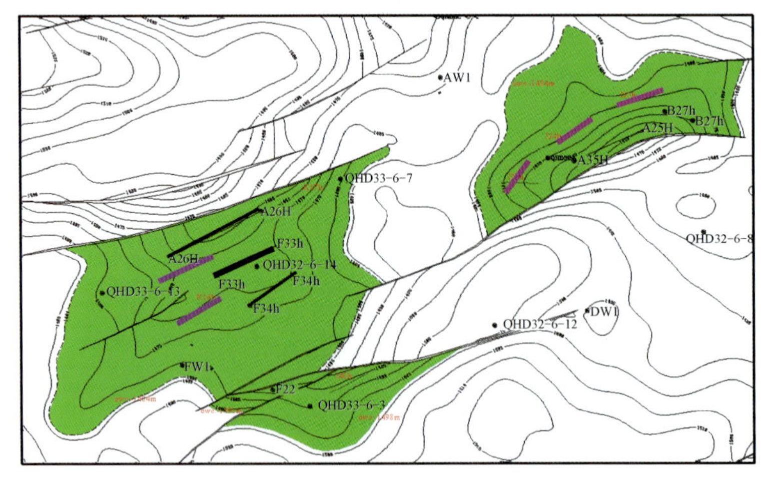

图 4－16　A25h 与 A26h 井区调整水平井部署图

4.1.4.3　水平段长度优化

根据底水油藏的实际构造特征、储层发育特点，开展水平井的长度研究，通过对比不同水平段长度的水平井，优化出适合油田实际的水平段长度。A25h 井区、E 平台 NmⅡ[1] 小层、A26h 井区等均开展了这方面的研究。图 4－17 为西区 NmII[1] 小层水平段长度优化曲线，对比分析不同水平段长度下水平井含水变化规律发现，水平段长度在 400m 左右最优。

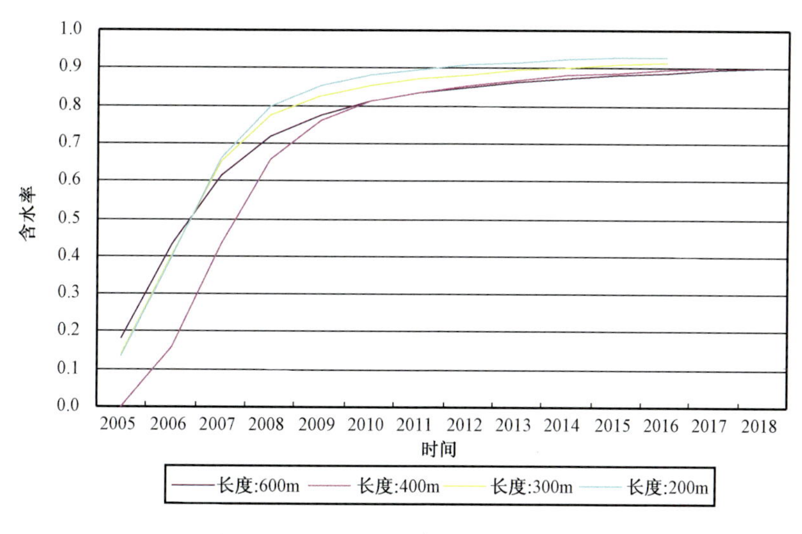

图 4－17　西区 NmⅡ[1] 水平段长度优化

4.1.4.4　井轨迹纵向与油水界面距离优化

由于秦皇岛 32－6 油田含油圈闭的油柱高度有限，最大 25m，且开发井已经部署在有利的构造高部位，因此，调整井潜力区的油柱高度更为有限。E 平台布井区域油柱高度为 20m，NgⅡ油组可布井区域的油柱高度仅 15m。根据实际油田储层发育、有利布井区域、隔夹层等情况，在有利于钻完井实施的条件下，优化水平井的水平段距离油水界面的距离（图 4－18）。

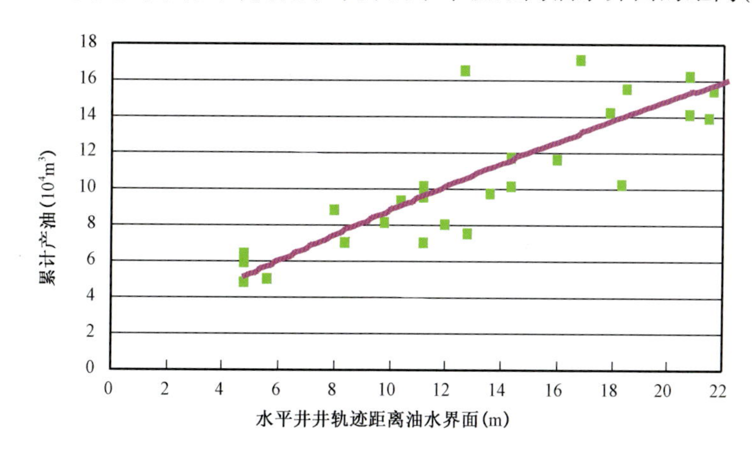

图 4－18　模型中优化水平井离油水界面距离与累计产油量关系曲线

由图 4－18 可以看出，水平井纵向距油水界面越远，累计产油量越大，因此水平段应尽可能布在油藏顶部（图 4－19）。

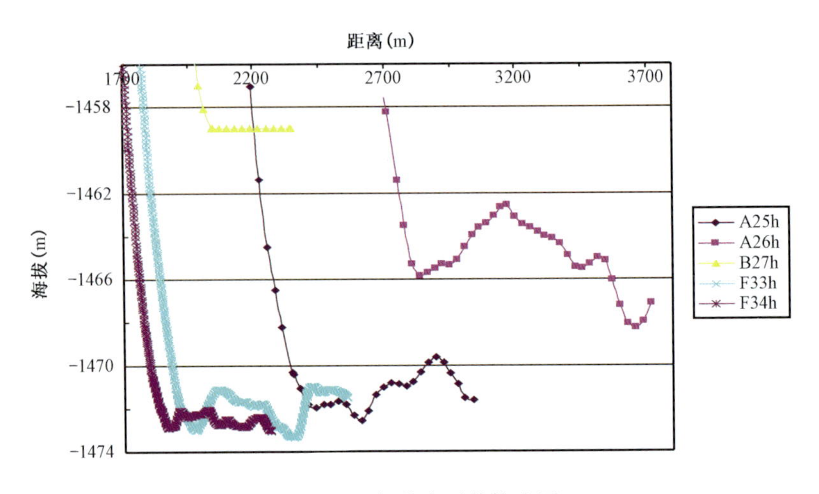

图 4－19　部分水平井轨迹图

4.1.4.5　生产压差优化

在前面研究的基础上，根据油藏的流体、地层压力及周边井的生产情况，进行了调整水平井投产后生产压差的优化研究。

（1）$f_w \leqslant 40\%$ 区域。对于剩余油富集区，即周边临井含水比较低区域，从水淹机理角度，应尽可能延长低含水采油期，减缓水淹通道的形成，建议初期采用优化的生产压差和产液量进行生产。以 Ng 油藏为例，最优化的生产压差是 0.12～0.18MPa。

（2）$f_w > 90\%$ 区域。周边井含水大于 90% 区域所布水平井投产后采用优化范围内的高液量进行生产，优化后生产压差为 0.4～0.6MPa。

（3）$40\% \leqslant f_w \leqslant 90\%$ 区域。处于此范围的投产井，利用数值模拟预测，虽然随着生产压差和产液量的增加，累计产油量增加，但是幅度增加有限，采用最优化的生产压差和相应的产液量生产（图 4－20），例如 F27h 井优化后生产压差在 0.7～0.8MPa 之间。

通过上述多个方面的研究，在明化镇组下段和 NgⅡ 油组底水油藏新部署水平调整井 11 口。其中 NgⅡ 油组的 A25h 井区 1 口，A26h 井区 2 口，西区 E 平台 NmⅡ 油组 1 小层布井 8 口。生产压差 0.1～0.8MPa，图 4－21 为西区 E 平台 NmⅡ 油组 1 小层生产动态曲线图。

通过上述的对滚动区块油田、多层系边水油藏和底水油藏的调整井整体研究，目前已经在秦皇岛 32－6 油田部署调整井 30 口。

4.1.5　实施效果评价

在调整井措施实施过程中，采取“分步实施”的策略，取得了非常好的效果。目前完钻投产 28 口，产量达到了钻前的配产，钻前配产是 $1790m^3/d$，而 28 口调整井钻后初期日产油为 $1950m^3/d$，在日产量中贡献 20.5%（图 4－22）。对于秦皇岛 32－6 油田目前的稳产起了关键性的作用，后续调整井 32 口，预计可增加可采储量 $360 \times 10^4 m^3$。

目前 28 口调整井日产油 $764m^3$，截至 2008 年底累计产油 $64.6 \times 10^4 m^3$。油田日产油

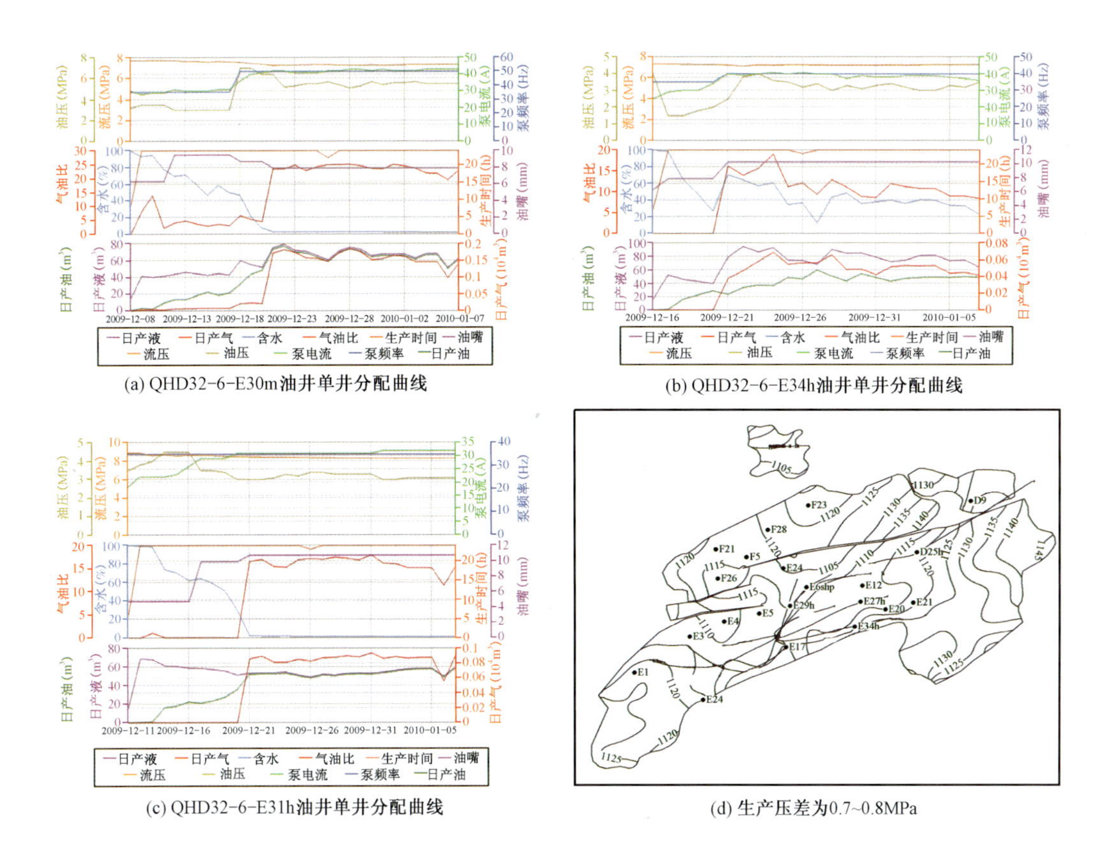

(a) QHD32-6-E30m油井单井分配曲线

(b) QHD32-6-E34h油井单井分配曲线

(c) QHD32-6-E31h油井单井分配曲线

(d) 生产压差为0.7~0.8MPa

图 4-20　调整井投产后生产压差的优化曲线

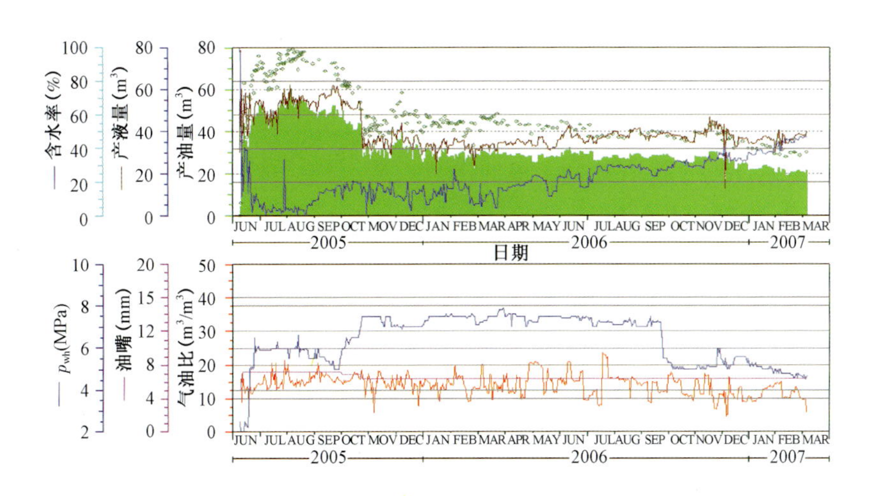

图 4-21　西区 E 平台 NmⅡ油组 1 小层生产动态曲线图

4530m^3，占全油田日产油的 16.8%（图 4-22），预计可增加可采储量 314×10^4m^3。通过调整井的实施，使秦皇岛 32-6 油田的递减减缓，产量稳定，近几年开发效果明显变好（图 4-23）。

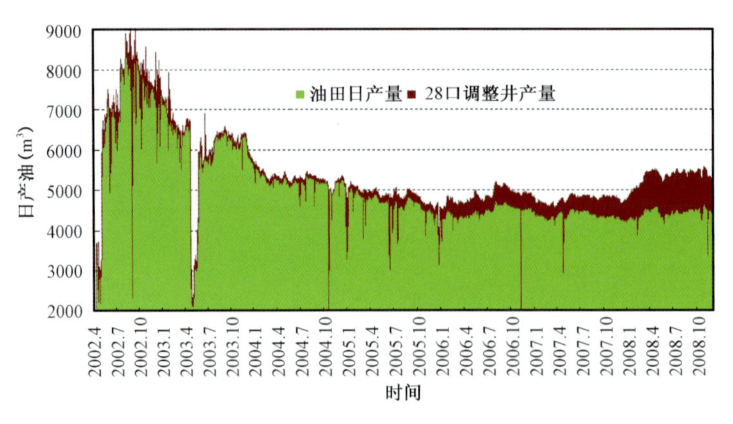

图4－22　调整井在油田日产中所占产量

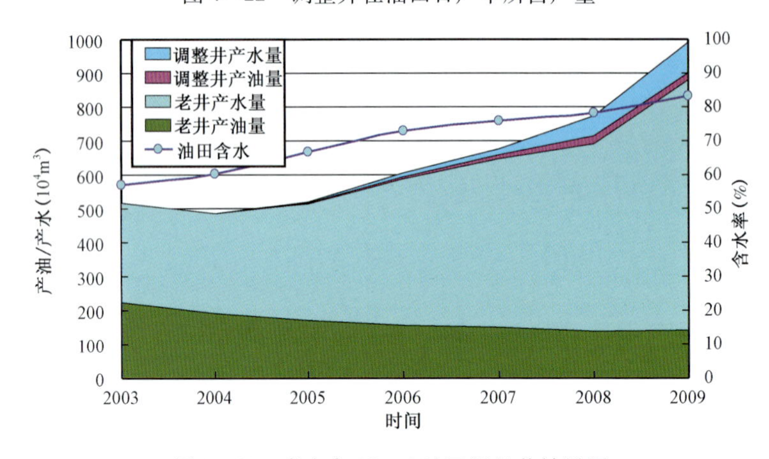

图4－23　秦皇岛32－6油田调整井效果图

4.2　控水稳油

秦皇岛32－6油田油水黏度差异大，造成油田含水率上升快，同时其复杂的油水关系：边水、底水、同层水、注入水的存在加剧了该油田含水的上升。只有摸索出不同的类型水生产井的出水规律，才能找出针对性的控水措施。通过几年的开采，逐渐研究出底水、边水、注入水的见水特征及控水对策。

4.2.1　底水见水特征及控水对策

4.2.1.1　底水见水特征

底水没突破前，油井含水较低，产量稳定，但是一旦底水突破，含水率会突然跃升至很高，产量则低水平稳定(图4－24)。如E19井2003年2月以前日产油90m³，含水10%，2003年3月底水突破，日产油降到10m³，含水高达92%。

4.2.1.2　底水突破控水对策

秦皇岛32－6油田西区以底水油藏为主，底水油藏储量占西区总储量的74%。该油田的开采事实表明，对于底水油藏采用定向井开采效果不理想，底水锥进现象严重。2006年7月西区平均单井日产油水平25m³，采油速度0.8%，综合含水达到81.5%。

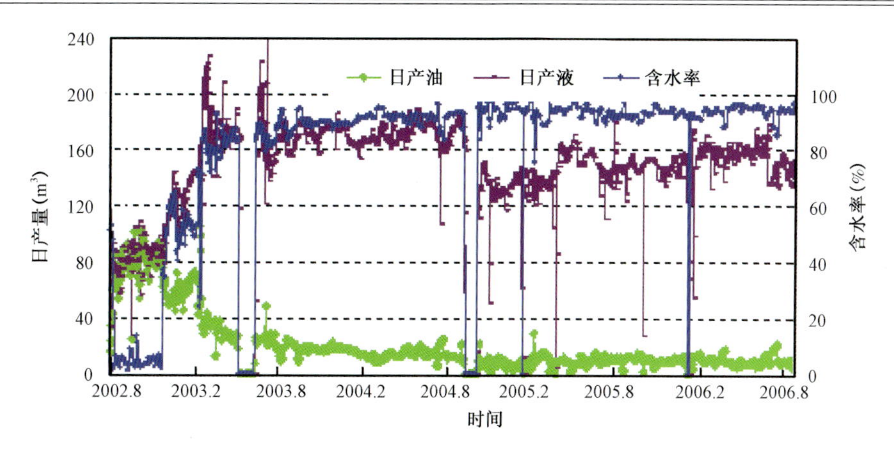

图 4-24　E19 井底水突破特征

2005 年在西区底水油藏剩余油饱和度高的区域钻了两口先导性实验水平井 E6sh、E10h(生产曲线如图 4-25 所示),这两口井生产压差控制在 0.4MPa,日产油为 50m^3,开采一年后平均含水在 12% 左右,累计增油 4.47×10^4m^3。这两口井的成功开采为西区下一步的综合调整提供了经验(图 4-26)。2008 底西区调整井已经达到 8 口,调整方案推荐陆续钻 24 口水平井开发底水油藏。

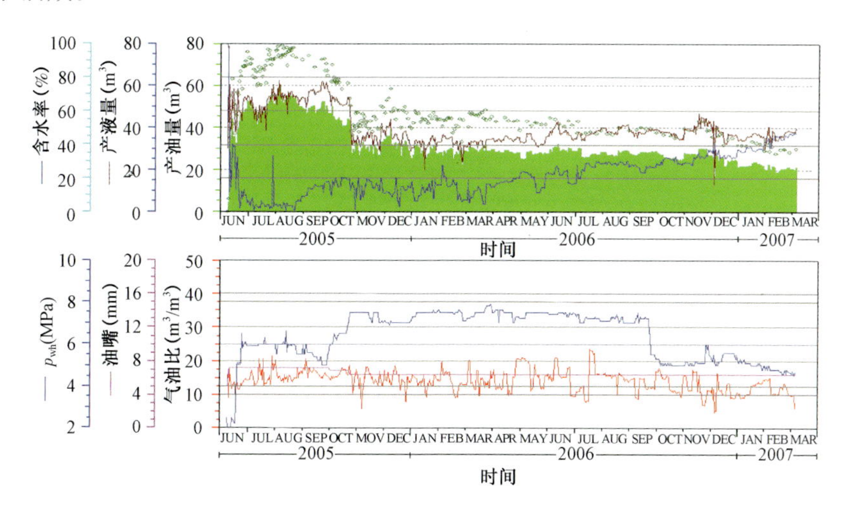

图 4-25　E6sh 水平井生产曲线图

4.2.2　边水及注入水见水特征和控水对策

4.2.2.1　边水、注入水见水特征

边水和注入水突破后油井见水特征一样,均呈斜坡状逐渐上升。秦皇岛 32-6 油田多数油井在投产之后一般先经历一个或长或短的含水稳定(在某一水平上下小幅度波动)期,然后进入含水逐渐上升期,如图 4-27 所示,C2 井在 2004 年 1 月以后含水上升就是标准的边水上升趋势。稳定含水期的长短在一定程度上反映了该井距边水的远近。注入水突破后呈斜坡状上升,如图 4-27,A5 井在临井注水 1 年后注入水突破,含水逐渐上升,同时日产液逐渐上升,而日产油呈下降趋势。

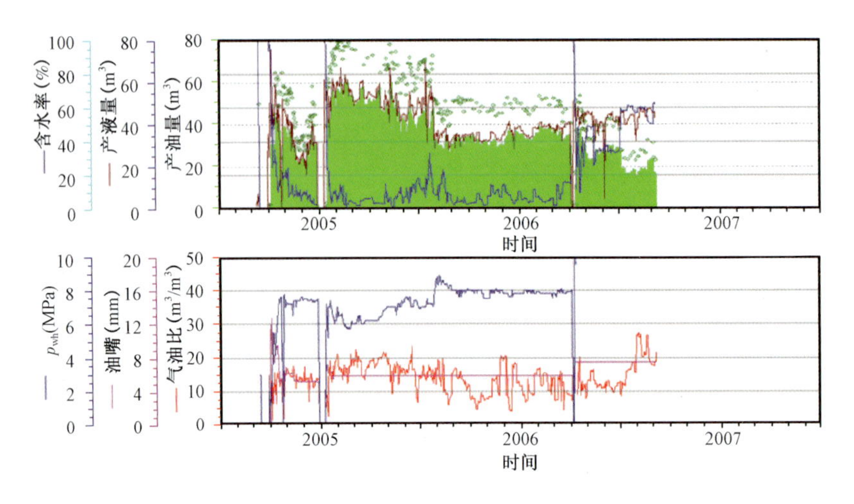

图 4－26　E10h 水平井生产曲线图

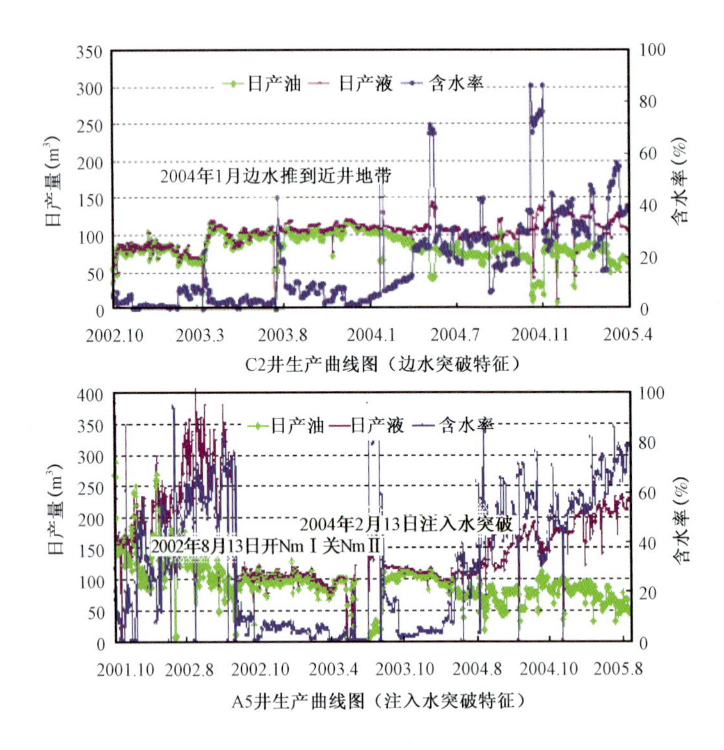

图 4－27　秦皇岛 32－6 油田边水/注入水见水特征

4.2.2.2　边水突破控水对策

边水突破后生产井含水上升特征（图 4－27）为经历一个或长或短的含水稳定期后进入含水上升期，若含水上升到一定的高度，严重影响到其它层的产出时则进行机械卡水作业；如果一个防砂段内某一油组内某一小层出水，无法用机械卡水作业单独关闭出水小层，则进行化学堵水作业。

（1）机械卡水。

利用沉积微相图、储层对比图等有关地质图件研究单井单层连通状况、沉积环境、物源方向，合理解释复杂油水关系，同时借鉴生产测井剖面、碳氧比测井等资料，分析锁定出水层，然后根据卡水后获得的增油量依次实施卡水作业。

C1 井分别在 2002 年 7 月和 12 月进行两次卡水作业，关闭底水油藏 Nm0 与 NmⅡ油组后含水下降，但是含水在 2004 年 3 月再次缓慢上升，这是典型的边水上升趋势（图 4－28）。分析临井 C29 井，发现离 C29 井 NmⅢ油组有边水存在，C29 在关闭 NmⅢ油组后含水下降，由此推断 C1 井 NmⅢ油组可能有来自 C29 方向的边水。2006 年 1 月 C1 井关闭 NmⅢ油组后，该井含水由 45% 降到 3%，日产油大幅度上升。

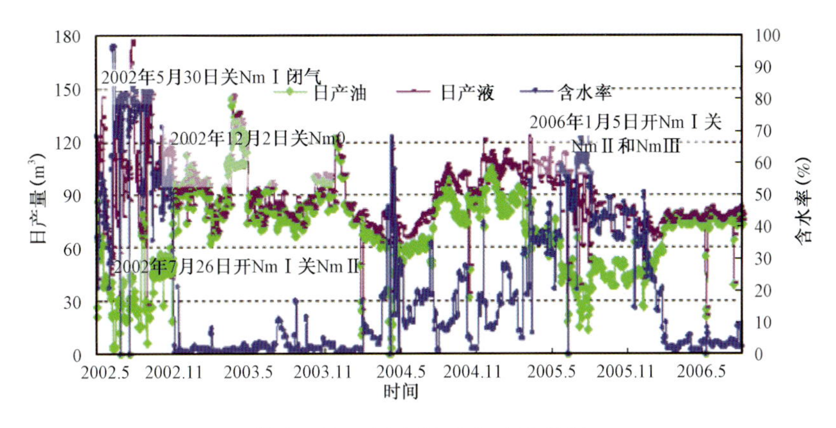

图 4－28　南区 C1 井生产曲线图

（2）化学堵水。

由于工艺条件的限制，生产井不可能一个小层作为一个防砂段，如果一个防砂段内某一油组内某一小层出水，无法用机械卡水作业单独关闭出水小层，只能卡掉整个防砂段，这样就会损失掉防砂段内不出水的小层的贡献，因此防砂段内化学堵水起着重要的作用。

秦皇岛 32－6 油田进行了 6 次化学堵水试验，2006 年 1 月 F28 井化学堵水取得了成功，该井封堵来自 F31 井的边水以及本井的底水，封堵后开层生产，日增油 20m^3。其生产曲线见图 4－29。

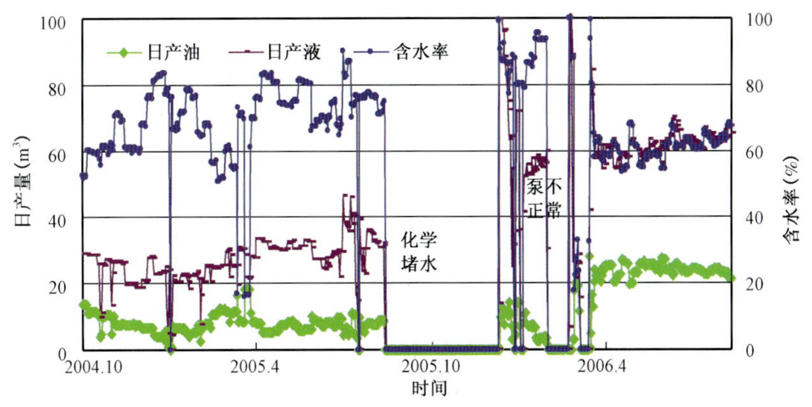

图 4－29　F28 井生产曲线图

4.2.2.3 注入水突破控水对策

秦皇岛 32－6 油田复杂的油水关系、较低的构造幅度及较高的原油黏度等特征导致采用常规注水方式在一定开发阶段不可避免的水窜，针对注水突破现象主要采取堵水调剖、改变产液结构及分层配注等对策。

（1）堵水调剖。

2005 年，由于北区油水流度大，其平面、层间及层内均存在一定的非均质性，随着注水量的增加，造成了平面上的指进现象，部分井注入水突破（图 4－30）。且纵向上某些层水淹严重，造成层间干扰加大、水驱效果变差。

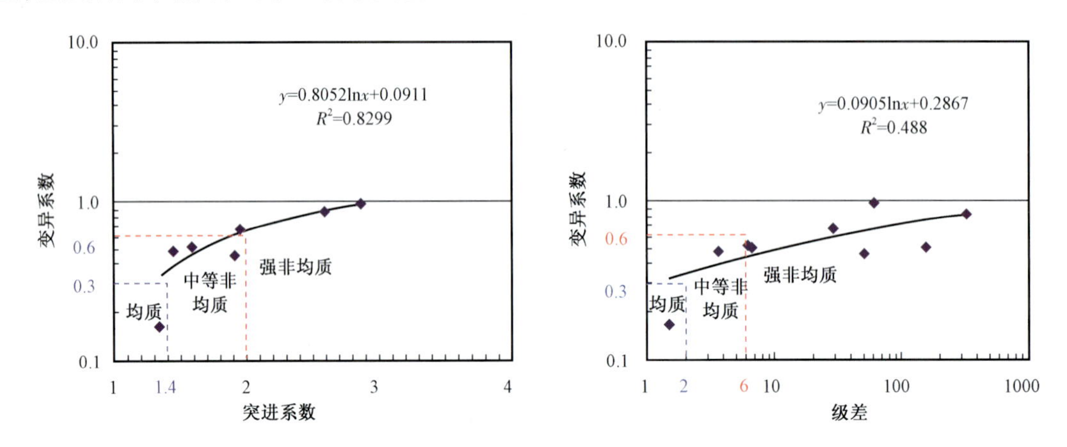

图 4－30 秦皇岛 32－6 油田 A9 井变异系数与突进系数及极差的关系图版

由于注入水沿着高渗透层突进，造成不均匀水洗，渗透率差别越大，水洗的不均匀程度就越高，而剩余油相对集中在低渗透部位。为了改变这种水驱状况，一方面进行分层配注，另一方面从水井进行调剖，若进行调剖则需要寻找纵向上渗透率变异系数比较大的井点。综合分析井组含水上升率、注采井组的变异系数（图 4－30）、注水井吸水剖面吸水强度、注采井组对应率及水驱控制程度，选出两个注采井组进行调剖实验。目前 A9 井组已经完成调剖，井组内的部分井取得了较好的效果，累计增油 $0.6\times10^4m^3$。

（2）分层配注。

注水突破与吸水剖面纵向上不均存在必然联系，目前秦皇岛 32－6 油田针对分层配注井组展开研究，在北区选择了注水井段间变异系数大、周边井段间干扰大的 B16 井来进行分层配注试验。其各层的配注量的计算采取了三种方法：按地层系数批分、按吸水剖面与产液剖面的关系批分、将上述两种方法汇总，得出各层的配注量，带入模型进行运算。观察周边井各生产层剩余油饱和度的变化与含水上升趋势，修正各层配注量，最终求出各层合理的配注量（表 4－1）。

表 4－1 秦皇岛 32－6 油田 B16 井合理配注量计算表

防砂段	一	二	三	四	小计
油组	Nm0	NmⅠ	NmⅢ	NmⅣ	—
实际吸水剖面测试的注水量（m^3/d）	50	215	101	126	492
按 KH 确定的配注量（m^3/d）	1	139	2	209	350

续表

防砂段	一	二	三	四	小计
按产液、吸水剖面算的配注量(m^3/d)	0	170	80	190	440
数模修正后的配注量(m^3/d)	关闭	150	70	220	440
配注层性质	限制层	限制层	限制层	加强层	—

4.2.3 实施效果评价

秦皇岛32－6油田截至目前，卡水有效率平均为87%，单井日增油10～45m^3，只统计当年增油量，目前累计增油37.4×10^4m^3(图4－31)。

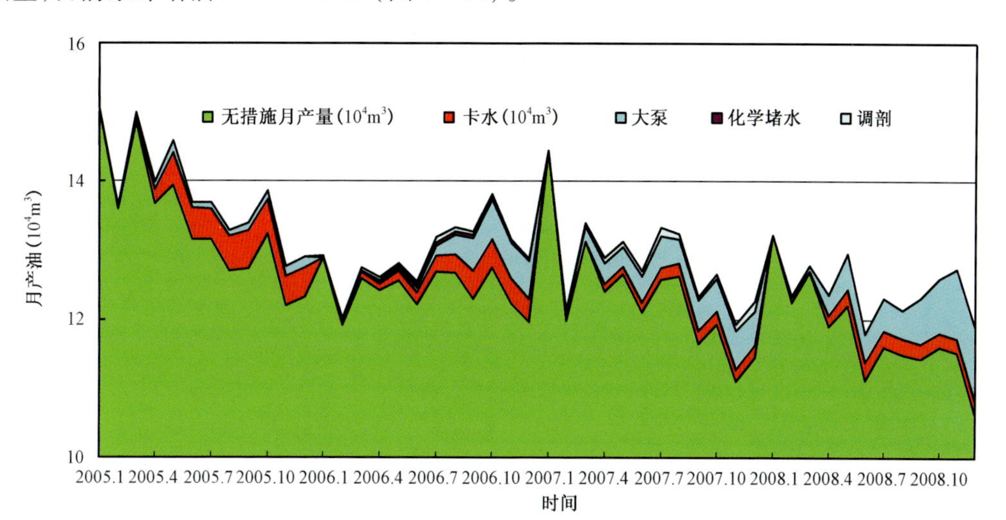

图4－31　秦皇岛32－6油田产量构成

4.3 提液增油技术

秦皇岛32－6油田含水突破后，一方面通过机械卡水，调整产液结构来改变生产状况，另一方面通过优化注水进行液流的调整。但是油田进入中高含水期后，水油比增加比较快，为了保持稳产，部分井必须放大生产压差，提高单井产液量。但是生产压差放的太大，会加剧注入水沿高渗透层突进，造成液量增加幅度远远大于油量增加的幅度，并且不同含水阶段提液增油的效果及有效期不同，因此矿场实践必须掌握提液时机和提液幅度，本次研究是针对复杂河流相多油水系统稠油油藏进行大泵提液进行的可行性研究。矿场实践表明，研究成果是行之有效的。大泵提液是海上稠油油田实现稳产增产的有效措施。

4.3.1 提液增油的油藏工程方法研究

油田生产的过程中，采油、采液指数的变化反映了油藏或单井产油、产液能力的变化。它们与油层物性、流体性质以及生产条件等有关，不同地质和开发条件下的产油、产液能力差别可能很大，但均具有一定的规律性。采液、采油指数的大小也将直接影响在当前的油井含水条件下提液后所能带来的增液、增油效果。

本部分将首先从基于相渗曲线和分流量方程的水驱曲线理论出发，讨论决定油田及单井含水上升规律的主要因素及变化范围。同时在水驱理论基础上求解无因次采油/采液指数曲线，基于4种具广泛代表性的类型分析受同类因素影响下的曲线形态。

4.3.1.1 含水上升规律研究

(1)基于标准相渗曲线和分流量方程的水驱曲线。

标准化的油水两相相对渗透率曲线的表达式

$$K_{rw} = K_{rw}(S_{or})S_{wd}^{n_w} \tag{4-1}$$

$$K_{ro} = K_{ro}(S_{wi})(1 - S_{wd})^{n_o} \tag{4-2}$$

$$S_{wd} = \frac{S_w - S_{wi}}{1 - S_{wi} - S_{or}} \tag{4-3}$$

根据分流量关系式，在不考虑重力和毛细管力影响的条件下，含水率的表达式为

$$f_w = \frac{1}{1 + \frac{\mu_w B_w}{\mu_o B_o}\frac{K_{ro}}{K_{rw}}} \tag{4-4}$$

把式(4－1)、式(4－2)代入式(4－4)式，并令

$$M = \frac{\mu_o B_o K_{rw}(S_{or})}{\mu_w B_w K_{ro}(S_{wi})} \tag{4-5}$$

M是地面条件下的水油流度比，则含水率的表达式

$$f_w = \frac{MS_{wd}^{n_w}}{MS_{wd}^{n_w} + (1 - S_{wd})^{n_o}} \tag{4-6}$$

根据定义，S_{wd}相当于可采储量采出程度R，式(4－1)可改写为

$$f_w = \frac{MR^{n_w}}{MR^{n_w} + (1 - R)^{n_o}} \tag{4-7}$$

这是基于相渗曲线和分流量方程的理论水驱曲线。

水油比的表达式为

$$\frac{f_w}{1 - f_w} = \frac{MR^{n_w}}{(1 - R)^{n_o}} \tag{4-8}$$

由上式可得

$$W_p = MN_R^{n_o - n_w}\int \frac{N_p^{n_w}}{(N_R - N_p)^{n_o}}dN_p \tag{4-9}$$

上式在一般情况下无法进行积分。但从该式可知，累计产水量与水油流度比成正比。

(2)水驱油田的含水上升规律。

可采储量含水上升率(采出1%可采储量的含水率上升值)定义为

$$f'_w = \frac{df_w}{dR} \tag{4-10}$$

即

$$f'_w = \frac{MR^{n_w-1}(1-R)^{n_o-1}[n_w(1-R)+n_oR]}{[MR^{n_w}+(1-R)^{n_o}]^2} \tag{4-11}$$

通常情况下,水相指数 n_w、油相指数 n_o 的值在 2～4 之间。根据不同的 M、n_w 和 n_o 值,可以通过式(4－7)和式(4－11)画出含水率、含水上升率和可采储量采出程度的关系,如图 4－32 和图 4－33 所示。含水上升率和含水率的关系见图 4－34。影响含水率和含水上升率变化规律的因素是水油流度比、水相指数和油相指数;含水上升率随可采储量采出程度先上升后下降,反映含水率和可采储量采出程度的关系是先凹形上升后凸形上升,即 S 形;水油流度比越大、水相指数越小、油相指数越大,含水率和可采储量采出程度的关系越偏向凸形,水油流度比越小、水相指数越大、油相指数越小,含水率和可采储量采出程度的关系越偏向凹形。含水上升率在上升过程中,一般是先凹后凸,而在下降过程中又是先凸后凹。可采储量采出程度为 0 和 1 时,含水率也为 0 和 1。

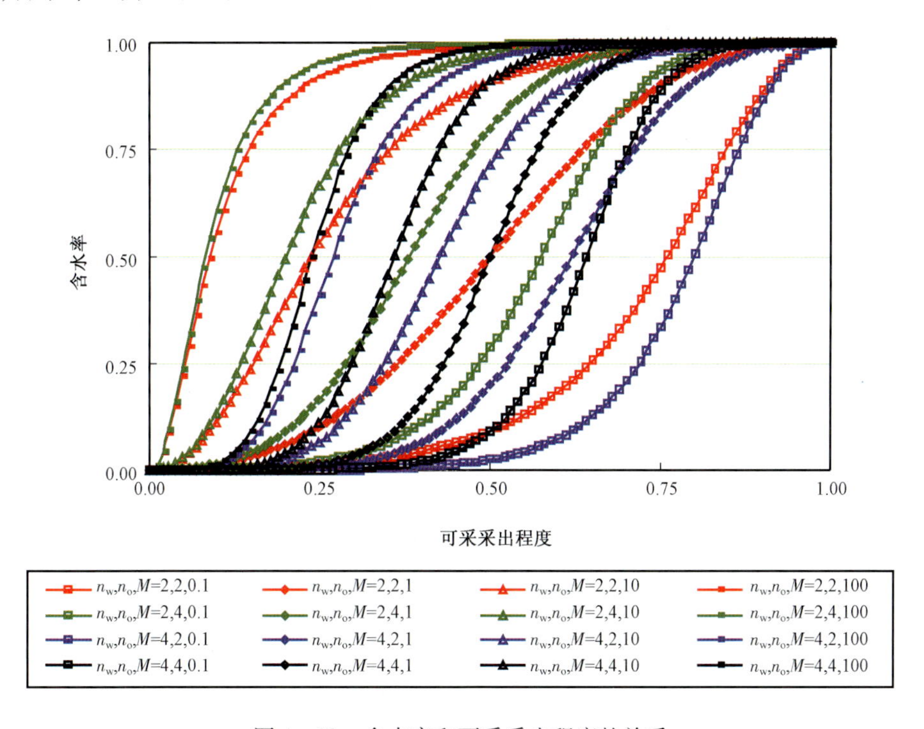

图 4－32　含水率和可采采出程度的关系

含水上升率达到峰值时满足如下条件

$$f''_w = 0 \tag{4-12}$$

含水上升率从凹形上升转凸形上升或从凸形下降转凹形下降时满足如下条件

$$f'''_w = 0 \tag{4-13}$$

求解方程(4－12)和方程(4－13)可得到含水上升率从凹形上升转凸形上升、从上升到下降及从凸形下降转凹形下降时的可采储量采出程度,再代入式(4－7)和式(4－11)可得到对应的含水率和含水上升率(表 4－2)。

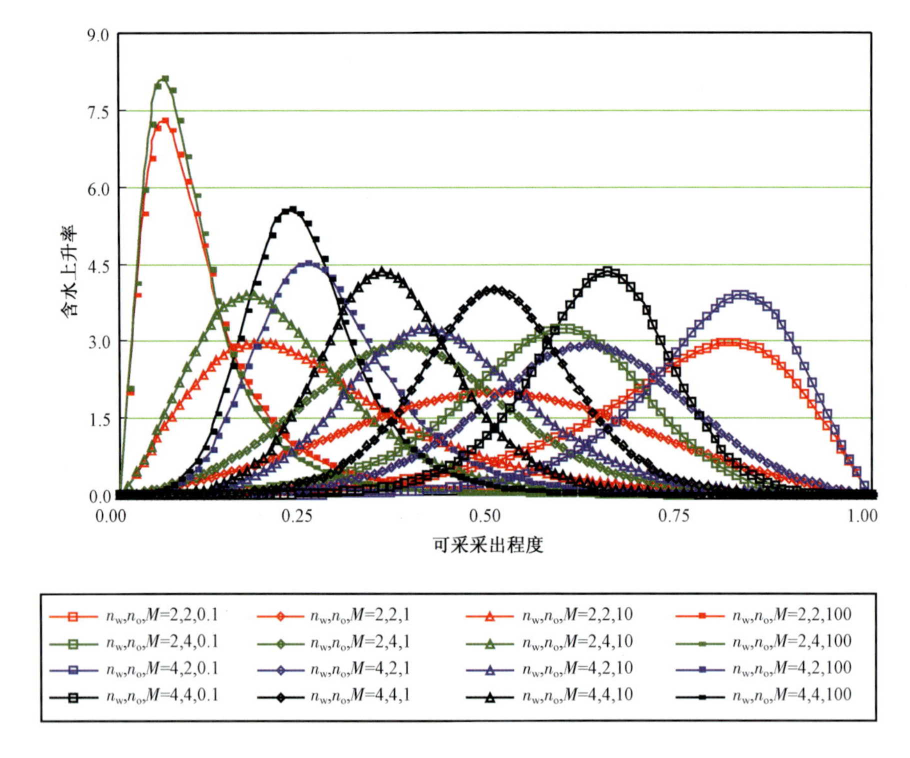

图 4－33　含水上升率和可采采出程度的关系

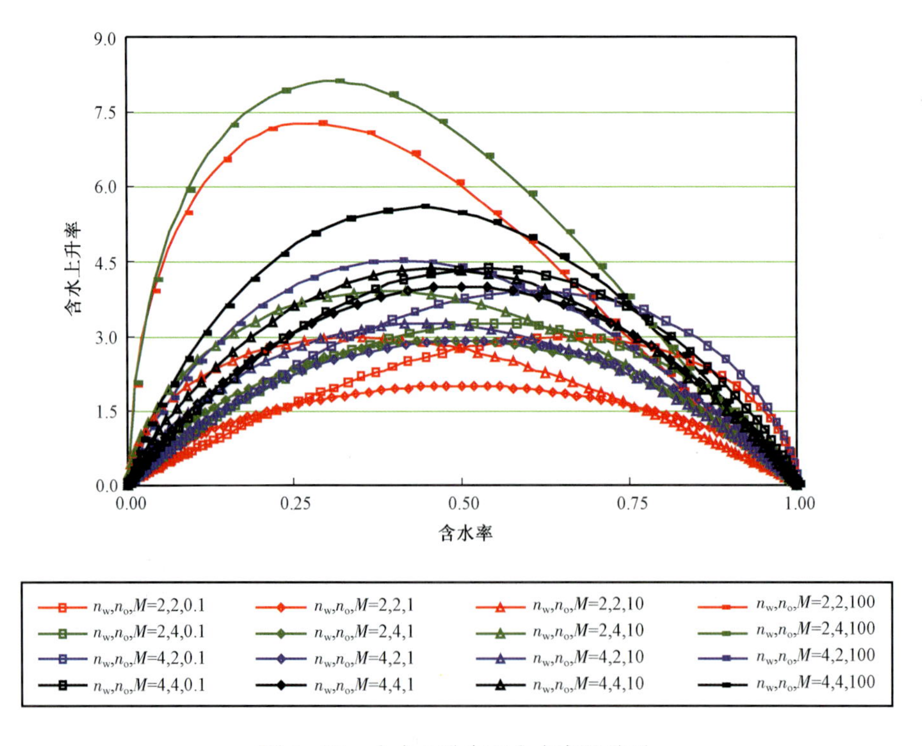

图 4－34　含水上升率和含水率的关系

表 4-2 不同流体和相渗参数下的含水上升率特征

序号	水油流度比	水相指数	油相指数	最大含水上升率（%）	含水上升率最大时的可采采出程度	含水上升率最大时的含水率	含水上升率凹形上升转凸形上升的含水上升率（%）	含水上升率凹形上升转凸形上升的可采采出程度	含水上升率凹形上升转凸形上升的含水率	含水上升率凸形下降转凹形下降的含水上升率（%）	含水上升率凸形下降转凹形下降的可采采出程度	含水上升率凸形下降转凹形下降的含水率
1	0.1	2	2	2.977	0.814	0.657	2.158	0.699	0.349	1.024	0.954	0.977
2	0.1	2	3	2.990	0.679	0.582	2.085	0.564	0.277	1.732	0.800	0.889
3	0.1	2	4	3.251	0.590	0.552	2.230	0.485	0.250	2.005	0.698	0.854
4	0.1	3	2	3.443	0.821	0.632	2.448	0.718	0.319	1.484	0.939	0.957
5	0.1	3	3	3.522	0.702	0.567	2.430	0.604	0.263	2.102	0.804	0.874
6	0.1	3	4	3.825	0.623	0.543	2.606	0.533	0.242	2.398	0.714	0.844
7	0.1	4	2	3.902	0.828	0.614	2.743	0.738	0.301	1.894	0.930	0.939
8	0.1	4	3	4.027	0.722	0.559	2.764	0.637	0.255	2.452	0.810	0.863
9	0.1	4	4	4.363	0.649	0.537	2.964	0.571	0.238	2.760	0.728	0.837
10	1	2	2	2.000	0.500	0.500	1.207	0.293	0.147	1.207	0.707	0.854
11	1	2	3	2.479	0.426	0.490	1.554	0.273	0.162	1.586	0.578	0.816
12	1	2	4	2.929	0.377	0.486	1.861	0.252	0.169	1.909	0.501	0.802
13	1	3	2	2.479	0.574	0.510	1.587	0.422	0.184	1.553	0.728	0.839
14	1	3	3	3.000	0.500	0.500	1.944	0.381	0.188	1.942	0.620	0.812
15	1	3	4	3.485	0.449	0.496	2.268	0.348	0.190	2.285	0.550	0.801
16	1	4	2	2.929	0.623	0.514	1.910	0.499	0.199	1.860	0.748	0.832
17	1	4	3	3.485	0.551	0.505	2.286	0.451	0.199	2.266	0.652	0.810
18	1	4	4	4.000	0.500	0.500	2.630	0.414	0.199	2.628	0.586	0.801
19	10	2	2	2.977	0.186	0.343	1.026	0.047	0.023	2.157	0.302	0.651
20	10	2	3	3.443	0.180	0.368	1.486	0.061	0.043	2.447	0.282	0.682
21	10	2	4	3.902	0.172	0.386	1.897	0.070	0.062	2.741	0.263	0.700
22	10	3	2	2.990	0.321	0.418	1.733	0.200	0.112	2.084	0.437	0.724
23	10	3	3	3.522	0.298	0.433	2.104	0.196	0.127	2.428	0.396	0.738
24	10	3	4	4.027	0.278	0.442	2.455	0.190	0.137	2.762	0.363	0.745
25	10	4	2	3.251	0.410	0.448	2.007	0.302	0.146	2.229	0.515	0.750
26	10	4	3	3.825	0.378	0.457	2.400	0.287	0.157	2.604	0.467	0.758
27	10	4	4	4.363	0.351	0.463	2.763	0.272	0.164	2.961	0.429	0.762
28	100	2	2	7.297	0.059	0.279	1.010	0.005	0.003	5.519	0.100	0.550
29	100	2	3	7.708	0.059	0.292	1.513	0.007	0.006	5.786	0.099	0.570
30	100	2	4	8.124	0.059	0.303	1.996	0.010	0.010	6.046	0.097	0.588

续表

序号	水油流度比	水相指数	油相指数	最大含水上升率（%）	含水上升率最大时的可采采出程度	含水上升率最大时的含水率	含水上升率凹形上升转凸形上升的含水上升率（%）	含水上升率凹形上升转凸形上升的可采采出程度	含水上升率凹形上升转凸形上升的含水率	含水上升率凸形下降转凹形下降的含水上升率（%）	含水上升率凸形下降转凹形下降的可采采出程度	含水上升率凸形下降转凹形下降的含水率
31	100	3	2	4.911	0.161	0.372	2.673	0.091	0.083	3.543	0.227	0.661
32	100	3	3	5.406	0.156	0.385	3.017	0.091	0.092	3.866	0.216	0.678
33	100	3	4	5.892	0.151	0.396	3.352	0.091	0.100	4.180	0.207	0.690
34	100	4	2	4.515	0.251	0.413	2.695	0.175	0.121	3.182	0.324	0.706
35	100	4	3	5.055	0.239	0.424	3.060	0.171	0.130	3.534	0.304	0.718
36	100	4	4	5.577	0.228	0.432	3.415	0.167	0.137	3.879	0.288	0.727

根据表4－2结果及分析式(4－11)的关系，可得如下一些结论：

(1)水油流度比越大，含水上升率从凹形上升转凸形上升，从上升到下降，从凸形下降转凹形下降时的可采储量采出程度和含水率就越低，反之越高；

(2)水相指数与油相指数之和越大，含水上升率的峰值也越大；

(3)在水油流度比为1的条件下，水相指数和油相指数又相等，那么含水上升率的峰值与水相或油相指数相同，含水上升率达到峰值时的含水率和可采储量采出程度都是0.50；水相指数和油相指数不等，那么含水上升率的峰值近似于水相指数与油相指数之和的平均值，含水上升率达到高峰值时的含水率接近0.50；

(4)在水相指数、油相指数相等的条件下，以水油流度比1为界，水油流度比无论是增加还是减少，含水上升率的峰值都增加。水相指数与油相指数不等，同样存在某个水油流度比，若水相指数小于油相指数，那么该水油流度比小于1。反之，大于1，以此为界，水油流度比无论是增加还是减少，含水上升率的峰值都增加。

4.3.1.2 无因次采液采油指数变化规律研究

油井采油指数是指单位压差、时间下油井的产油量，代表油井生产能力的大小。采油指数可表示为

$$J_o = \frac{2\pi K_o h}{\mu_o B_o \ln(r_e/r_w)} \tag{4-14}$$

油井对应某一含水率时的采油指数与含水率为零时的采油指数之比为无因次采油指数。无因次采油指数的表达式为

$$J_{DO}(f_w) = \frac{K(f_w) K_{ro}(S_{wd})}{K K_{ro}(S_{wd} = 0)} \tag{4-15}$$

如不考虑开发过程中油层绝对渗透率的变化，则 $K(f_w) = K$，上式变为

$$f_{DO}(f_w) = K_{ro}(S_{wd}) = (1 - R)^{n_o} \tag{4-16}$$

油井采液指数是指单位压差、时间下油井的产液量，代表油井产液能力的大小。油井见水后的产液量公式为

$$Q_l = \left[\frac{2\pi K_o h}{\mu_o B_o \ln(r_e/r_w)} + \frac{2\pi K_w h}{\mu_w B_w \ln(r_e/r_w)}\right] \cdot \Delta p \tag{4-17}$$

采液指数即为

$$J_{DL} = \frac{2\pi Kh}{\ln(r_e/r_w)}\left(\frac{K_{ro}}{\mu_o B_o} + \frac{K_{rw}}{\mu_w B_w}\right) \tag{4-18}$$

油井对应某一含水率时的采液指数与含水率为零时的采油指数之比为无因次采液指数。无因次采液指数的表达式为

$$J_{DL}(f_w) = \frac{f_{DO}(f_w)}{1 - f_w} \tag{4-19}$$

代入含水率 f_w 的表达式

$$f_w = 1/\left(1 + \frac{K_{ro}}{K_{rw}}\frac{\mu_w B_w}{\mu_o B_o}\frac{\rho_w}{\rho_o}\right) = \frac{K_{rw}\mu_o B_o \rho_o}{K_{rw}\mu_o B_o \rho_o + K_{ro}\mu_w B_w \rho_w} \tag{4-20}$$

且不考虑开发过程中油层绝对渗透率的变化，则可将无因次采液指数进一步表示为

$$J_{DL} = K_{ro}(S_{wd}) + K_{rw}(S_{wd})\rho_w \mu_o B_o / \rho_o \mu_w B_w \tag{4-21}$$

(1)无因次采油指数和含水率或含水上升率的关系。

根据式(4－7)可得可采采出程度和含水率的关系，因此可以通过式(4－20)得到无因此采油指数和含水率的关系(图4－35)。同样由式(4－11)可得可采采出程度和含水上升率的关系，再根据式(4－21)可得无因此采油指数和含水上升率的关系(图4－36)。

由图4－36和图4－37可得出如下几点结论：

① 无因次采油指数随含水率或含水上升率的增加而下降；

② 水油流度比越大、水相指数与油相指数之和越小，在含水率上升初期，无因次采油指数随含水率下降幅度越缓；反之，越陡。

(2)无因次采液指数和含水率或含水上升率的关系。

根据式(4－7)、式(4－11)、式(4－20)与式(4－21)可得无因此采液指数和含水率的关系(图4－37)和无因此采液指数和含水上升率的关系(图4－38)。由图4－37和图4－38可得如下几点结论：

① 无因次采液指数随含水率变化关系可以分为4种类型：无因次采液指数几乎一直上升，在低含水期达到 $J_{DL} > 1$，我们将此类无因次采液指数命名为A型(如 $n_w = 2$、$n_o = 2$、$M = 100$)；无因次采液指数先降后升，在中高含水期达到 $J_{DL} > 1$，命名为B型(如 $n_w = 2$、$n_o = 4$、$M = 10$)；无因次采液指数先降后升，在特高含水期前满足 $J_{DL} < 1$，命名为C型(如 $n_w = 2$、$n_o = 2$、$M = 1$)；无因次采液指数几乎一直下降，且始终满足 $J_{DL} < 1$，命名为D型(如 $n_w = 2$、$n_o = 4$、$M = 0.1$)。具A或B型无因次产液指数的油井，在开发过程中具备提液的基础，能够实施提液措施，而且提液的时机

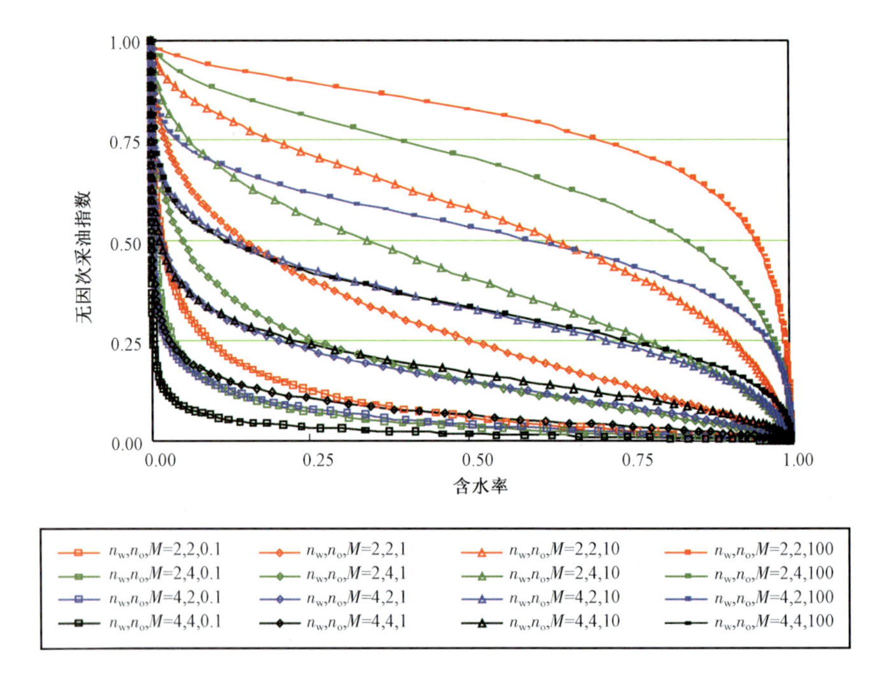

图4－35　无因次采油指数和含水率的关系

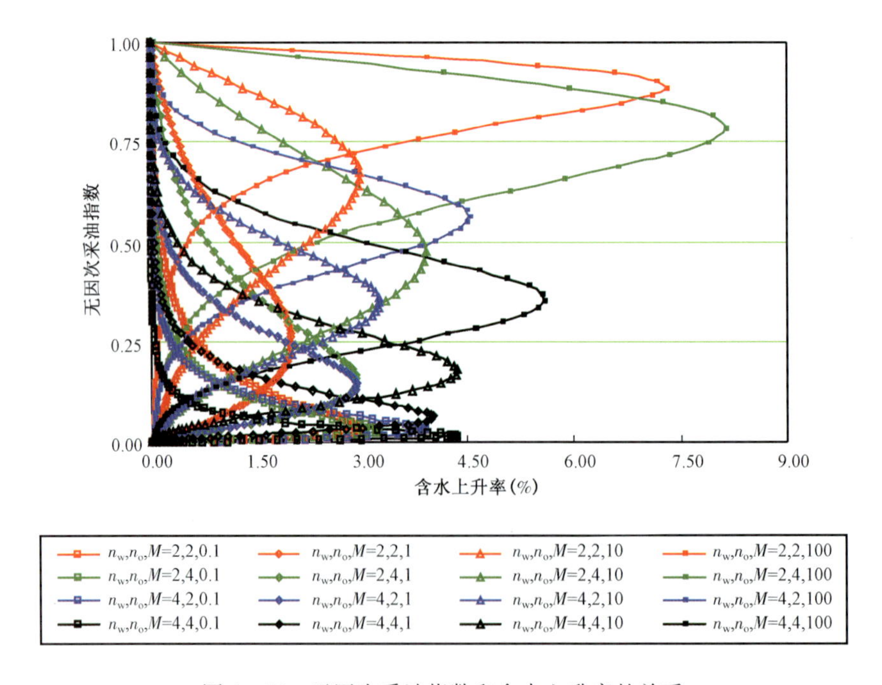

图4－36　无因次采油指数和含水上升率的关系

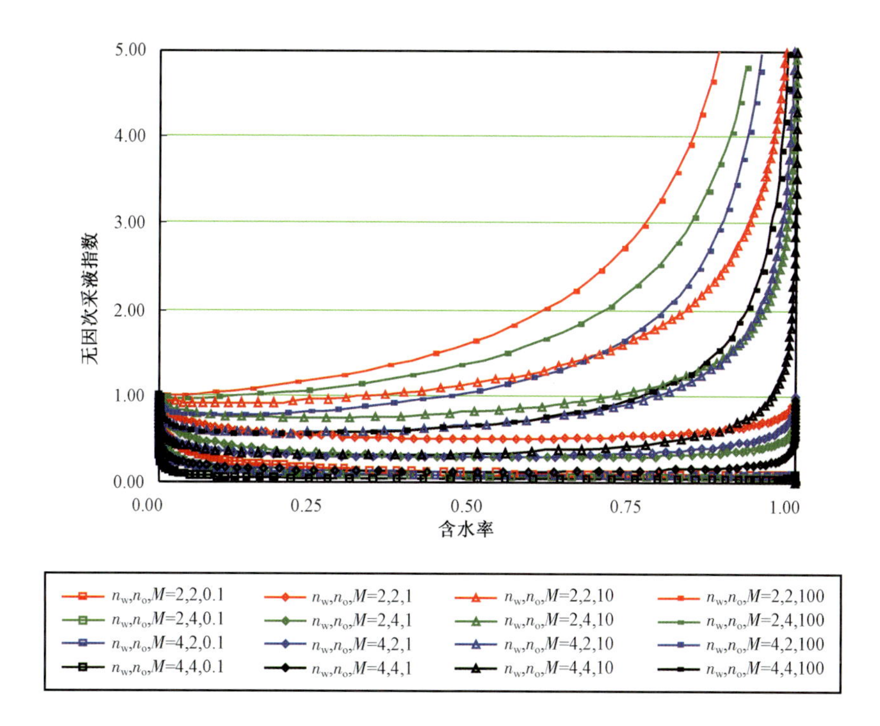

图4－37　无因次采液指数和含水率的关系

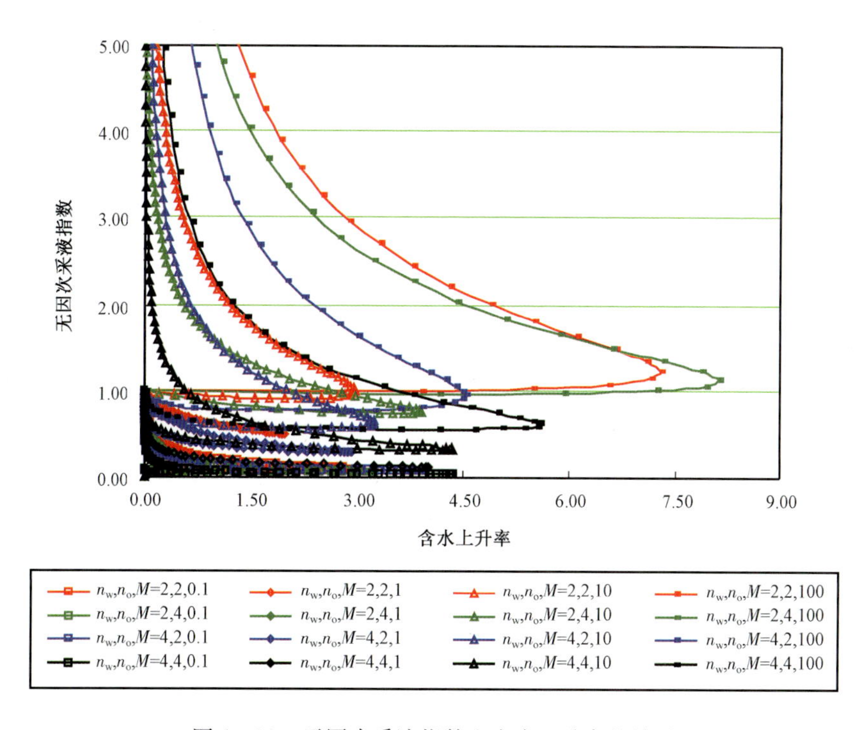

图4－38　无因次采液指数和含水上升率的关系

应该在含水上升率达到峰值后实施，否则提液后含水率会大幅上升，难以实现提液增油的目的；而具C或D型因次产液指数的油井，从理论上讲不具备提液的基础（与投产初期的液量相比），难以实施提液措施，而且无法取得好的效果。

② 在含水上升率达到最大值前，无因次采液指数几乎都小于1。因此，提液时机应该在含水上升率达到峰值后，在此前提液无法取得好的效果。

4.3.1.3 CNOOC动态相渗及无因次采油/采液指数求解方法

上部分中就无因次采液（油）指数的变化规律与提液时机进行了理论分析，而在现场的实际操作中，往往是在实施提液措施之前，首先要掌握油藏的驱动类型、物性以及流体性质等基本特征。之后通过观察油井动液面高度、比较相邻井或同类型井以及其他的手段评价地层的能量和供液能力。在确定了上述基本情况后，根据油井所在区域的水驱曲线以及相对渗透率曲线作出无因次采油采液指数曲线，并通过曲线的形态判断无因次采液指数与含水率的关系曲线。当无因次采液指数迅速上升时，说明油井具备提液的能力，而这一含水阶段便指示了油田单井的最佳提液时机。也就是说，结合油藏、油井实际能量的评估以及相应的实施设备，借助采油、采液指数等手段确定油田单井的最佳提液时机将是提液成功与否的决定性因素。

在实际获取采油采液指数的过程中我们发现，利用岩心相渗资料计算所得的无因次采油采液指数不可能考虑表皮污染、工作制度等影响因素对开发效果的影响，而油井的实际测试资料有限（尤其是海上油田），依靠有限的测试资料也不可能描述单井开发过程中J_{DL}和J_{DO}随含水率变化的整个过程，由此，提出了采用油田/单井动态数据获得动态相渗及无因次采油采液指数的方法，用以预测油田/单井的生产变化规律，指导合理生产措施的制定。本套方法以更加广适性的新型水驱曲线为基础，通过水驱曲线对实际生产动态的拟合，得到动态相渗相关参数，再根据无因次采油采液指数的定义绘制与实际动态相对应的无因次采油采液指数变化规律。

（1）新型水驱曲线的提出。

由于常用的水驱曲线都存在一些局限性，如甲型水驱曲线只适用于水油流度比在1~10范围或附近的油藏；乙型水驱曲线适用于水油流度比大于10的油藏；丙型水驱曲线适用于水油流度比在1~2附近、水相指数油相指数分别在1和2附近的油藏；丁型水驱曲线适用于水相指数油相指数分别在0和2附近的油藏；张型水驱曲线适用于水相指数油相指数分别在1和2附近的油藏；俞型水驱曲线适用于水油流度比在1附近、水相指数与油相指数之和在3~4范围内的油藏。

因此，针对常用水驱曲线的局限性，并根据水驱油田的含水上升规律，张金庆在对以往成果总结的基础上提出了新型水驱特征曲线（修正的甲乙型水驱曲线）。

① 甲、乙型水驱特征曲线可概括成如下通式。

$$N_p = A + B\ln(W_p + nN_p + C) \tag{4-22}$$

无论是投产即见水，还是生产一段时间后才含水的油井或油田，都满足累计产油量为零，累计产水量也为零的初始条件。因此可以假设$N_p=0$时，$W_p=0$，即

$$A = -B\ln C \tag{4-23}$$

把式(4－23)代入式(4－22)并经整理后可得

$$\frac{W_p}{N_p}=\frac{C(e^{\frac{N_p}{B}}-1)}{N_p}-n \tag{4-24}$$

式(4－24)可以改写为

$$\frac{W_p}{N_p}=b\frac{(e^{cN_p}-1)}{N_p}+a \tag{4-25}$$

式(4－25)就是新的水驱特征曲线即改进的甲乙型水驱曲线。

② 新型水驱特征曲线的含水上升特征。

将式(4－25)两边乘 N_p 后，再对 N_p 求导可得

$$\frac{f_w}{1-f_w}=bce^{cN_p}+a \tag{4-26}$$

由式(4－26)可见，当 $a=0$ 时，含水上升规律与甲型相同，当 $a=-1$ 时，含水上升规律与乙型相同。根据式(4－26)可得含水率和累计产油量的关系

$$f_w=\frac{a+bce^{cN_p}}{1+a+bce^{cN_p}} \tag{4-27}$$

含水率和可采采出程度的关系

$$f_w=\frac{a+Be^{CR}}{1+a+Be^{CR}} \tag{4-28}$$

其中：

$$B=bc$$

$$C=cN_R$$

由式(4－28)又可以得到含水上升率和可采采出程度的关系

$$f'_w=\frac{BCe^{CR}}{(1+a+Be^{CR})^2} \tag{4-29}$$

式中的含水上升率是指每采出1%可采储量的含水率上升值。

当 a、B、C 取不同值时，含水率和含水上升率与可采采出程度的关系分别如图4－39和图4－40所示。

图4－39和图4－40可见，式(4－26)可以描述各种类型的含水上升规律和含水上升率变化规律。

③ 新型水驱特征曲线的应用。

使用新型水驱特征曲线，对我国海上某油井的油水产量数据进行拟合，其拟合结果如图4－41和图4－42所示。该油井的水驱特征曲线可表示为：

$$\frac{W_p}{N_p}=2.9128\frac{(e^{0.0177N_p}-1)}{N_p}-0.0859 \tag{4-30}$$

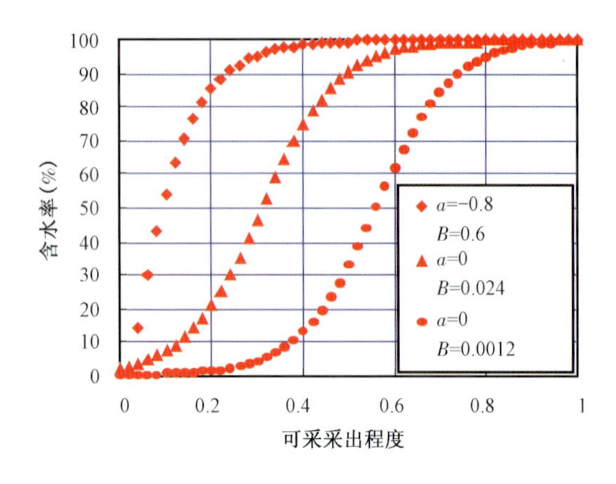

图 4-39　含水率和可采采出程度的关系

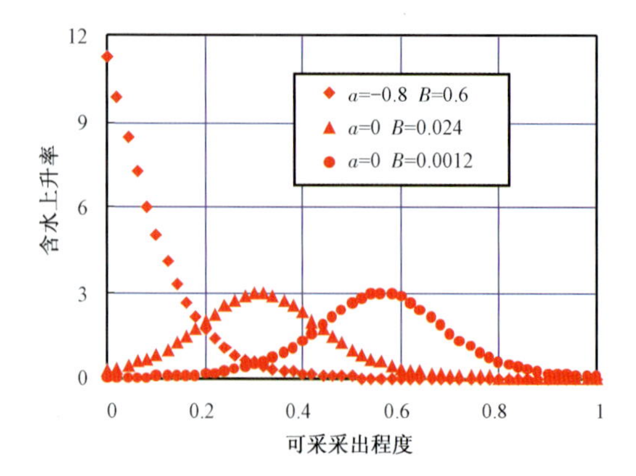

图 4-40　含水上升率和可采采出程度的关系

根据式(4-30),可得该油井在含水 98% 时的可采储量 $N_R = 387.49 \times 10^4 m^3$。

由图 4-42 可见,从低含水开始水驱特征曲线就是一条直线。其他实例应用也表明,本书提出的水驱特征曲线一般在中低含水期即可出现直线段,因此在中低含水期就能预测产量和可采储量,对于使用动态数据获取无因次采油采液指数具有极强的适用性。

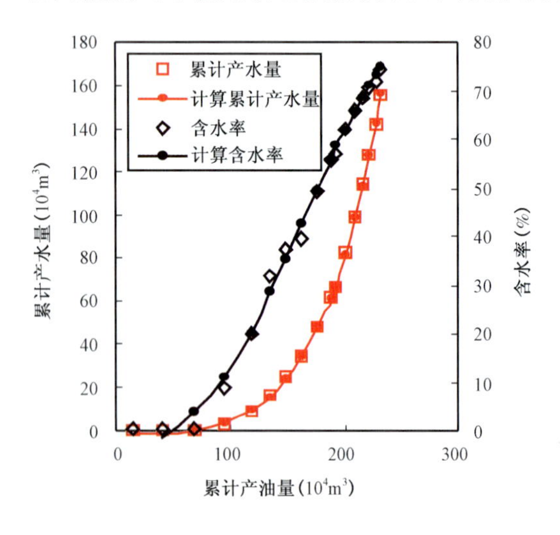

图 4-41　实际指标和计算指标对比图

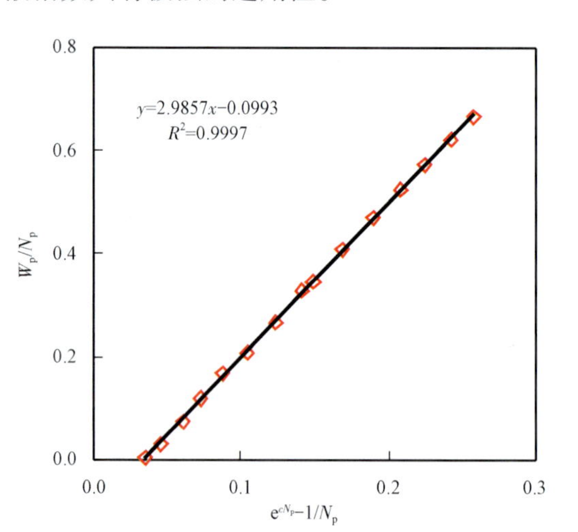

图 4-42　参数求解线性回归图

(2)动态相渗及无因次采油/采液指数确定方法。

① 拟合张型水驱曲线,求取 a、b、c、$N_p(f_w = 98\%)$ 的值。

已知张型水驱曲线:

$$W_p = b(e^{cN_p} - 1) + aN_p \tag{4-31}$$

式(4-31)两边同除 N_p 得

$$\frac{W_p}{N_p} = b\frac{(e^{cN_p} - 1)}{N_p} + a \tag{4-32}$$

式中 N_p——累计产油量，10^4m^3；

W_p——累计产水量，10^4m^3。

第一步：代入已知的点（N_{p1}，W_{p1}），…，（N_{pn}，W_{pn}），设初值 $c=1/N_p$，对式（4-32）用最小二乘法，得出 a、b 值。

第二步：由得出的 a、b、c 值和已知的点 N_{p1}，…，N_{pn}，代入式（4-31）得出相应的水驱曲线计算 W'_{p1}，…，W'_{pn} 值；再根据计算的 W'_p 值和已知的 N_p 值，得出水驱曲线去噪后的 f_w 值。

第三步：通过试调 c 值，使计算的 W'_p 值和实际的 W_p 值、去噪后的 f_w 值和实际的 f_w 值拟合上，并使式（4-32）线性成立的相关系数最大。从而得出最终的 a、b、c 值。

第四步：由 $N_p\Big|_{f_w=98\%}=\dfrac{\ln\dfrac{49-a}{bc}}{c}$ 代入最终的 a、b、c 值，求得 $N_p(f_w=98\%)$ 的值。

② 求取 N_R，n_o，n_w，M 值。

油藏工程中，针对不同的岩性油藏，提出了许多相对渗透率的函数表达形式。但无论何种形式，总的来说是一种指数形式。由于其物理意义明确，简单明了，故常用于油藏工程实际。指数形式的相对渗透率曲线可以表示为：

$$K_{ro}=K_{ro}(S_{wi})\left(\frac{1-S_{oi}-S_w}{1-S_{or}-S_{wi}}\right)^{n_o} \tag{4-33}$$

$$K_{rw}=K_{rw}(S_{or})\left(\frac{S_w-S_{wi}}{1-S_{wi}-S_{or}}\right)^{n_w} \tag{4-34}$$

利用生产资料求解单井相对渗透率时，由于 S_{or} 和 S_{wi} 各处并不相同，不妨将其无因次化处理，即设定 $S_{wi}=S_{or}=0$，此时

$$K_{ro}=K_{ro}(S_{wi})(1-S_w)^{n_o}=(1-S_w)^{n_o} \tag{4-35}$$

$$K_{rw}=K_{rw}(S_{or})\times(S_w)^{n_w} \tag{4-36}$$

根据一维线性流动下条件下的分流量方程：

$$f_w=\frac{1}{1+\dfrac{K_{ro}}{K_{rw}}\times\dfrac{\mu_w}{\mu_o}} \tag{4-37}$$

转化到地面可得：

$$\frac{f_w}{1-f_w}=\frac{K_{rw}}{K_{ro}}\times\frac{\mu_o}{\mu_w}\times\frac{B_o}{B_w} \tag{4-38}$$

代入无因次相渗的表达式可得：

$$\frac{f_w}{1-f_w}=\frac{K_{rw}(S_{or})\times(S_w)^{n_w}}{(1-S_w)^{n_o}}\times\frac{\mu_o}{\mu_w}\times\frac{B_o}{B_w} \tag{4-39}$$

令 $R=\dfrac{N_p}{N_R}=S_w$，则：

$$\frac{f_w}{1-f_w}=\frac{K_{rw}(S_{or})\times(R)^{n_w}}{(1-R^{n_o})}\times\frac{\mu_o}{\mu_w}=\frac{K_{rw}(S_{or})\times R^{n_w}}{(1-R)^{n_o}}\times\frac{\mu_o}{\mu_w}\times\frac{B_o}{B_w} \tag{4-40}$$

令 $M=K_{rw}(S_{or})\frac{\mu_o}{\mu_w}\cdot\frac{B_o}{B_w}$,则:

$$\frac{f_w}{1-f_w}=\frac{MR^{n_w}}{(1-R)^{n_o}} \tag{4-41}$$

式(4-41)变形有:

$$\frac{f_w}{1-f_w}=\frac{M'N_p^{n_w}}{(N_R-N_p)^{n_o}} \tag{4-42}$$

式中:$M'=\frac{M}{N_R^{(n_w-n_o)}}$

取对数有:

$$\ln\left(\frac{f_w}{1-f_w}\right)=\ln M'+n_w\ln N_p-n_o\ln(N_R-N_p) \tag{4-43}$$

对式(4-31)进行微分变换有

$$\frac{dW_p}{dN_p}=\frac{f_w}{1-f_w}=bce^{cN_p}+a \tag{4-44}$$

将式(4-44)代入式(4-43),有

$$\ln(bce^{cN_p}+a)=\ln M'+n_w\ln N_p-n_o\ln(N_R-N_p)$$

代入已知的点 N_{p1}、N_{p2},整理得

$$\frac{\ln\left(\frac{bce^{cN_{p1}}+a}{bce^{cN_{p2}}+a}\right)}{\ln\left(\frac{N_{p1}}{N_{p2}}\right)}=n_w-n_o\frac{\ln\left(\frac{N_R-N_{p1}}{N_R-N_{p2}}\right)}{\ln\frac{N_{p1}}{N_{p2}}} \tag{4-45}$$

第五步:设初值 $N_R=N_p(f_w=98\%)$,利用最小二乘法,得出 n_o、n_w 值。

由式(4-41)有:

$$\frac{f_w}{1-f_w}=\frac{M\left(\frac{N_p}{N_R}\right)^{n_w}}{\left(1-\frac{N_p}{N_R}\right)^{n_o}} \tag{4-46}$$

第六步:代入已知的 N_p、N_R、去噪后的 f_w 值和得出的 n_o、n_w 值,利用最小二乘法求出 M 值。

对式(4-46)变形有:

$$f_w = \frac{M\left(\frac{N_p}{N_p}\right)^{n_w}}{\left(1-\frac{N_p}{N_p}\right)^{n_o}} \Bigg/ \left(1+\frac{M\left(\frac{N_p}{N_R}\right)^{n_w}}{\left(1-\frac{N_p}{N_R}\right)^{n_o}}\right) \tag{4-47}$$

第七步：试调 N_R 值，使得式(4-45)线性成立的相关系数最大，以及式(4-47)计算出来的 f_w 值和去噪后的 f_w 值拟合上，从而最终确定 N_R、n_o、n_w、M 值。

4.3.2　CNOOC 动态法在边底水稠油油田中的应用

4.3.2.1　CNOOC 动态法计算结果

根据上节中建立的由实际生产动态求解单井无因次采油/采液指数曲线的方法，对秦皇岛 32-6 油田 45 口单井的生产动态数据进行了处理(表 4-3)。

表 4-3　已绘制无因次采液指数分类情况

区块	A 型	B 型	C 型	D 型
	产液指数 J_{DL}一直上升	J_{DL}先降后升，最终大于 1	J_{DL}先降后升，最终小于 1	J_{DL}一直为下降趋势
北区	9	3		
南区	9	2		
西区	13	9		

由计算结果可见，秦皇岛 32-6 油田的无因次采液指数以 A 型和 B 型为主，说明该油田多数生产井随着含水率的逐渐增大，产液量会逐渐上升，在油田生产中后期具有较大的提液增油潜力。

4.3.2.2　实际生产数据对单井动态相渗的验证

根据现场的实际动液面数据，绘制了实际单井的无因次采油采液指数曲线，用以验证理论计算结果(图 4-43 至图 4-45)。

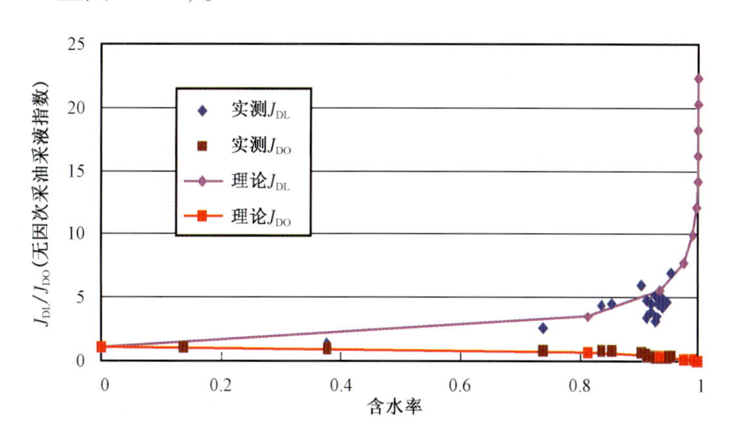

图 4-43　QHD32-6-A03 井无因次采油/采液指数

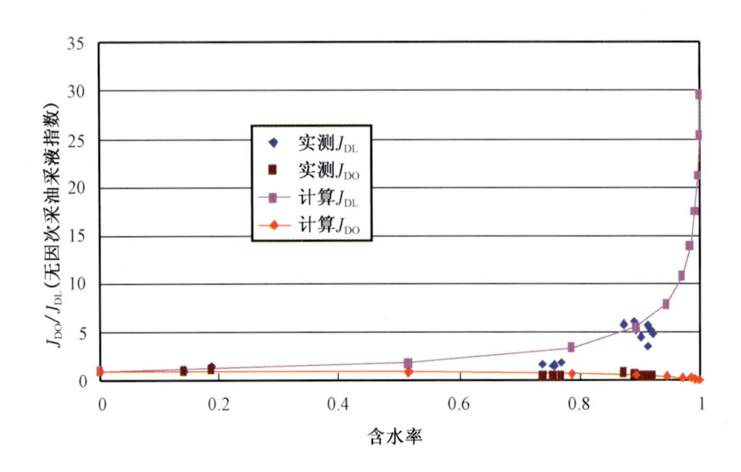

图4－44　QHD32－6－A04井无因次采油/采液指数

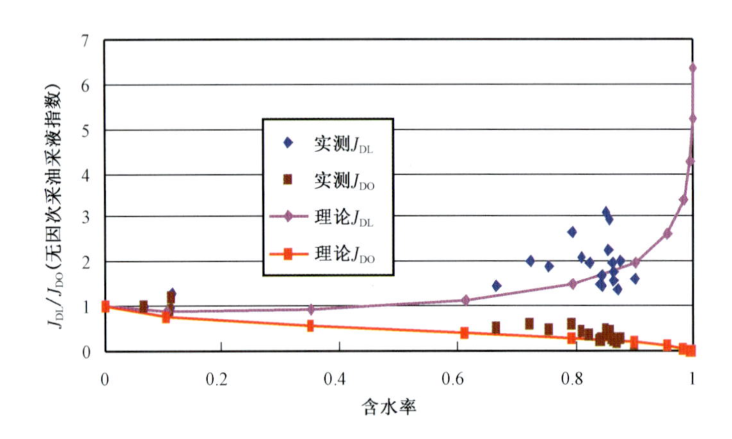

图4－45　QHD32－6－F12井无因次采油/采液指数

计算结果表明,采用CNOOC动态相渗所计算的单井无因次采油/采液指数与现场实际相当,可以根据改方法所计算的无因次采油采液指数变化规律确定合理的提液时机。

4.3.2.3　实际提液效果分析

为便于分析,这里我们引入提液幅度和增油幅度两个概念。

提液幅度 = (提液后月产液量 - 提液前月产液量)/ 提液前月产液量 × 100%

增油幅度 = (提液后月产油量 - 提液前月产油量)/ 提液前月产油量 × 100%

从生产动态曲线出发,统计秦皇岛32－6油田幅度大于5%的提液共111次,其中提液后油量增加的共85次,含水率下降的共26次。

总结各次提液效果,绘制了增油幅度—提液幅度(图4－46)、增油幅度—含水率(图4－47),从以上两张图中可得看出,在含水率低于50%之前提液后其增油效果较差,提液后增油幅度大于提液幅度的点主要集中在含水80%以后,这与CNOOC动态法预测结果相一致。

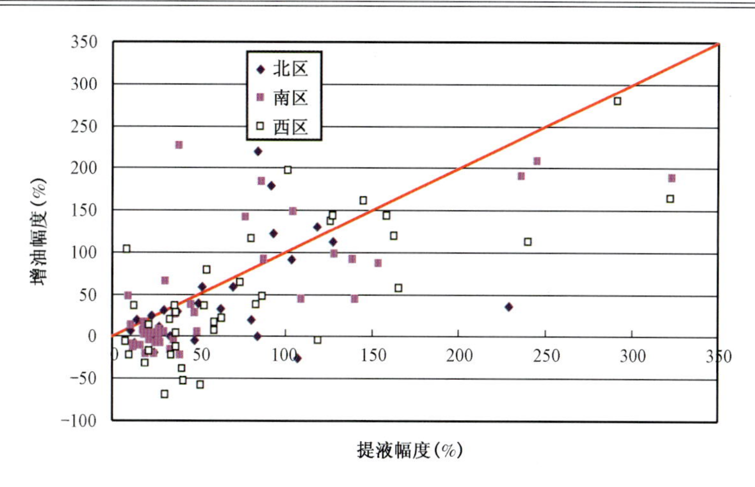

图4-46　秦皇岛32-6油田增油幅度与提液幅度关系图

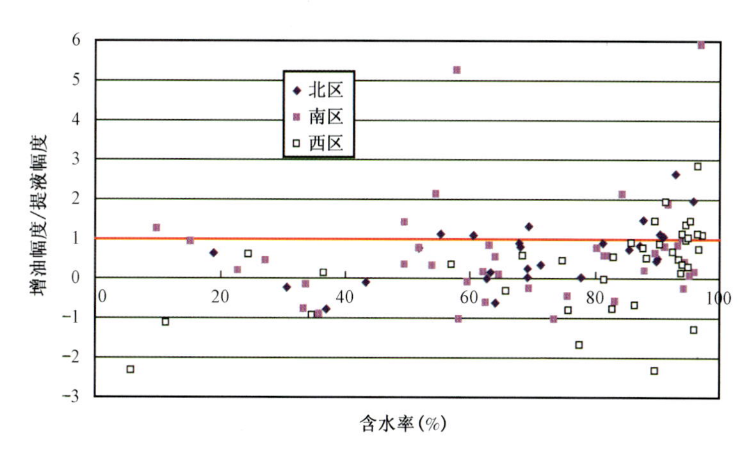

图4-47　秦皇岛32-6油田增油幅度与含水率关系图

4.4　综合挖潜实施效果

秦皇岛32-6油田综合调整措施实施效果主要体现在两个方面:油田整体开发形势上,目前的生产比较稳定;油田开发效果上,可采储量和采收率均有所增加。

生产比较稳定体现在以下几个方面:一是综合含水上升率,该油田含水上升率通过这几年的综合治理,已经控制在5%以内,2005年为9%,2008年为3.7%(图4-48);二是综合递减率以及油田的总递减率(图4-49),在2005年分别为12.6%、10.1%,但是在2008年综合递减率为5.3%,而总递减率降为0。对于这样一个复杂的河流相多油水系统的稠油油田,综合含水达到80%以上,综合递减率为0,应该说是取得了一个不小的成绩;三是体现在年产量上,自2005年开始,秦皇岛32-6油田历年的产量都在$160\times10^4m^3$以上,对于2009年以及2010年秦皇岛32-6油田的产量要求大于$160\times10^4m^3$(图4-50)。

通过综合调整挖潜方案实施,秦皇岛32-6油田可采储量增加$920\times10^4m^3$(相当于新发现一个$(4000\sim5000)\times10^4m^3$以上储量规模的油田);采收率由13.4%增加到18.9%(图4-51)。

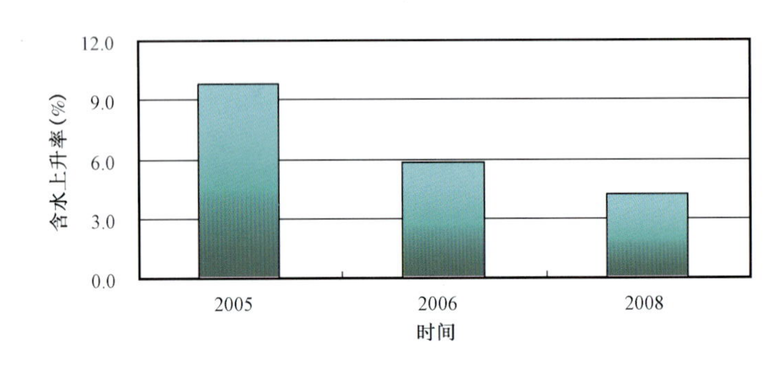

图4－48　秦皇岛32－6油田2005年至2008年含水上升率

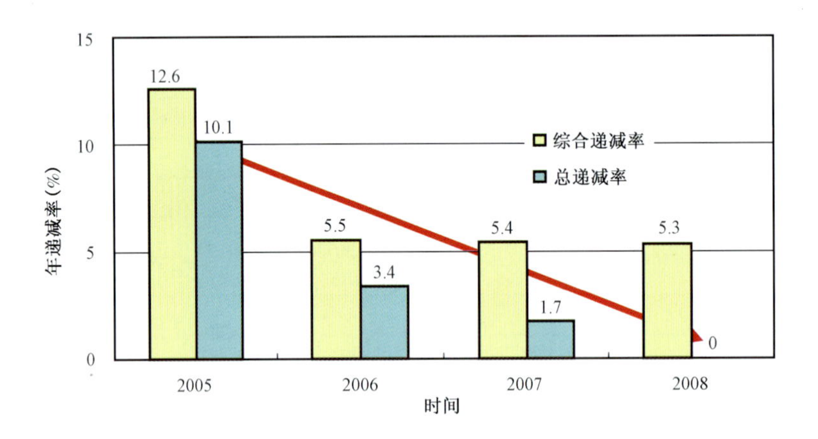

图4－49　秦皇岛32－6油田递减率对比

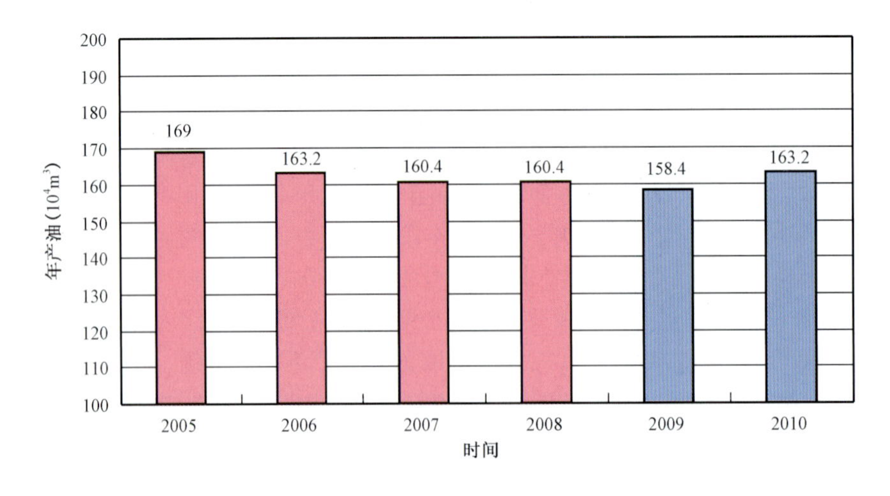

图4－50　秦皇岛32－6油田历年产量完成对比

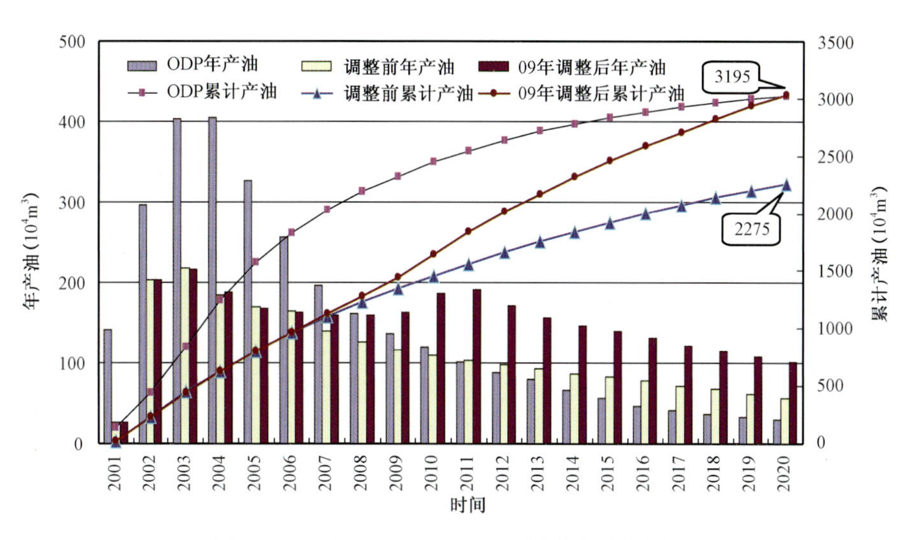

图4-51　秦皇岛32-6油田开发指标预测对比

5 配套工艺技术

5.1 优化及细分层注水技术

为了兼顾成本与效果，油田注水在初始阶段都采用笼统注水，随着油田的进一步开发，笼统注水就不能适应油田生产的状况，带来了一系列问题：各注入层推进差异日益增大，"指进"现象愈加严重，注水效果越来越差。

为了适应渤海油田的注水井地质条件、完井井身结构和注入要求，只有针对各种注水井的具体情况采取合适的注入工艺，才能取得良好的注水效果，同时也能节约成本。

然而渤海油田多为非均质性砂岩油田，地层渗透率级差大，原油黏度较高，因此注入水沿高渗透层推进较快，而中低渗透层水驱效果不明显。由于油田复杂的地质条件和完井井身结构及大排量注水的要求，只有分注工艺达到多样性和先进性统一才能适应油田开发的需要。

5.1.1 免投捞地面多管分注技术

免投捞地面多管分注工艺取消了常规井下配水器，在地面通过微调阀门控制各层注入量，从各管的井口压力表和流量计分别读取各注水层位的注入压力和注入量。同时，该工艺能使地下层与层之间相对独立，避免了同一井由于各层压力差异，造成的在特殊情况下的层间混注。与常规分层注水工艺相比，具有各层注入量精确、无需投捞测调试、地面验封验窜及时、无需进行吸水剖面测试、可分介质注入（注聚合物和注水）等优点。

5.1.1.1 工艺原理

（1）地面管汇。

以三层多管分注为例，从水源处的来水管在井口处由一变三，然后分别依次连接各层的流量调节阀、流量计和压力表，再流经采油树、井口装置注入井底，直至各个目的注入层，如图5-1所示。

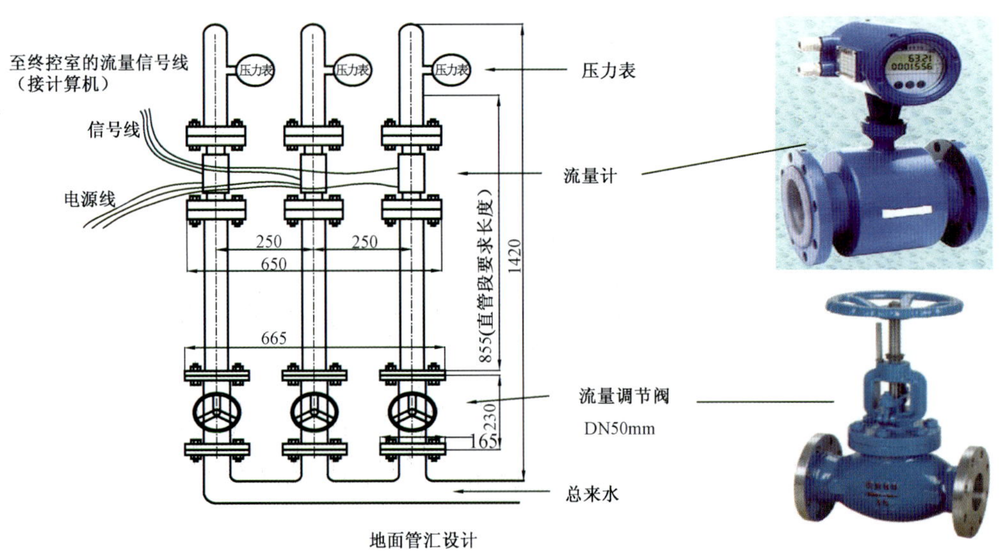

图5-1 三管分注地面管汇示意图

(2)井口装置。

需在现有的油管四通和采油树之间加入一个升高油管四通和油管挂。多管分注前，油井处于生产或者合注状态，改造前后的井口如图 5－2 所示。

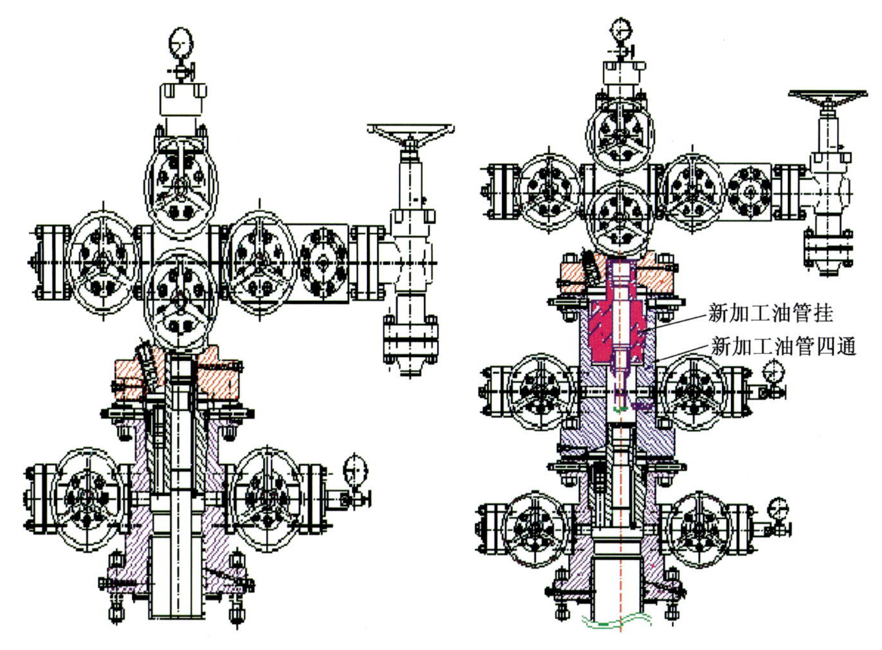

图 5－2 改造前井口(左)与改造后井口(右)

(3)井下管柱。

在改造前原井的大油管中再下入一趟小油管管柱，小油管挂坐于中间的升高四通中，大油管挂仍坐于原来的油管四通中。三层的独立注入是这样实现的：小油管通道注入到下层，大小油管环空通道注入到中层，套管和大油管环空通道注入到上层，如图 5－3 所示。

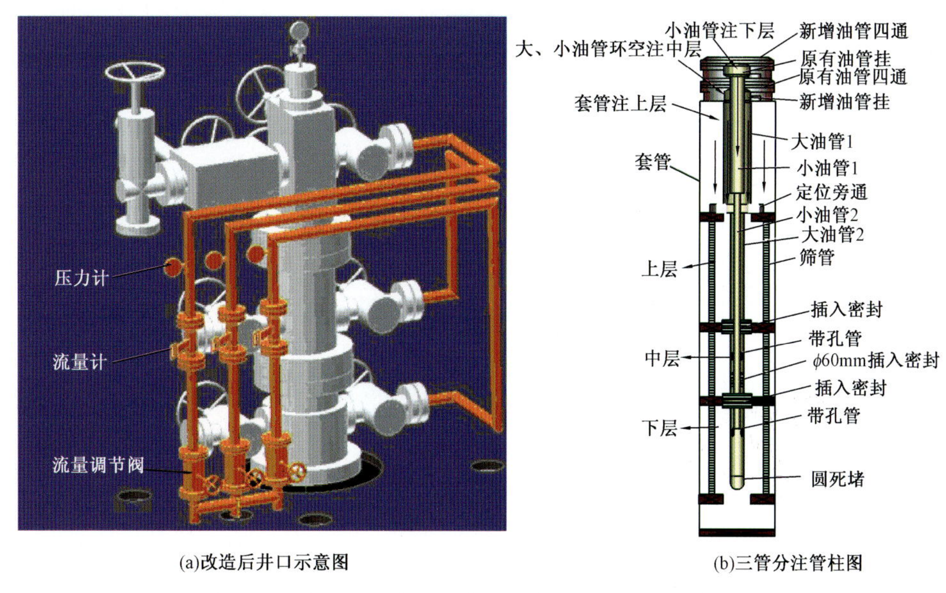

(a)改造后井口示意图 (b)三管分注管柱图

图 5－3 分层配注改造后井口示意图与三管分注管柱图

5.1.1.2 方案设计

以秦皇岛 32－6 油田 A09 井的地面三管分注方案设计为例进行阐述。

(1)完井资料与油藏设计配注量。

QHD32－6－A09 井以生产井投产,2002 年 8 月转注,分五段防砂,2008 年计划实施三管分注,该井管柱数据表和防砂管柱图分别见表 5－1 和图 5－4。

表 5－1 QHD32－6A09 井管柱数据表

油田	秦皇岛 32－6
井号	A9
现状	注水井
人工井底	PBTD:1634.94m
防砂方式	砾石充填筛管五层防砂;密封光筒内径:顶层 6in,其余 4in
最大井斜	35.8°
生产套管	9⅝in;N80,40lb/ft,内径 ϕ224.4mm
防砂层数	5

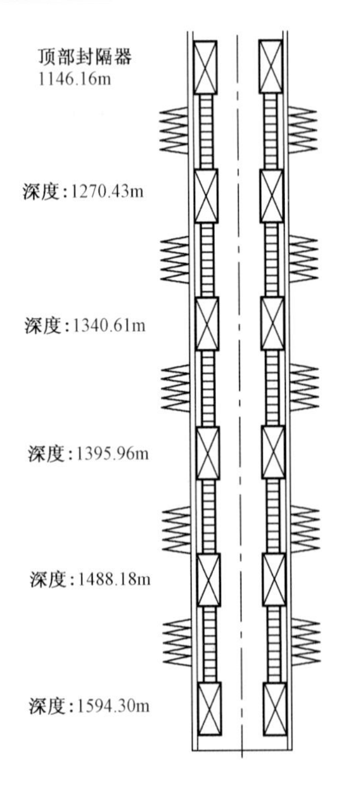

图 5－4 QHD32－6 A09 井防砂管柱图

油藏设计分注后该井注水层位为 P1,P3,P4 防砂段的 $Nm0^{6}$,$Nm\,I^{1,3}$,$Nm\,III^{2}$,$Nm\,IV^{1,2}$,配注量分别为:上层注 P1 段 180m^3/d,中层注 P3 段 280m^3/d,下层注 P4 段 200m^3/d。

(2)井下管柱组合。

封隔器以上油管组合初选:

封隔器以上油管可能的组合及不同注入量下摩阻计算结果如表 5－2 所示。A09 井大小油管环空注入量为 280m^3/d,小油管注入量为 200m^3/d,一般认为总摩阻损失(包括封隔器以上和封隔器以下管柱摩阻损失)应小于 3MPa,同时考虑未来可能的注入量调整,从表格中可以查出方式一和方式二为可选方案,由于中层配注量大于下层,方式二要优于方式一,即初步确定封隔器以上采取 4½in 外部油管,2⅜in 内部油管的方案。

表 5－2 封隔器以上可能的油管组合和摩阻计算结果

	外部油管	内部油管	大小油管环空摩阻				内部油管摩阻（MPa）	注入量（m³/d）
			不含接箍的环空摩阻（MPa）	接箍处沿程摩阻（MPa）	接箍处局部水损（MPa）	环空总摩阻（MPa）		
方式一	4½in EU/NU	2⅞in NU	0. 13	0. 03	0. 02	0. 18	0. 07	100
			0. 51	0. 11	0. 08	0. 7	0. 26	200
			1. 14	0. 24	0. 18	1. 56	0. 58	300
			2	0. 42	0. 32	2. 74	1. 03	400
			3. 12	0. 66	0. 49	4. 27	1. 6	500
方式二	4½in EU/NU	2⅜in NU	0. 04	0	0	0. 04	0. 2	100
			0. 17	0. 01	0. 01	0. 19	0. 76	200
			0. 37	0. 01	0. 01	0. 39	1. 7	300
			0. 66	0. 02	0. 02	0. 7	2. 97	400
			1. 02	0. 04	0. 04	1. 1	4. 64	500
方式三	4½in EU/NU	1. 9in NU	0. 02	0	0	0. 02	0. 6	100
			0. 08	0	0	0. 08	2. 36	200
			0. 18	0	0	0. 18	5. 21	300
			0. 32	0	0	0. 32	9. 26	400
			0. 5	0. 01	0. 01	0. 52	14. 47	500
方式四	4in EU/NU	2⅜in NU	0. 13	0. 01	0. 01	0. 15	0. 2	100
			0. 52	0. 03	0. 03	0. 58	0. 76	200
			1. 15	0. 07	0. 07	1. 29	1. 7	300
			2. 03	0. 12	0. 12	2. 27	2. 97	400
			3. 16	0. 19	0. 18	3. 53	4. 64	500
方式五	4in EU/NU	1. 9in NU	0. 05	0	0	0. 05	0. 6	100
			0. 2	0	0	0. 2	2. 36	200
			0. 44	0. 01	0. 01	0. 46	5. 21	300
			0. 77	0. 01	0. 01	0. 79	9. 26	400
			1. 2	0. 02	0. 01	1. 23	14. 47	500
方式六	3½in EU/NU	1. 9in NU	0. 25	0. 01	0	0. 26	0. 6	100
			0. 96	0. 02	0. 02	1	2. 36	200
			2. 14	0. 05	0. 04	2. 23	5. 21	300
			3. 79	0. 1	0. 06	3. 95	9. 26	400
			5. 8	0. 15	0. 1	6. 05	14. 47	500

续表

	外部油管	内部油管	大小油管环空摩阻				内部油管摩阻（MPa）	注入量（m^3/d）
			不含接箍的环空摩阻（MPa）	接箍处沿程摩阻（MPa）	接箍处局部水损（MPa）	环空总摩阻（MPa）		
方式七	2⅞in EU/NU	1.9in NU	3.35	0.47	0.18	4	0.6	100
			12.94	1.87	0.7	15.51	2.36	200
			29.11	4.21	1.58	34.9	5.21	300
			51.76	7.48	2.82	62.06	9.26	400
			80.87	11.69	4.4	96.96	14.47	500

注：管柱长度均按1500m计算，油管接箍按标准接箍计算

封隔器以下油管组合初选：

由于封隔器以下最小内通径为4in，查表5-3可知，只有两种方式可选，由于中层注入量较大而方式二两油管环空间摩阻太大远大于方式一，初步确定方式一，即封隔器以下采取3½in外部油管，1.9in内部油管的组合方式。

表5-3　封隔器以下油管组合及摩阻计算（最小内通径4in）

	外部油管	内部油管	大小油管环空摩阻				内部油管摩阻（MPa）	注入量（m^3/d）
			不含接箍的环空摩阻（MPa）	接箍处沿程摩阻（MPa）	接箍处局部水损（MPa）	环空总摩阻（MPa）		
方式一	3½inNU（薄接箍）	1.9in NU	0.02	0	0	0.02	0.04	100
			0.06	0	0	0.06	0.16	200
			0.14	0	0	0.14	0.35	300
			0.25	0.01	0	0.26	0.62	400
			0.39	0.01	0.01	0.41	0.96	500
方式二	2⅞in NU	1.9in NU	0.22	0.03	0.01	0.26	0.04	100
			0.86	0.12	0.05	1.03	0.16	200
			1.94	0.28	0.11	2.33	0.35	300
			3.45	0.5	0.19	4.14	0.62	400
			5.59	0.78	0.29	6.66	0.96	500

注：管柱长度均按100m计算，油管接箍按标准接箍计算

压力损失计算与管柱组合确定：

根据初选方案，依据各层配注量，建立模型分别计算各层摩阻，从而得到管柱中总摩阻，如表5-4所示，总摩阻小于3MPa，设计方案可行，设计井下管柱组合如图5-5所示。

表 5－4　QHD32－6A09 井三管分注摩阻计算

注入层	通道实现	管柱长度(m)	摩阻(MPa)		注入量(m^3/d)
上层	$9\frac{5}{8}$in 和 4.5inNU 油管环空	1146	0		180
中层	顶部封隔器以上:4.5inNU 油管和 $2\frac{3}{8}$inNU 油管环空	1100	0.25	总:0.63	280
	顶部封隔器以下:3.5inNU 油管和 1.9inNU 油管环空	1390－1100＝290	0.38		
下层	顶部封隔器以上:$2\frac{3}{8}$inNU 油管	1100	0.19	总:0.65	200
	顶部封隔器以下:1.9inNU 油管	1390－1100＝290	0.46		

(3)井口和地面改造。

增加一个升高油管四通和一个油管挂,新加工油管挂的下油管扣为 4.5inEUB,上油管扣为 4inEUB,且满足通径 ϕ100mm。井口安装流量调节阀、流量计、压力计,地面控制注水量。

5.1.1.3　现场应用

地面多管分注技术目前已在渤海油田推广应用,目前秦皇岛 32－6 油田有 7 口井,BZ25－1S 油田有 14 口井使用了该技术。钢丝作业测调试、吸水剖面测试等费用得到节省,同时减少了因作业和测试而影响的注水量,现场使用效果良好。

5.1.2　同心边测边调技术

油田实际生产中,一口注水井通常需要对几个层位同时进行注水,陆地油田由于油井的井筒空间比较狭小,多采用偏心配水的方法,为了提高配注效率,采用了边测边调的偏心注入工艺。中国专利说明书 CN1525041A 在 2004 年 9 月 1 日就公开了这样一种油田注水井配注量自动调节方法,它采用堵塞器安装在油田注水井的偏心配水器中,由堵塞器、电机、流量计及控制装置组成闭环控制系统,使电机带动堵塞器上的可调式阀门水嘴的阀心运动,从而调节水嘴开口的大小。海上油田由于注水井大多是斜井,通常比陆地油井深,完井方式也与陆地油田的完井方式有差异,采用陆地油田的偏心配注工艺,一则配注量不能满足海上油田配注量要求,因为海上油田的单层配水量经常会在 300m^3/d 左右,而陆地油田的偏心配注工艺单层配注量一般能在 100m^3/d 左右;二则由于井斜较大,陆地油田的偏心配注工艺作业成功率太低,不能满足实际生产要求。

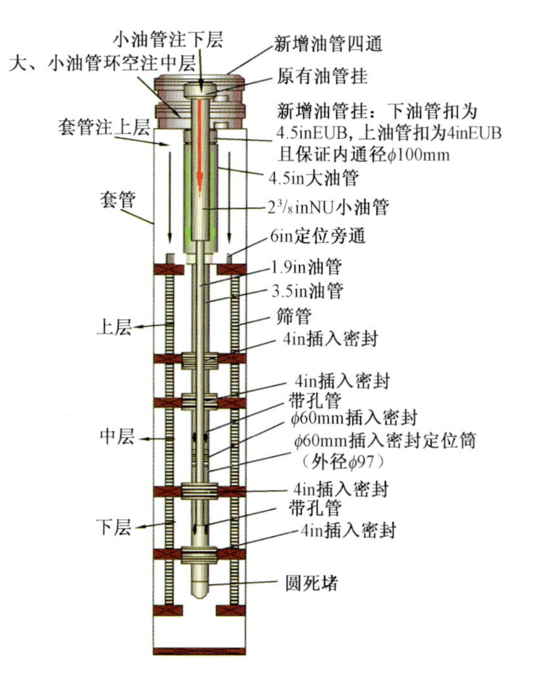

图 5－5　QHD32－6 A09 三管分注管柱图

鉴于上述原因,陆地上的边测边调注水工艺并不适应海上油田的注水状况,需要进行研发新的边测边调注水工艺。

5.1.2.1　工艺原理

在注水井中安装同心配水装置,该配水装置包括工作筒和配水器,配水器套装在与注水管柱连接的所述工作筒内并与其螺纹连接，配水器侧壁上设置有键槽，工作筒侧壁与配水器水嘴位置相应处设置有与油层相通的出水孔，工作筒内部上端设置有定位台阶。将与地面控制仪通过电缆相连的测试调节仪下入井中并与最下层的配水器中对接，通过地面控制仪读取该层的注入量和地层压力，并自动或者手动地控制井下测调仪来调节水嘴大小以达到目标注水量。测调完该层配水器水嘴之后，上提电缆通过与之相邻的配水器，然后下放电缆，测调仪会自动定位并接合配水器，通过相同的操作来完成该层的水嘴调配达到配注量要求。同理，直至测调完所有的配水器，然后上提电缆将测调仪提出地面，完成各注入层的水嘴调配。这样通过闭环系统的控制，自下而上，一次下井，便实现了井下所有注水层的自动调节分层配注量，各层配注量在地面实时直读而且可控，工作效率高，劳动强度低。

5.1.2.2　管柱结构

同心边测边调分层注水工艺的管柱结构及井下工具由可定位插入密封、边测边调配水器工作筒、测调仪组成。整个管柱结构简单，所有的配水工作筒相同，如果需要 N 层配水，则将 N 个配水工作筒连接在油管管柱中即可，两相邻工作筒间由插入密封隔开。原则上 N 的数值大小不受限制，能够实现任意层数的配注。图5－6所示为 $N=6$ 时的分层配注管柱图。

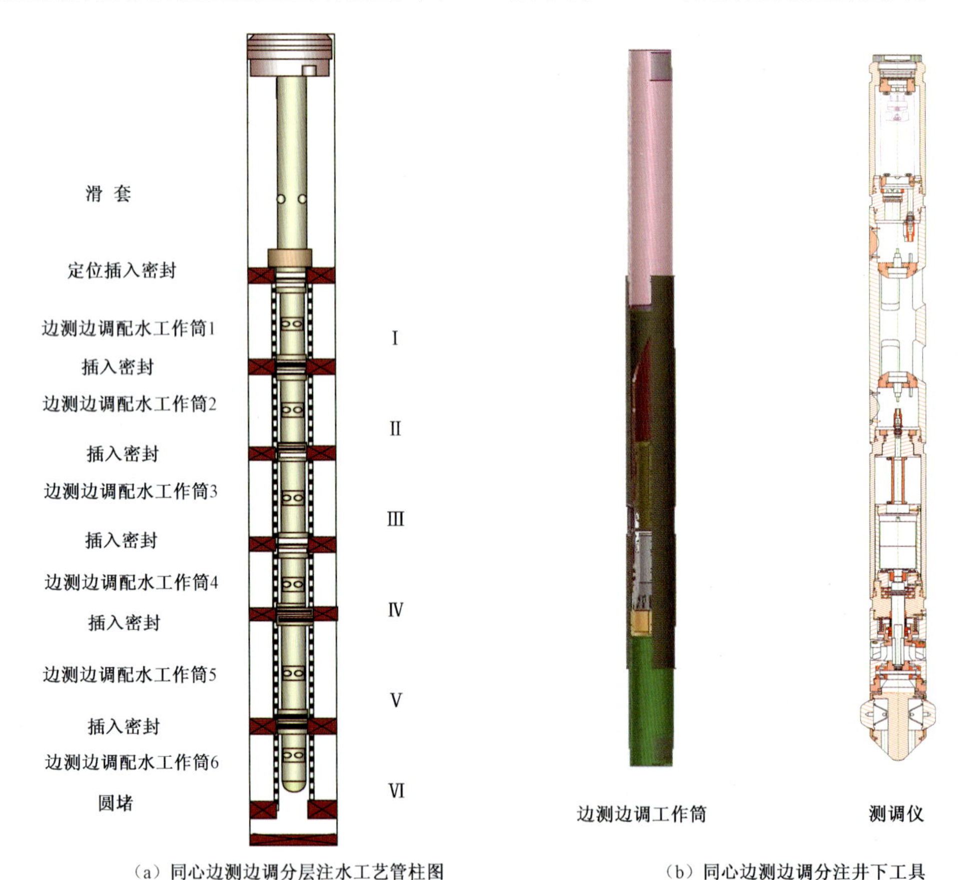

（a）同心边测边调分层注水工艺管柱图　　（b）同心边测边调分注井下工具

图5－6　QHD32－6A09三管分注管柱图

5.1.2.3 适用条件

(1)适用于多段防砂完井后内通径为 ϕ98.55mm 及以上的注水井的分层配注,单层最大注入量可达 600m^3/d;

(2)工作温度:≤90℃;

(3)分注层段数:任意层数;

(4)插入密封工作压差:15MPa;

(5)适用井斜:≤60°。

5.2 大孔道封堵和油藏深部流体转向技术

深部调驱技术是近年来发展起来的一种有效调整层内层间矛盾、改善注水油田开发效果的工艺技术,起到扩大注入水波及体积的作用。其一方面可以有效控制连通性较好的生产井的含水上升速度,同时解放中低渗透层储量,增加生产井产油量,提高油田采收率;另一方面可以从源头上控制注入水的无效循环,节约油田污水处理费。

该技术核心为通过膨胀后的微球体系深部调驱控制强吸水层的吸水,迫使液流深部转向以加强其他层的注水,使各小层注水达到均衡,缓解注水的平面和层间矛盾,提高驱油效果和采收率。

5.2.1 微球深部调驱机理

聚合物微球在水中可以膨胀,在油中不会膨胀,且膨胀时间可控。将其随注入水注入地层,微球原液在注入水中分散为乳状液,黏度与水相当,初始尺寸只有几十至几百纳米,具有良好的注入性能。待微球膨胀后,可增加高渗通道的流动阻力,使注入水更多地进入中、低渗透部位,提高中低渗透部位的动用程度,实现注入水的微观改向。

纳米微球实现深部调驱的机理体现在四个方面:① 膨胀速度控制调驱机理、② 几何选择性调驱机理、③ 化学选择性调驱机理、④ 弹性—黏弹性调驱油机理。主要表现在:根据注入水性质、地层温度和施工规模,通过控制聚合物微球的成分和结构,控制其在注入水中的膨胀速度(最大可控膨胀时间超过 30 天),尽可能将微球注入到地层深部,达到进行深部调驱的目的;通过控制其原始尺寸和有效成分含量,控制其最大膨胀体积,使之与地层孔喉匹配。这样,就解决了以往调堵材料中存在的注入能力与堵水强度之间的矛盾,也解决了颗粒型调剖剂在水中容易沉淀,不可深入地层,形成地层永久伤害等问题;纳米微球遇水膨胀遇油不膨胀,实现堵水不堵油的选择性堵塞水流通道;同时由于聚合物微球本身有弹性,在一定压力下会移动,逐级逐步使液流改向,从而实现深部调驱,最大限度的提高注入水的波及体积。

5.2.2 微球调驱研究方法

结合目标油田地质特征和流体性质特点,利用室内物理模拟实验方法,优选具有耐温、耐盐、耐剪切、具有广泛适应性的聚合物微球作为调驱材料。通过研究聚合物微球在模拟油藏非均质条件下的具有不同渗透率岩心中的滞留行为,考察其微观液流改向以及提高采收率的能力,确定注入浓度、注入量、注入时间等参数,制定并优化现场实施的工艺方案。

5.2.3 实施效果

秦皇岛 32－6 油田 A09 井于 2009 年 9 月 14 日开始微球调驱作业,至 2009 年 12 月 14 日已完成进度90%，施工前和施工过程中定期测试A09a层位的视吸水指示曲线和井口压降曲线，根据测试资料并结合井口注入压力的变化，将设计注入量调整为124t。井组内连通注微球层位$Nm I^3$的5口油井目前有4口已见到降水增油效果(图5－7)。

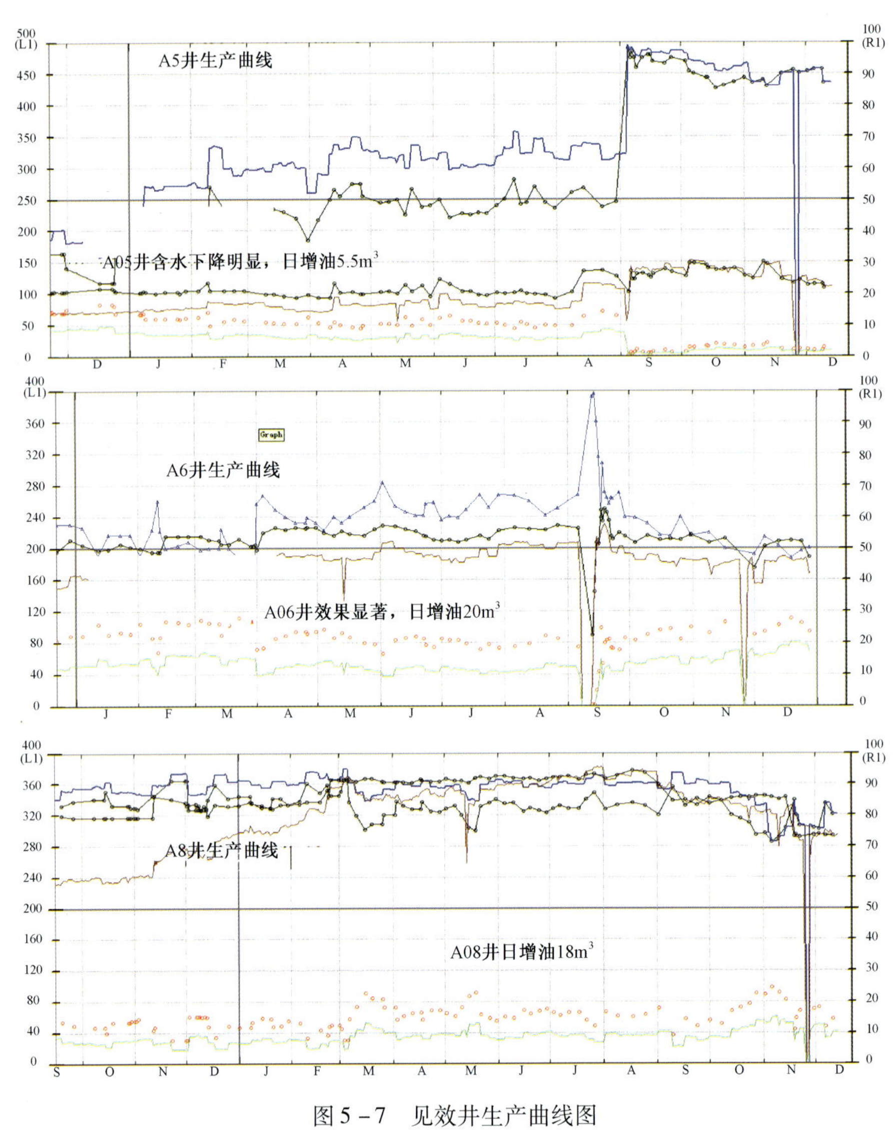

图5－7　见效井生产曲线图

六条曲线由上向下依次为：分配含水、计量含水、计量产液、分配产液、计量油、分配油曲线

5.3　砂岩稠油底水油藏氮气泡沫压水锥技术

5.3.1　氮气泡沫压水锥机理

底水油藏在生产中表现出以下特点：生产初期，底水起到补充油藏能量，提高油井产量的作用，地层压力下降慢，单位压降产量高；但是底水锥进后，油井压力有所回升，液量增加，原油产量快速下降，含水迅速上升。注入氮气可以抑制底水锥进，降低油井的综合含水。氮气泡沫

压水锥的机理是利用油水黏度差,注入的氮气首先进入水锥中,使其被迫沿地层向构造或油层下部运移,使水锥逐渐消失,同时降低了油水界面。由于重力分异作用,氮气从油层底部向顶部运移,从而增加了一个附加的弹性能量,延缓了油水界面的恢复。除此之外,注入地层的泡沫也起到堵水、调剖的作用,其主要原因在于泡沫在多孔介质内的渗流特性。在多孔介质中,泡沫首先进入流动阻力较小的高渗透大孔道,由于泡沫在大孔道中流动时具有较高的视黏度,流动阻力会随着泡沫注入量的增加而增大,当增大到超过小孔道中的流动阻力后,泡沫便越来越多的流入低渗透小孔道中。视黏度随介质孔隙的增大而升高,随剪切应力的增加而降低。泡沫在小孔道中流动视黏度低,而且小孔道中含油饱和度较高,所以泡沫稳定性差。以上两种因素导致泡沫在高、低渗透层内均匀推进,并在油水界面处形成大量的泡沫,封堵底水的进一步侵入。

5.3.2 氮气泡沫控制底水锥进的适用条件

5.3.2.1 流体条件

地下流体条件主要考虑原油的密度、黏度。国外进行的注氮气和烟道气重力排驱现场应用表明:原油重度在24°API(0.91g/cm^3)左右为宜,此时驱油效率可达87%。南美委内瑞拉石油公司在一个稠油油藏(14°~20°API,相当于0.93~0.97g/cm^3)成功地实施了注气开发,其同时进行的室内实验表明,原油密度在0.95g/cm^3 左右仍能取得较好的注气效果。

注氮气压锥堵水时对原油黏度没有专门限制,对于块状厚层底水油藏,其原油黏度应该小于10000mPa·s。

5.3.2.2 油层条件及注气部位

实施氮气泡沫压锥措施时应选择在底部油水界面处注入氮气或氮气泡沫。

综合以上三方面的条件,氮气(泡沫)压锥控制底水锥进的地质工艺条件如表5-5所示。

表5-5 氮气/氮气泡沫重力排驱筛选标准表

<table>
<tr><th colspan="2">地质工艺条件</th><th>筛选标准</th></tr>
<tr><td rowspan="6">地质条件</td><td>1. 埋藏深度(m)</td><td>1000~2000</td></tr>
<tr><td>2. 油层厚度(m)</td><td>>20</td></tr>
<tr><td>3. 孔隙度(%)</td><td>>10</td></tr>
<tr><td>4. 渗透率(mD)</td><td>>200</td></tr>
<tr><td>5. 含油饱和度(%)</td><td>注气重力排驱要求含油饱和度>40%,
氮气泡沫压水锥要求注气(泡沫)井的含油饱和度<80%</td></tr>
<tr><td>6. 油藏构造条件</td><td>倾斜、背斜、盐丘、潜山、巨厚块状稠油油藏</td></tr>
<tr><td rowspan="2">流体条件</td><td>1. 原油密度(g/cm³)</td><td><0.95</td></tr>
<tr><td>2. 原油黏度(mPa·s)</td><td><10000</td></tr>
<tr><td>注气部位</td><td colspan="2">底部油水界面处注氮气和氮气泡沫</td></tr>
</table>

5.3.3 氮气泡沫压水锥研究方法

在掌握目标油藏构造特征、油藏类型、开发历程和生产动态的基础上,开展油藏数值模拟研究，对比未采取压锥措施、注氮气压锥、注氮气泡沫压锥三种方式进行压锥控水增油的效果，确定氮气注入天数、表面活性剂溶液浓度、氮气体积与表面活性剂溶液体积比(气液比)、焖井时间、生产天数、注入方式(地面发泡或地下发泡，地下发泡的段塞数)、注氮气时机等关键工艺参数，对氮气泡沫压锥控水的效果进行预测。通过对地层流体和起泡剂的室内评价实验，评价起泡剂与水源井水、回注污水和目标油井生产水的配伍性，优选起泡剂浓度，评价起泡剂对地层渗透率伤害情况、泡沫对原油的敏感性以及氮气泡沫驱油效果等。

5.3.4 实施效果

2008 年 10 月 21 至 11 月 21 日，在 QHD32－6E18 井实施了氮气泡沫压锥作业，历时 31 天。采用地下发泡的施工方式，十个注入段塞，共注入氮气 $28.8\times10^4Nm^3$，注入泡沫基液 $1590m^3$，起泡剂平均浓度 1%。基液注入时井口压力 2.5～5.4MPa，氮气注入时井口压力 9～11MPa，随着注入量增加，地面注入压力不断增加，如图 5－8 所示。

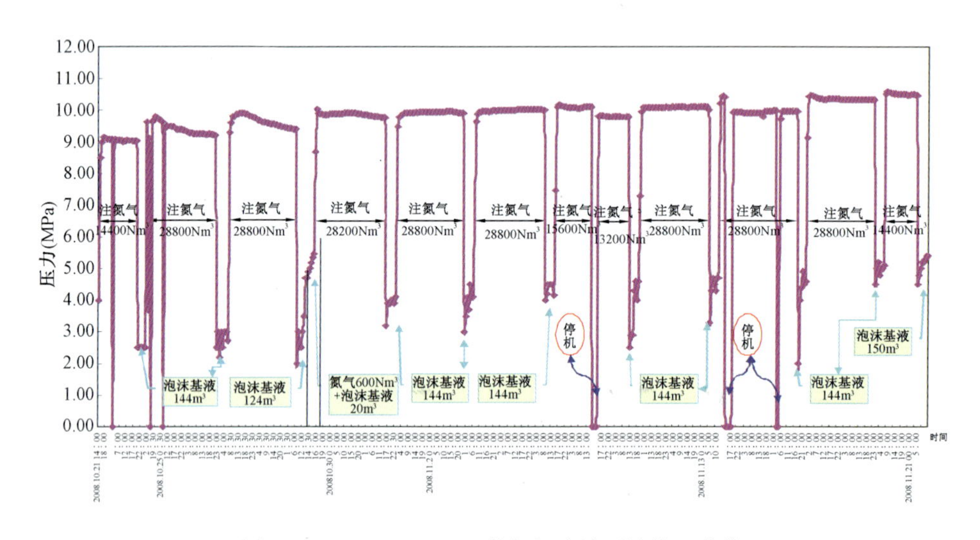

图 5－8 QHD32－6E18 井氮气泡沫压锥施工曲线

截至 2009 年 4 月，与措施前相比，E18 井含水下降了 15%，产液量下降 30%(由 140 多立方米到目前的 $100m^3$ 左右)，日均增油 $8m^3$ 左右，生产参数稳定，动液面稳定在 390m 左右，生产情况稳定，效果良好。E18 井氮气压锥后，既实现了日平均增油 $8m^3$ 的效果，同时日平均产水量减少了 $40m^3$ 左右，达到了控水增油的预期目的。

5.4 氮气泡沫段塞驱提高采收率技术

目前应用较广泛的提高采收率方法有聚合物驱、热力采油等，特别是聚合物驱在许多油田取得了成功的应用，达到了降水增油的效果，已经成为各大油田提高采收率的有效手段。但是，聚合物驱后，油田逐渐暴露出非均质性加剧、大孔道出现、窜流严重等问题。因此，一些先进的驱油技术相继被提出，其中泡沫驱油技术以其独特的性质得到了重视和关注。

强化氮气泡沫驱作为泡沫驱系列技术中的一种，是利用氮气与泡沫剂混合，同时加入聚合物形成泡沫复合体系作为驱油介质的提高采收率技术。该技术既能通过泡沫的封堵效应改善纵向非均质性，提高波及体积，同时又能利用泡沫剂降低油水界面张力的特性达到提高驱油效率的目的。这一技术已在国内外多个油田成功实施，经济效益巨大。

5.4.1 氮气泡沫驱机理

强化氮气泡沫驱由水、氮气、起泡剂生成泡沫，同时加入聚合物作为稳泡剂，其提高采收率的机理主要体现在如下几方面：

(1)改善流度比，调整注入剖面，扩大波及体积，具有“调”和“驱”的双重作用；

(2)乳化降黏及降低界面张力、提高水驱油效率；

(3)提高驱替液黏度，降低流度比，提高驱油效率；

(4)增加弹性能量，提高洗油效率。

5.4.2 氮气泡沫驱研究方法

根据油田油藏地质特征，进行强化氮气泡沫驱选井选层研究；采用实验研究方法，从起泡剂、稳泡剂筛选与评价出发，分析不同因素对起泡剂、稳泡剂体系性能的影响；通过物理模拟、数值模拟，优化油田氮气泡沫驱工艺方案。技术路线如图5-9所示。

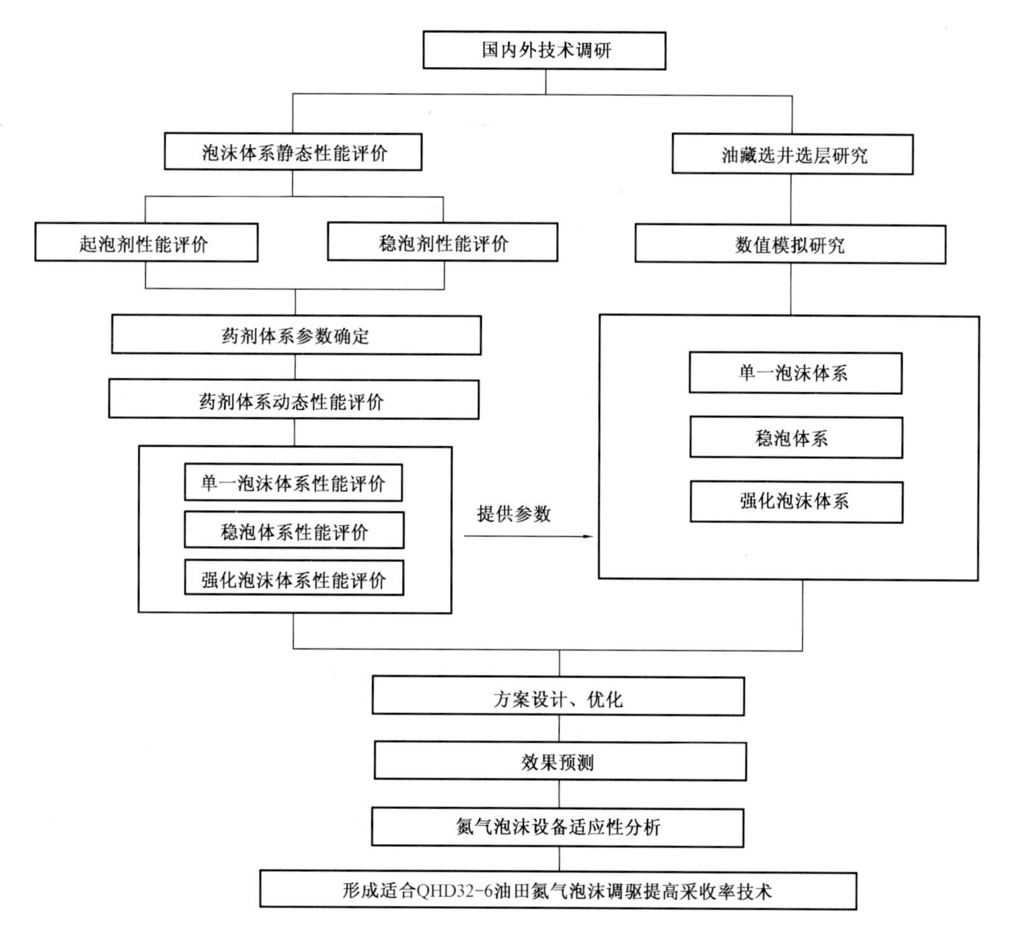

图5-9 技术路线图

5.4.3 物理模拟研究

5.4.3.1 静态实验研究

(1)起泡剂筛选评价实验。

实验采用 WaringBlender 法,以药剂体系的起泡体积、稳泡时间以及两者乘积得到的泡沫性能综合值为评价标准(以下起泡能力评价实验方法及评价标准与此相同)。实验中选择了矿场应用或厂家推荐的 6 种综合能力高的起泡剂(分别命名为 QP - 1、QP - 2、QP - 3、QP - 4、QP - 5 和 QP - 6)进行性能评价,评价指标包括配伍性、起泡能力、稳泡能力、热稳定性、静态吸附、耐油性、耐盐性实验。

实验对 6 种起泡剂的筛选结果如表 5 - 6 所示,QP - 4、QP - 5 表现相对较好。

表 5 - 6 起泡剂筛选评价实验结果汇总表

实验内容		实验结论
起泡剂筛选实验研究	配伍性实验研究	QP - 1、QP - 2、QP - 3、QP - 4、QP - 5、QP - 6
	起泡能力实验研究	QP - 3、QP - 4、QP - 5、QP - 6
	稳泡能力实验研究	QP - 3、QP - 4、QP - 5
	热稳定性实验研究	QP - 4、QP - 5
	静态吸附实验研究	QP - 4、QP - 5
	耐油性能实验研究	QP - 4、QP - 5
	耐盐性能实验研究	QP - 4、QP - 5

(2)起泡剂浓度确定实验。

选择各特性参数占优的 QP - 5,进行不同浓度条件下的界面张力及起泡能力实验,确定起泡剂浓度的范围。

实验结果如图 5 - 10 所示,实验确定了起泡剂浓度应大于 0.3% 为宜。

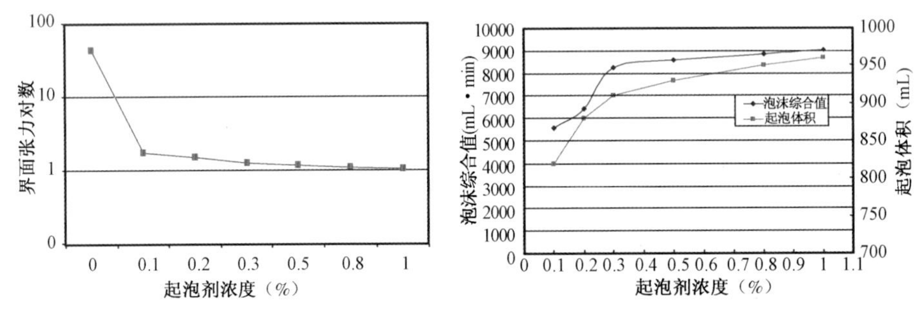

图 5 - 10 不同起泡剂界面张力及发泡能力

(3)稳泡剂筛选评价实验。

稳泡剂通过提高液相黏度来减缓泡沫的排液速率,提高泡沫的稳定性。目前现场使用最多的稳泡剂是聚合物,如聚丙烯酰胺、黄胞胶等。本次实验筛选评价了常用的 WP - 1、WP - 2、WP - 3、WP - 4 这 4 种系列聚合物。评价指标包括溶解性实验,水不溶物实验,黏浓及黏盐、黏温关系实验,流变性实验,综合性能实验。

实验筛选结果如表 5 - 7 所示,WP - 1、WP - 2 各物性参数表现较好。

表 5-7 稳泡剂筛选评价实验结果汇总表

实验内容		实验结论
稳泡剂筛选评价实验研究	溶解性实验研究	WP-1、WP-2、WP-3、WP-4
	水不溶物实验研究	WP-1、WP-2、WP-3、WP-4
	稳泡剂黏浓关系实验研究	WP-1、WP-2、WP-3
	稳泡剂黏盐关系实验研究	WP-1、WP-2、WP-3
	稳泡剂黏温关系实验研究	WP-1、WP-2、WP-3
	流变性实验研究	WP-1、WP-2、WP-3
	泡沫综合性能实验研究	WP-1、WP-2

(4)稳泡剂浓度确定实验。

稳泡剂浓度过低，泡沫破灭时间很短，达不到驱油效果，稳泡剂浓度过高，氮气泡沫驱技术的经济性降低，因此，静态实验应优选出相对适宜的稳泡剂浓度。

通过对筛选实验中初选的 WP-1、WP-2 进行不同浓度体系的发泡能力及黏浓关系实验研究，研究结果如图 5-11 所示，由实验结果可知，WP-1 适宜的浓度区间为 700～1000mg/L，WP-2 适宜的浓度区间为 1200～1500mg/L。

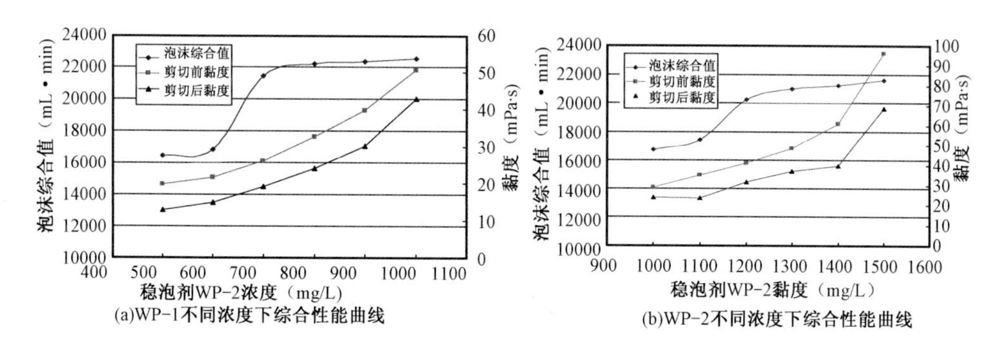

图 5-11 WP-1/WP-2 不同浓度下综合性能曲线

综合上述实验研究，优选得到了泡沫体系 PM-1：(700～1000)mg/L 稳泡剂 WP-1 + 0.3%，起泡剂 QP-5。

该体系的主要性能如表 5-8 所示。

表 5-8 PM-1 体系主要性能表

评价内容		性能指标
PM-1 体系	配伍性实验研究	与秦皇岛 32-6 油田注入水配伍性良好
	起泡能力	≥540mL
	稳泡能力	≥39.0min
	热稳定性	80℃条件下，30 天泡沫综合值保留率 >90%
	静态吸附	<5%
	耐盐性	矿化度 2000～4000mg/L 范围内，起泡、稳泡能力基本无变化

5.4.3.2 动态实验研究

(1)基础性动态实验。

泡沫体系基础性动态实验研究主要包括起泡剂浓度和稳泡剂浓度对岩心的封堵能力实验,不同渗透率条件下泡沫封堵能力实验,泡沫体系的耐冲刷性能及耐油性能实验,通过上述实验,进一步验证氮气泡沫体系的调驱效果。

① 起泡剂、稳泡剂浓度对封堵性能影响实验。

实验流程如图5－12所示。实验结果如图5－13所示,由实验最终确定PM－1体系中,起泡剂为0.3%的QP－5,稳泡剂为700mg/L的WP－1。

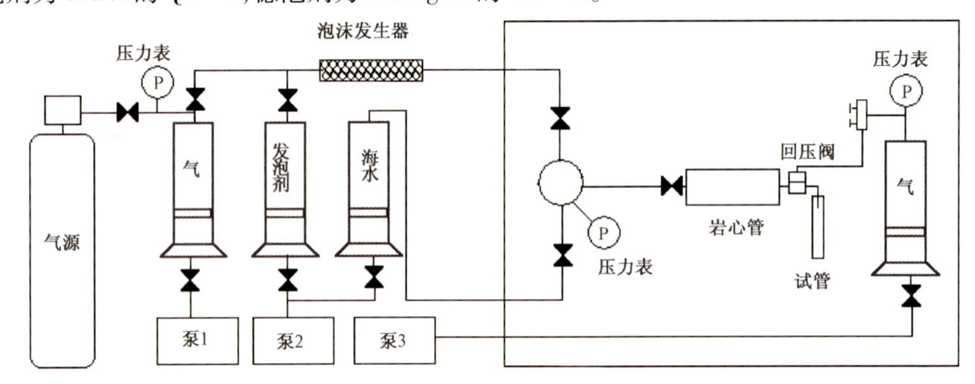

图5－12　泡沫驱油单岩心实验流程图

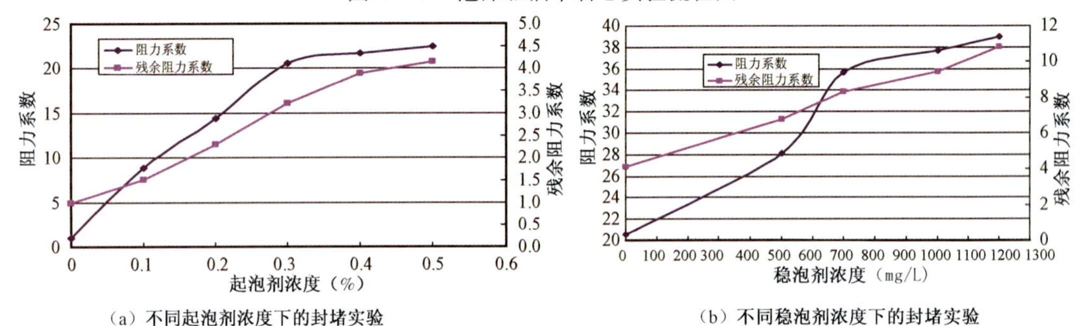

图5－13　不同起泡剂/稳泡剂浓度下的封堵实验

② 渗透率对氮气泡沫体系封堵影响实验研究。

根据优选的PM－1泡沫体系,即0.3%浓度的起泡剂QP－5和700mg/L浓度的稳泡剂WP－1,进行在不同渗透率条件下泡沫体系的封堵能力实验,以检验PM－1泡沫体系在矿场条件下的适应性。实验结果表5－9所示。

表5－9　不同渗透率条件下泡沫体系的封堵实验数据表

渗透率(mD)	孔隙度(%)	阻力系数	残余阻力系数	气液比
1842	28.6	32.4	7.86	1:1
2940	34.2	40.8	8.73	1:1
4507	36.1	135.6	9.74	1:1
6022	38.2	282.8	6.81	1:1
12027	42.7	325.5	4.32	1:1

由实验可知,相同条件下,泡沫体系的阻力系数随着渗透率的升高而变大,当渗透率大于一定数值后,泡沫的封堵能力逐渐减弱;残余阻力系数随着渗透率的增大先增大后减小。

③ 泡沫体系耐冲刷性实验。

氮气泡沫体系的耐冲刷性反映了泡沫体系的稳定性能,直接反映泡沫体系对地层调驱的有效期的长短。因此,进行各种不同因素对封堵能力影响的实验以后,停泵,改换流程,转为水驱,进行氮气泡沫体系的耐冲刷实验。实验结果如图 5 - 14 所示。

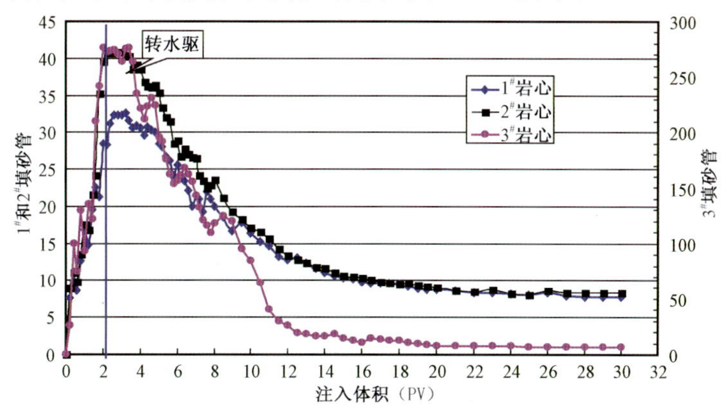

图 5 - 14　氮气泡沫体系耐冲刷性能实验关系曲线

实验充分说明了氮气泡沫体系在地层中作用时间很长,具有很好的耐冲刷性能。

④ 泡沫体系耐油性实验。

泡沫具有"遇水稳定,遇油消泡"的特性,原油的存在对泡沫稳定性具有很大的影响,会降低泡沫的封堵能力。可通过残余油岩心和饱和水岩心的泡沫驱替压力变化曲线,分析原油对泡沫封堵能力和稳定性的影响。

实验填砂管岩心基本参数如表 5 - 10 所示,实验结果曲线如图 5 - 15 所示。

表 5 - 10　氮气泡沫体系耐油实验数据表

岩心号	渗透率(mD)	孔隙度(%)	含油饱和度(%)	残余油饱和度(%)
1#	2796	33.9	92.1	22.6
2#	2842	33.7		

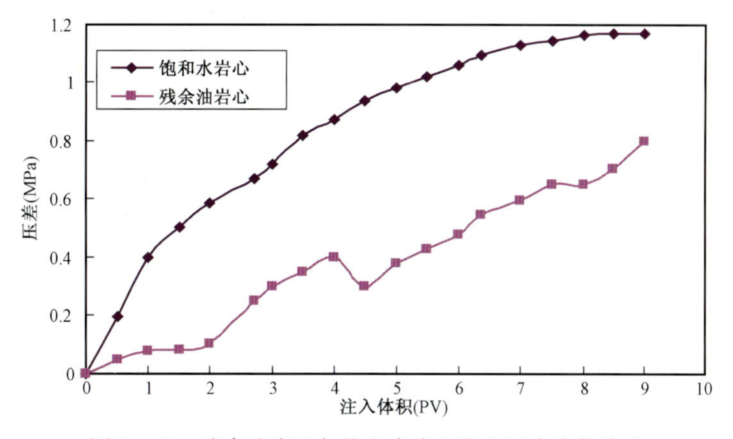

图 5 - 15　残余油岩心与饱和水岩心注入压力变化关系

由图 5－15 可以看出，饱和水岩心注泡沫过程中压力上升较快，最后维持在一个较为稳定的水平；而水驱残余油岩心在注泡沫开始的较长时间内压力上升不太明显，随着泡沫注入量的增多，压力上升速度越来越快，并且在驱替过程中，压力波动幅度比较大。

（2）注入参数实验研究。

实验室条件下利用氮气泡沫驱物理模拟实验，针对包括气液比、注入速度和注入方式和段塞大小等参数进行封堵实验研究，优选适合于秦皇岛 32－6 油田油藏条件的氮气泡沫驱的注入参数。

① 不同气液比实验。

对不同渗透率条件下，不同气液比的体系进行评价。如图 5－16a 所示为渗透率小于 2000mD 体系封堵能力，图 5－16b 所示为渗透率大于 4000mD 区间范围体系封堵能力，图 5－17为渗透率在 2000～4000mD 区间范围体系封堵能力。

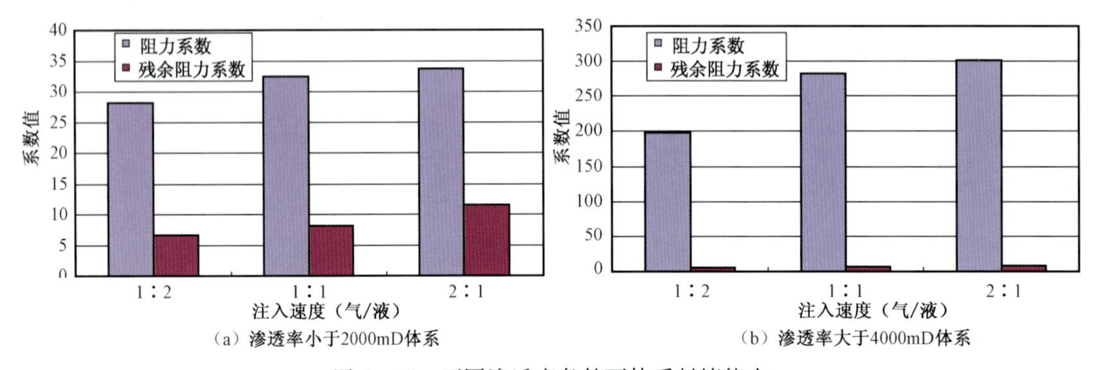

图 5－16　不同渗透率条件下体系封堵能力

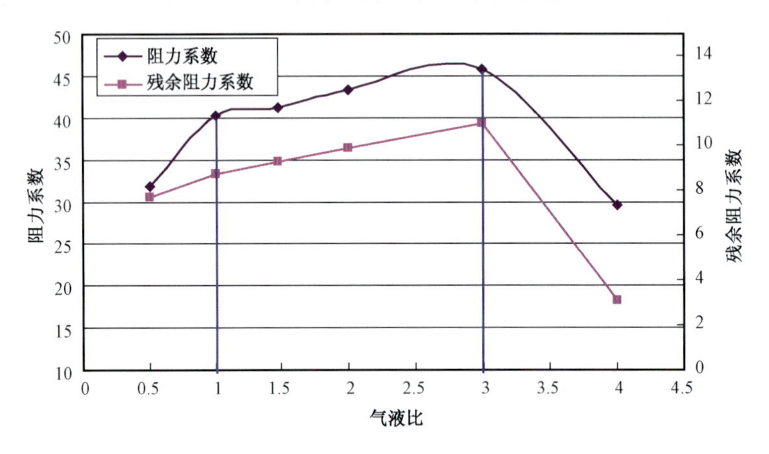

图 5－17　渗透率在 2000～4000mD 区间内体系封堵性

根据实验结果，同时考虑秦皇岛 32－6 油田渗透率介于 2000～4000mD，建议气液比在 1∶1～3∶1的范围内为宜。

② 注入速度实验。

泡沫的形成与运移过程中受流速和压力的影响很大，流速太大，产生气窜现象，流速太小，不利于泡沫在孔隙介质中的传播；压力越小，越有利于形成稳定的泡沫。实验分别取 1mL/min、2mL/min 和 4mL/min 的注入速度进行实验，以确定最佳的注入速度。实验结果如表 5－11所示。

表 5－11 氮气泡沫体系的注入速度实验数据表

填砂管	驱替速度		渗透率（mD）	阻力系数	残余阻力系数
	泵入流量（mL/min）	线速度（m/d）			
1#	1.0	4.2	2445	31.6	5.6
2#	2.0	8.4	2944	40.8	8.7
3#	4.0	16.8	2401	92.5	14.2

从实验结果可以看出，随着注入速度的增大，阻力系数和残余阻力系数都随之增大。考虑到注入性问题，确定室内实验注入速度为 2mL/min。

③ 注入方式实验。

注入方式不同，泡沫剂溶液和氮气的混合程度不同，泡沫稳定性能也有所差异。本次实验评价了混合注入及交替注入不同的驱油效果。实验结果如表 5－12 及图 5－18 所示。

表 5－12 氮气泡沫不同注入方式的对比实验数据表

填砂管	渗透率（mD）	采收率（%）			采收率增加值（%）
		水驱	交替注入	混合注入	
1#	1821	43.6			0
2#	1784		61.7		18.1
3#	1980			65.2	21.6

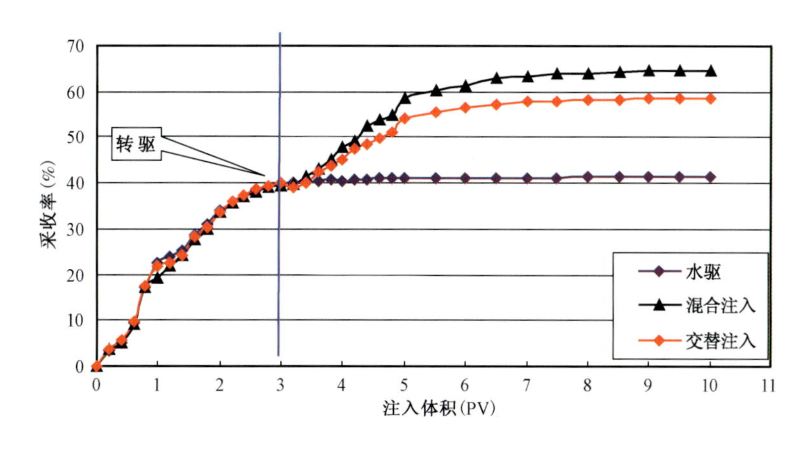

图 5－18 氮气泡沫不同注入方式的采收率对比关系曲线

由实验结果可以看出，水驱后转氮气泡沫交替注入，驱油效率从 43.6% 提高到 61.7%，提高了 18.1%；水驱后转氮气泡沫混合驱，驱油效率从 43.6% 提高到 65.2%，提高了 21.6%。从图 5－18 上可以看出，氮气泡沫混合注入比氮气泡沫交替注入的提高采收率的幅度要大。通过实验结果对比发现，氮气泡沫混合注入的驱油效果好于氮气泡沫交替注入。

④ 段塞大小设计实验。

实验计算注入量分别为 0.1PV、0.2PV、0.3PV、0.4PV 和 0.5PV 时的调驱效果，转注时机参考秦皇岛 32－6 油田的含水率，取水 80% 时注入。实验结果如表 5－13 及图 5－19 所示。

表 5－13　注入段塞大小研究实验数据表

填砂管	渗透率(mD)	段塞大小	采收率(%)		
			水驱	强化氮气泡沫驱	增加值
1#	2425	0.1PV	43.6	57.4	13.8
2#	2647	0.2PV		62.0	18.4
3#	2512	0.3PV		66.0	22.4
4#	2795	0.4PV		67.2	23.6
5#	2311	0.5PV		68.1	24.5

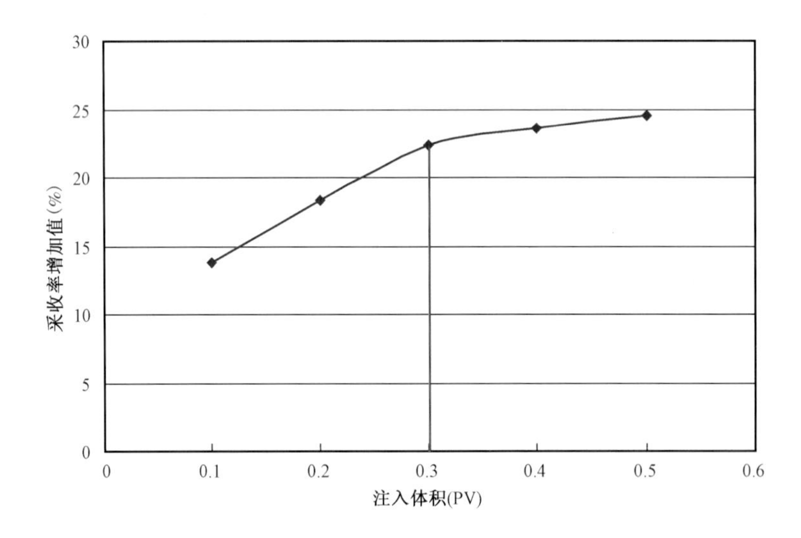

图 5－19　注入段塞大小设计实验曲线

从实验结果看出，随着注入段塞的增大，采收率逐渐增大。注入段塞从 0.1PV 增大到 0.3PV 的过程中，采收率增加幅度较大，注入段塞从 0.3PV 增大到 0.5PV 的过程中，采收率增加幅度变缓，根据实验结果，推荐注入段塞大小为 0.3PV。

(3)综合性能实验研究。

① 氮气泡沫体系调剖性能实验。

氮气泡沫驱不仅可以利用起泡剂的洗油能力来提高注入水在高渗透层的驱油效率，还可以利用泡沫剂的封堵性能进行调剖，进而改善低渗透层的启动程度。本实验主要是通过对一定渗透率级差的两根填砂管岩心进行驱油实验，验证氮气泡沫调驱对油层的调剖作用。实验流程图如图 5－20 所示。实验结果见表 5－14 及图 5－21a。

表 5－14　不同渗透率双管氮气泡沫驱油实验数据表

渗透率级差	渗透率(mD)	孔隙度(%)	含油饱和度(%)	水驱采收率(%)	水驱残余油饱和度(%)
3	2402	33.4	92.7	12.3	71.4
	6973	42.7	89.9	63.7	26.2

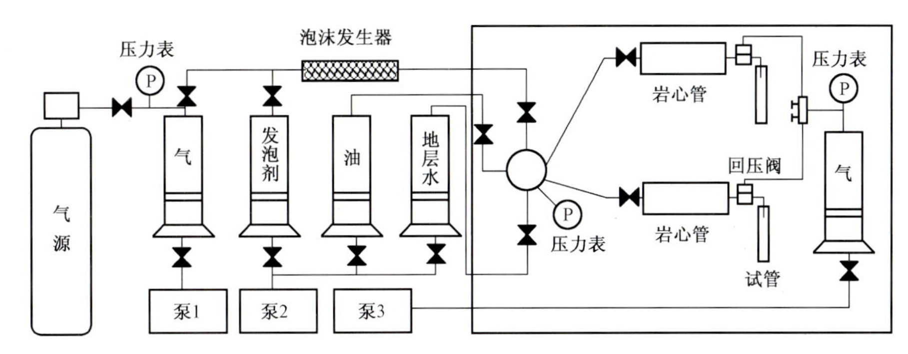

图 5－20　泡沫驱油并联岩心实验流程图

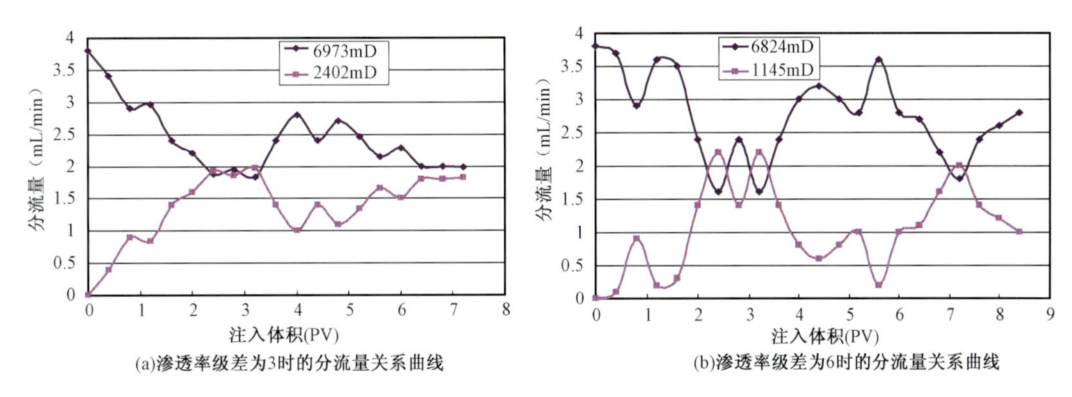

图 5－21　渗透率级差为 3 和 6 时的分流量关系曲线

图 5－21a 可知，在水驱阶段，高渗岩心和低渗岩心的分流量相差很大，水在高渗岩心形成窜流，低渗岩心分流量几乎为零。注入泡沫后，高渗岩心的窜流得到有效地遏制，分流量迅速降低，低渗岩心中的分流量则相应的增大，两个岩心的分流量变的相对均衡，随着泡沫注入量的增加，高渗岩心和低渗岩心的分流量交替增大减小。

② 渗透率级差对体系调剖性能影响实验。

评价不同渗透率级差下的氮气泡沫驱的调剖性能。实验结果见表 5－15 及图 5－21b。

表 5－15　不同渗透率双管氮气泡沫驱油实验数据表

渗透率级差	渗透率(mD)	孔隙度(%)	含油饱和度(%)	水驱采收率(%)	水驱残余油饱和度(%)
6	1145	26.7	94.6	3.3	91.3
	6824	42.6	90.0	72.1	17.9

由实验结果可知，在水驱阶段高渗岩心和低渗岩心的分流量相差很大，水在高渗岩心形成窜流，低渗岩心分流量几乎为零。注入泡沫后，高渗岩心的分流量迅速降低，低渗岩心中的分流量则相应的增大，两个岩心的分流量变的相对均衡，随着泡沫注入量的增加，高渗岩心和低渗岩心的分流量交替增大减小，可以看出渗透率差异越大交替频率越快。

③ 氮气泡沫驱油性能实验。

实验将通过水驱、聚合物驱、泡沫驱和强化泡沫驱四种不同的驱油方式进行比较，评价不同驱替方式下的驱油效果，同时也进一步研究强化氮气泡沫驱的驱油性能。实验结果见表 5－16及图 5－22。

表 5－16　不同驱油方式的对比实验数据表

填砂管	渗透率(mD)	采收率(%)				采收率增加值(%)
		水驱	聚合物驱	单一氮气泡沫驱	强化氮气泡沫驱	
1#	1798	43.6				0
2#	1856		56.5			12.9
3#	1988			58.1		14.5
4#	1926				65.2	21.6

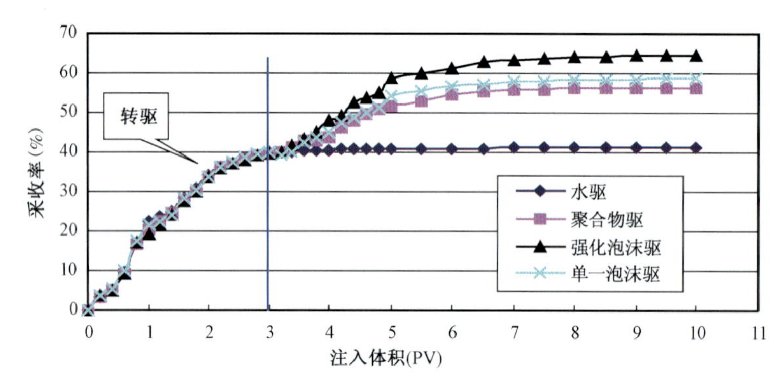

图 5－22　不同驱油方式的采收率实验曲线

由实验结果看出，水驱后转聚合物驱、氮气泡沫驱和强化氮气泡沫驱均可提高原油的采收率。水驱后转聚合物驱，驱油效率从 43.6% 提高到 56.5%，提高了 12.9%；水驱后转单一氮气泡沫驱，驱油效率从 43.6% 提高到 58.1%，提高了 14.5%；水驱后转强化氮气泡沫驱，驱油效率从 43.6% 提高到 65.2%，提高了 21.6%。从图 5－22 上可以看出，强化氮气泡沫驱提高采收率最大，其次分别是单一氮气泡沫驱和聚合物驱。

(4)小结。

综合上述各项动态实验研究成果，归纳为表 5－17 所示，可以看到：

表 5－17　不同驱油方式的对比实验数据表

实验项目	实验内容		实验结果
氮气泡沫驱动态实验研究	氮气泡沫体系基础性动态实验研究	起泡剂浓度对泡沫封堵实验研究	QP－5 浓度:0.3%
		稳泡剂浓度对泡沫封堵实验研究	WP－1 浓度:700mg/L
		泡沫体系与渗透率关系实验研究	渗透率大于 6000mD 后，阻力系数增加变缓
		泡沫体系耐冲刷性能实验研究	PM－1 体系耐冲刷性能好
		泡沫体系耐油性能实验研究	PM－1 体系耐冲油性能好
	泡沫体系注入参数实验研究	不同气液比实验研究	推荐现场施工 1:1～3:1
		不同注入速度实验研究	室内实验总注入速度:2mL/min
		不同注入方式实验研究	气液混合注入好于交替注入
		段塞大小设计实验研究	推荐设计段塞大小为 0.3PV

续表

实验项目	实验内容		实验结果
氮气泡沫驱动态实验研究	氮气泡沫综合性能评价实验研究	氮气泡沫调剖性能实验研究	能有效起到调剖作用
		渗透率级差对调剖影响实验研究	渗透率级差越大,分流量变化频率越快
		氮气泡沫体系驱油性能实验研究	强化氮气泡沫驱 > 氮气泡沫驱 > 聚合物驱 > 水驱

由静态评价优选出的 PM－1 泡沫体系,在秦皇岛 32－6 油藏条件下,具有良好的封堵能力及耐冲刷性能,同时具有一定程度的耐油性能。

氮气泡沫调驱注入参数实验表明:在气液比 1∶1,注入速度为 2mL/min,注入段塞 0.3PV,注入方式混合注入条件下,氮气泡沫体系具有最优增油能力。

氮气泡沫驱油性能实验表明:氮气泡沫体系具有优先封堵高渗层,启动低渗层性能,强化泡沫驱的驱油效果高于单一泡沫驱和聚合物驱。

5.4.4 数值模拟研究

数值模拟研究部分以天津分公司勘探开发研究院所建立的油田南区 Eclipse 黑油模型为基础,采用 CMG－Stars 模拟器进行模拟研究,首先将原 Eclipse 模型转换为 CMG 模型,然后建立泡沫经验模型,并进行开发方案优选。

方案优化设计时,以 D05、D11、D16 多井组同时注入进行单因素参数优选,在优选的参数基础上,再进行单井注入效果评价及预测,最终推荐单井及多井最优注入方案。方案优化设计参见表 5－18,方案数总计 50 个。

表 5－18 开发方案优化设计表

优化选项	方案号	前置段塞	注入时间(a)	注入速度(m^3/d)	气液比(m^3/m^3)	泡沫剂浓度(%)	聚合物浓度(mg/L)	注入方式	交替周期(d)	转注时间
水驱	1	—	—	—	—	—	—	—	—	—
聚合物驱	2	—	1.05	1200	—	—	500	—	—	1
	3	—	1.05	1200	—	—	600	—	—	1
	4	—	1.05	1200	—	—	700	—	—	1
	5	—	1.05	1200	—	—	800	—	—	1
	6	—	1.05	1200	—	—	900	—	—	1
	7	—	1.05	1200	—	—	1000	—	—	1
	8	—	1.05	1200	—	—	1250	—	—	1
	9	—	1.05	1200	—	—	1500	—	—	1
	10	—	1.05	1200	—	—	1750	—	—	1
	11	—	1.05	1200	—	—	2000	—	—	1
	12	—	1.05	1200	—	—	2250	—	—	1
泡沫驱	13	1	1	1200	01:01	0.3	—	—	—	1

续表

优化选项	方案号	前置段塞	注入时间(a)	注入速度(m^3/d)	气液比(m^3/m^3)	泡沫剂浓度(%)	聚合物浓度(mg/L)	注入方式	交替周期(d)	转注时间
强化体系—前置段塞	14	1	1	1200	01:01	0. 3	700	1	—	1
	15	2	1	1200	01:01	0. 3	700	1	—	1
	16	3	1	1200	01:01	0. 3	700	1	—	1
	17	4	1	1200	01:01	0. 3	700	1	—	1
强化体系—主段塞	18	1	0. 25	1200	01:01	0. 3	700	1	—	1
	19	1	0. 5	1200	01:01	0. 3	700	1	—	1
	20	1	1. 5	1200	01:01	0. 3	700	1	—	1
	21	1	2	1200	01:01	0. 3	700	1	—	1
	22	1	3	1200	01:01	0. 3	700	1	—	1
强化体系—注入速度	23	1	1	600	01:01	0. 3	700	1	—	1
	24	1	1	800	01:01	0. 3	700	1	—	1
	25	1	1	1000	01:01	0. 3	700	1	—	1
	26	1	1	1400	01:01	0. 3	700	1	—	1
	27	1	1	1600	01:01	0. 3	700	1	—	1
强化体系—气液比	28	1	1	1200	0. 5:1	0. 3	700	1	—	1
	29	1	1	1200	1. 5:1	0. 3	700	1	—	1
	30	1	1	1200	02:01	0. 3	700	1	—	1
强化体系—泡沫剂浓度	31	1	1	1200	01:01	0. 1	700	1	—	1
	32	1	1	1200	01:01	0. 5	700	1	—	1
	33	1	1	1200	01:01	0. 7	700	1	—	1
强化体系—注入方式	34	1	1	1200	01:01	0. 3	500	1	—	1
	35	1	1	1200	01:01	0. 3	600	1	—	1
	36	1	1	1200	01:01	0. 3	800	1	—	1
	37	1	1	1200	01:01	0. 3	900	1	—	1
	38	1	1	1200	01:01	0. 3	1000	1	—	1
	39	1	1	1200	01:01	0. 3	1500	1	—	1
	40	1	1	2400	01:01	0. 3	700	2	10	1
	41	1	1	2400	01:01	0. 3	700	2	20	1
	42	1	1	2400	01:01	0. 3	700	2	30	1
	43	1	1	2400	01:01	0. 3	700	3	10	1
	44	1	1	2400	01:01	0. 3	700	3	20	1
	45	1	1	2400	01:01	0. 3	700	3	30	1
强化体系—转注时机	46	1	1	1200	01:01	0. 3	700	1	—	2
	47	1	1	1200	01:01	0. 3	700	1	—	3

续表

优化选项	方案号	前置段塞	注入时间(a)	注入速度(m^3/d)	气液比(m^3/m^3)	泡沫剂浓度(%)	聚合物浓度(mg/L)	注入方式	交替周期(d)	转注时间
单井注入	48	1	1	410	opt					
	49	1	1	370						
	50	1	1	420						

表中,前置段塞 1 ~4 分别指前置段塞的注入时间为 20d、40d、60d、80d;注入方式 1 指气体与液体混合注入,方式 2 指气体与液体交替注入,方式 3 指水与强化泡沫体系交替注入;转注时间 1 指自目前(2009 年 9 月)开始转注,转注时间 2、3 分别指当试验区井组综合含水率达 85%、90% 时转注;方案 48 ~50 分别指 D05、D11、D16 井按优选的体系注入。

通过各方案的计算比较,推荐系注入方案为:前置段塞[700mg/L 聚合物 +0.5% 起泡剂]注入 20 天,注液速度 1200m^3/d,主段塞为氮气和[700mg/L 聚合物 +0.3% 起泡剂]混合注入,注入 1 年,气液比 1∶1,注气速度 600m^3/d,注液速度 600m^3/d;同时,考虑到工程实际需要,建议先对 D16 井进行措施,注入指标仍按推荐方案体系实施,注入速度以 D16 井配注为准。

5.4.5 工艺方案设计

5.4.5.1 施工方案

(1)施工井组:D5、D11、D16 井组。

(2)注入层位:Nm Ⅰ—Nm Ⅲ油组注入。

(3)注入方式:

注入方式一:混合注入,油管注气,环空注液,连续注入;

注入方式二:交替注入,油管注气,环空注液,气液交替周期 10d。

(4)注入压力:根据初期注水情况以及注泡沫配注量考虑,注液最高注入压力 <12MPa,注气最高注入压力 <20MPa,注入过程中根据压力变化情况以及油藏要求调整注入量。

(5)注入时间:一年。

(6)段塞浓度设计:

① 前置段塞:注入水(700mg/L 聚合物 WP -1 +0.5% 泡沫剂 QP -5);

② 主段塞:注入水(700mg/L 聚合物 WP -1 +0.3% 泡沫剂 QP -5),氮气。

(7)注入速度及注入量设计:

D5、D11、D16 井组段塞注入量及注入速度见表 5 -19,药剂用量见表 5 -20。

表 5 -19 注入速度及用量设计表

井号	段塞设计		注入速度		注入量	
			注入水(m^3/d)	N_2(m^3/d)	注入水(m^3)	N_2(10^4m^3)
D5	前置段塞	700mg/L WP -1 +0.5% QP -5	410	0	8200	0
	主段塞	700mg/L WP -1 +0.3% QP -5	205	16400	74825	598.6
D11	前置段塞	700mg/L WP -1 +0.5% QP -5	370	0	7400	0
	主段塞	700mg/L WP -1 +0.3% QP -5	185	14800	67525	540.2
D16	前置段塞	700mg/L WP -1 +0.5% QP -5	420	0	8400	0
	主段塞	700mg/L WP -1 +0.3% QP -5	210	16800	76650	613.2

表5-20 注入药剂用量表

井号	段塞设计	药剂用量		N_2(10^4m^3)
		起泡剂(t)	聚合物(t)	
D5	前置段塞	41	5.74	0
	主段塞	224.5	52.4	598.6
D11	前置段塞	37	5.2	0
	主段塞	202.6	47.3	540.2
D16	前置段塞	42	5.9	0
	主段塞	230	53.7	613.2
合计		777.1	170.2	1752

(8)施工流程:

氮气系统:氮气的产生、计量、增压、注入都由氮气设备完成;

配聚系统:由熟化灌、加料操作间、注聚泵组成;

井口流程:注入水由注水泵从油套环空注入,稳泡剂、起泡剂化学药剂计量泵直接注入注水管线,氮气从油管注入,注入水和氮气在井底混合后注入目的层。注入施工流程图见图5-23。

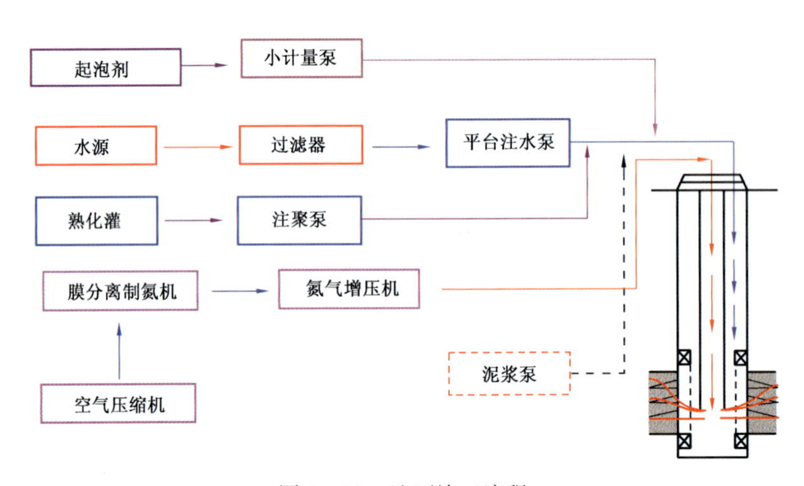

图5-23 地面施工流程

5.4.5.2 效果预测

数值模拟研究中,对一年驱方案增油效果进行了预测,预测结果见表5-21。

表5-21 井组氮气泡沫驱增油效果预测(一年)

时间	年产			累计		
	水驱方案(10^4m^3)	泡沫驱方案(10^4m^3)	增油量(10^4m^3)	水驱方案(10^4m^3)	泡沫驱方案(10^4m^3)	增油量(10^4m^3)
2010	3.9	4.2	0.3	5.4	5.7	0.3
2011	3.3	4.4	1	8.7	10	1.3
2012	3	3.9	0.8	11.8	13.9	2.1

续表

时间	年产			累计		
	水驱方案(10^4m^3)	泡沫驱方案(10^4m^3)	增油量(10^4m^3)	水驱方案(10^4m^3)	泡沫驱方案(10^4m^3)	增油量(10^4m^3)
2013	2.7	3.5	0.7	14.5	17.4	2.9
2014	2.6	3.1	0.5	17.1	20.4	3.4
2015	2.4	2.7	0.3	19.5	23.1	3.7
2016	2.2	2.4	0.2	21.7	25.5	3.8
2017	2.1	2.2	0.1	23.8	27.7	3.9
2018	2	2	0	25.8	29.7	4
2019	1.9	1.9	0	27.6	31.6	4
2020	1.8	1.8	0	29.4	33.4	4
2021	1.7	1.7	0	31.1	35.1	4
2022	1.6	1.6	0	32.7	36.7	4
2023	1.5	1.5	0	34.2	38.2	4
2024	1.5	1.5	0	35.7	39.7	4
2025	1.4	1.4	0	37.1	41.2	4
2026	1.4	1.4	0	38.5	42.6	4
2027	1.4	1.4	0	39.9	44	4.1
2028	1.3	1.3	0	41.2	45.3	4.1
2029	1.3	1.3	0	42.6	46.6	4.1
2030	1.3	1.3	0	43.8	47.9	4.1